Mathematik
SEKUNDO
FÜR DIFFERENZIERENDE SCHULFORMEN

7

Herausgegeben von

Martina Lenze
Max Schröder
Bernd Wurl
Alexander Wynands

Schroedel

SEKUNDO 7
Mathematik

Herausgegeben und bearbeitet von

Maik Abshagen, Kerstin Cohrs-Streloke, Dr. Martina Lenze, Anette Lessmann, Hartmut Lunze, Ludwig Mayer, Jürgen Ruschitz, Dr. Max Schröder, Peter Welzel, Prof. Bernd Wurl, Prof. Dr. Alexander Wynands

Zum Schülerband erscheinen:

Lösungen:	Best.-Nr. 84897
Kopiervorlagen und Kommentare:	Best.-Nr. 84891
Arbeitsheft:	Best.-Nr. 84885
CD Rund-um-Sekundo:	Best.-Nr. 84908
Arbeitsheft plus:	Best.-Nr. 84966
Förderheft:	Best.-Nr. 84972

Fördert individuell – passt zum Schulbuch

Optimal für den Einsatz im Unterricht mit Sekundo:

Stärken erkennen, Defizite beheben. Online-Lernstandsdiagnose und Auswertung auf Basis der aktuellen Bildungsstandards. Individuell zusammengestellte Fördermaterialien.

www.schroedel.de/diagnose

© 2010 Bildungshaus Schulbuchverlage
Westermann Schroedel Diesterweg Schöningh Winklers GmbH, Braunschweig
www.schroedel.de

Das Werk und seine Teile sind urheberrechtlich geschützt. Jede Nutzung in anderen als den gesetzlich zugelassenen Fällen bedarf der vorherigen schriftlichen Einwilligung des Verlages. Hinweis zu § 52a UrhG: Weder das Werk noch seine Teile dürfen ohne eine solche Einwilligung gescannt und in ein Netzwerk eingestellt werden. Dies gilt auch für Intranets von Schulen und sonstigen Bildungseinrichtungen.

Auf verschiedenen Seiten dieses Buches befinden sich Verweise (Links) auf Internet-Adressen.
Haftungshinweis: Trotz sorgfältiger inhaltlicher Kontrolle wird die Haftung für die Inhalte der externen Seiten ausgeschlossen. Für den Inhalt dieser externen Seiten sind ausschließlich deren Betreiber verantwortlich. Sollten Sie bei dem angegebenen Inhalt des Anbieters dieser Seite auf kostenpflichtige, illegale oder anstößige Inhalte treffen, so bedauern wir dies ausdrücklich und bitten Sie, uns umgehend per E-Mail davon in Kenntnis zu setzen, damit beim Nachdruck der Verweis gelöscht wird.

Druck A [6] / Jahr 2014
Alle Drucke der Serie A sind im Unterricht parallel verwendbar.

Redaktion: Dr. Martina Helmstädter-Rösner
Herstellung: Reinhard Hörner
Umschlag: elbe-drei, Hamburg
Layout: creativ design, Hildesheim
Illustration: Hans-Jürgen Feldhaus, Münster
Zeichnungen: Michael Wojczak, Butjadingen
Satz: Druckhaus „Thomas Müntzer", Bad Langensalza
Druck und Bindung: westermann druck GmbH, Braunschweig

ISBN 978-3-507-**84873**-3

Hinweise zum Umgang mit dem Buch

Merksätze
Merksätze sind durch einen roten Rahmen gekennzeichnet.

Beispiele
Musterbeispiele als Lösungshilfen sind durch einen
grünen Rahmen gekennzeichnet.

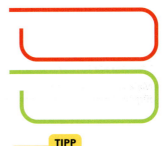

Tipp
Nützliche Tipps und Hilfen sind besonders gekennzeichnet.

Testen – Üben – Vergleichen (TÜV)
Jedes Kapitel endet mit einer TÜV-Seite, bestehend aus den wichtigsten
Ergebnissen und typischen Aufgaben dazu. Die Lösungen dazu stehen
zur Selbstkontrolle für die Schülerinnen und Schüler am Ende des Buches.

Diagnosetest, Diagnosearbeit
Zur Vorbereitung auf Klassenarbeiten gibt es nach der TÜV-Seite eine
Seite mit Grund- und Erweiterungsaufgaben zu Inhalten des jeweiligen
Kapitels. Am Ende des Schülerbandes findet sich eine umfangreiche
Diagnosearbeit zu den Inhalten des gesamten Schuljahres. Die Lösungen
dazu sind zur Selbstkontrolle am Ende des Buches angegeben.

Lesen – Verstehen – Lösen (LVL)
Die mit diesem Logo versehenen Seiten oder Aufgaben schulen in beson-
derem Maß die prozessorientierten Kompetenzen Argumentieren, Problem-
lösen, Modellieren, Kommunizieren sowie Verwenden von mathematischen
Darstellungen und von Werkzeugen.

Bleib fit
Zum Wiederholen gibt es regelmäßig Aufgabenseiten zu Inhalten
aus früheren Kapiteln.

Differenzierung
Bei besonders schwierigen Aufgaben ist die Aufgabennummer
mit einem grünen Quadrat unterlegt.

Erweiterungsstoff
Inhalte, die nur für den mittleren Schulabschluss verbindlich sind, sind
mit einem Balken am Seitenrand gekennzeichnet.

Wissen – Anwenden – Vernetzen (WAV)
Auf diesen Seiten sind knifflige Aufgaben zu finden, die meist mehrere
mathematische Themen ansprechen. Damit diese Seiten auch selbstständig
bearbeitet werden können, stehen die Lösungen dazu am Ende des Buches.

CD-ROM
Auf der CD, die dem Schülerband beiliegt, sind weitere Übungen zu finden.

Inhaltsverzeichnis

1 Brüche und Dezimalbrüche 6

Bruchteile von Größen 8
Addition und Subtraktion von Brüchen ... 10
Addition und Subtraktion von
Dezimalbrüchen 11
Vervielfachen und Teilen von Brüchen 12
Multiplikation von Brüchen 13
Division durch einen Bruch 14
Vermischte Aufgaben 15
Vervielfachen und Teilen von
Dezimalbrüchen 16
Multiplikation und Division eines
Dezimalbruches mit 10, 100, 1 000 17
Multiplikation mit einem Dezimalbruch ... 18
Division durch einen Dezimalbruch 19
Vermischte Aufgaben 20
TÜV 21
Diagnosetest 22

2 Zuordnungen 23

LVL: Formel 1 auf dem Hockenheimring .. 24
Tabellen und grafische Darstellungen 26
LVL: Denkmäler und ihre Proportionen 28
LVL: Entfernungen in Deutschland 29
Proportionale Zuordnungen 30
Grafische Darstellungen bei proportionalen
Zuordnungen 31
Antiproportionale Zuordnungen 32
LVL: Dreisatz 33
Dreisatz bei proportionalen und
antiproportionalen Zuordnungen 34
Stundenlohn und Stückpreis 36
Proportionalität und Quotientengleichheit . 37
Antiproportionalität und Produktgleichheit 38
Bleib fit 39
Vermischte Aufgaben 40
LVL: Achtung – aufgepasst 42
LVL: Ausflug in den Safaripark 44
Vermischte Aufgaben 46
TÜV 47
Diagnosetest 48

3 Zeichnen und Konstruieren 49

Figuren im Koordinatensystem 50
LVL: Geometrie mit dem Computer 51
Mittelsenkrechte 52
Winkelhalbierende 53
LVL: Knobeln mit gleichen Figuren 54
Kongruente Figuren 55

Winkelpaare 56
LVL: Summe der Dreieckswinkel 57
Winkelsumme im Dreieck 58
Bleib fit 59
WAV: Wissen - Anwenden - Vernetzen.... 60
LVL: Konstruieren und Messen mit dem
Computer 62
LVL: Übertragen von Dreiecken 63
Dreieckskonstruktionen (WSW) 64
Dreieckskonstruktionen (SWS) 65
Dreieckskonstruktionen (SSS) 66
Dreieckskonstruktionen (SsW) 67
LVL: Dreieckskonstruktionen mit dem
Computer 68
Dreieckstypen 69
Vermischte Aufgaben 70
LVL: Parkette 72
TÜV 73
Diagnosetest 74

4 Prozentrechnung 75

Prozentsätze 76
Prozentsätze und Brüche 78
Vermischte Aufgaben 79
Grundwert und Prozentwert 80
Berechnung des Prozentwertes W 81
LVL: 7-Meter-Schützen für das
Handballturnier gesucht 82
Berechnung des Prozentsatzes p% 83
Berechnung des Grundwertes G 84
Vermischte Aufgaben 85
Bleib fit 86
Preisnachlass – Preiserhöhung 87
LVL: Tabellenkalkulation 89
Brutto – Netto 90
Streifendiagramm 91
Kreisdiagramm 92
Vermischte Aufgaben 93
LVL: Immer nur Schule 94
LVL: Alles Müll 96
TÜV 97
Diagnosetest 98

5 Rationale Zahlen 99

LVL: Zahlen unter Null in unserer Umwelt . 100
LVL: Temperaturen in Europa 101
Temperaturen 102
Zahlengerade und Koordinatensystem ... 103
Addieren und Subtrahieren 104
Vervielfachen und Teilen 106

Inhaltsverzeichnis

LVL: Wetterwerte vom Feldberg/
Schwarzwald 107
Ordnen von rationalen Zahlen 108
Betrag – Zahl und Gegenzahl 109
LVL: Entdeckungen im Koordinatensystem 110
Bleib fit 111
WAV: Wissen - Anwenden - Vernetzen.... 112
LVL: Addition mit Hilfe von Modellen 114
Addition 115
Subtraktion 116
Vermischte Aufgaben 117
Klammerregeln für Addition und Subtraktion 118
Multiplikation 120
Division 121
Vermischte Aufgaben 122
LVL: Weitere Entdeckungen im Koordinatensystem 123
Multiplikation von Summen 124
Vermischte Aufgaben 126
TÜV 127
Diagnosetest 128

6 Flächeninhalt und Volumen 129

Flächeninhalt und Umfang von Rechteck
und Quadrat 130
LVL: Nordrhein-Westfalen 132
LVL: Herleitung der Flächeninhaltsformel
für Dreiecke 133
Flächeninhalt des Dreiecks 134
Zusammengesetzte Flächen 137
LVL: Ein Hausbau wird geplant 138
LVL: Ein neues Wartehäuschen 140
Bleib fit 141
LVL: Ein Schluck aus dem Steinhuder Meer 142
Volumen des Quaders 144
Oberfläche des Quaders 146
Zusammengesetzte Körper 148
TÜV 149
Diagnosetest 150

7 Terme und Gleichungen 151

LVL: Spiel mit x 152
LVL: Rechenwege aufschreiben 154
Terme mit Variablen 155
Bleib fit 157
WAV: Wissen - Anwenden - Vernetzen.... 158
Lösen von Gleichungen 160
Lösen von Gleichungen mit
Tabellenkalkulation 161
Lösen von Gleichungen mit
Umkehroperatoren 162
LVL: Terme vereinfachen 163
Ordnen und Zusammenfassen 164
Vermischte Aufgaben 165
LVL: Rechengeschichten 166
Gleichungen mit der Variablen auf
beiden Seiten 167
Lösen von Gleichungen durch Umformen . 168
LVL: Lösen von Sachaufgaben durch
Gleichungen 170
TÜV 171
Diagnosetest 172

8 Daten und Zufall 173

LVL: Mit dem Zug unterwegs 174
LVL: Merkwürdige Rekorde 176
LVL: Sessellift 177
Mittelwert (Durchschnitt) und Median
(Zentralwert) 178
Vermischte Aufgaben 179
LVL: Tabellenkalkulation 180
LVL: Taschengeld 181
LVL: Befragungen mit dem Computerprogramm GrafStat 182
Bleib fit 183
LVL: Rund ums Glücksrad 184
Wahrscheinlichkeit 186
LVL: Schere – Stein – Papier 188
TÜV 189
Diagnosetest 190

Taschenrechner * 191

Spielen, Staunen und Entdecken mit
dem TR 193

** Dieser Anhang kann nach Bedarf
an anderer Stelle behandelt werden.*

Diagnosearbeit

Grundaufgaben 194
Erweiterungsaufgaben 195

Lösungen der Seiten W-A-V 197
Lösungen der TÜV-Seiten 198
Lösungen der Diagnosetests 201
Lösungen der Diagnosearbeit 203
Bruchrechenlexikon 206
Formeln 207
Stichwortverzeichnis 208
Maßeinheiten 209

Brüche und Dezimalbrüche

1. Welche Brüche sind rot, grün oder weiß dargestellt?

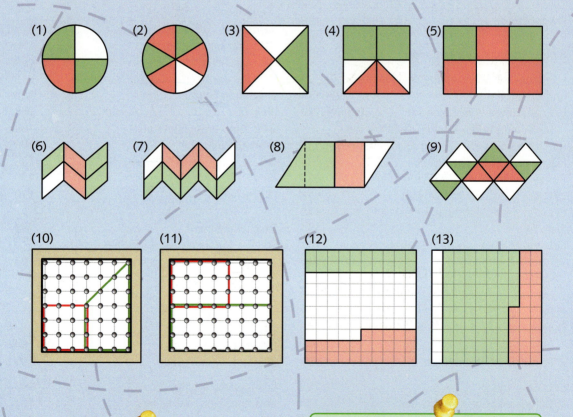

2. Zeichne eine Figur und färbe in ihr rot, grün und weiß: $\frac{3}{4}$, $\frac{1}{8}$ und den Rest vom Ganzen. Schreibe die zugehörigen Brüche in die gefärbten Teile.

Spiel zu zweit:
Jeder zeichnet eine Figur und färbt darin zwei Brüche sowie den Rest zum Ganzen. Dann werden die Zeichnungen getauscht, und jeder muss die dargestellten Brüche eintragen.

3. Partnerarbeit: Rechts sind zwei „Bruchstreifen" abgebildet. Sie liegen so nebeneinander, dass ihr die Ergebnisse ablesen könnt, wenn $\frac{1}{2}$ addiert wird.

$0 + \frac{1}{2} = \square$ $\quad \frac{1}{4} + \frac{1}{2} = \square$ $\quad \frac{3}{8} + \frac{1}{2} = \square$

Es geht natürlich auch umgekehrt: Ihr könnt zwei Brüche ablesen, deren Differenz $\frac{1}{2}$ ist.

$\frac{5}{6} - \square = \frac{1}{2}$ $\quad \square - \frac{2}{3} = \frac{1}{2}$

Spiel zu zweit:
- *Jeder zeichnet einen* „Bruchstreifen" mit 24 cm Länge und trägt Brüche von 0 bis 2 darauf ein (einer am unteren Rand des Streifens, der andere am oberen Rand). Schneidet die Streifen aus und klebt sie auf Karton.
- Dann abwechselnd: Einer stellt eine Additions- oder Subtraktionsaufgabe, der andere legt die Streifen so, dass er das Ergebnis ablesen kann.
- Ihr könnt dabei sowohl Brüche als auch Dezimalbrüche verwenden.
- Zusätzlich könnt ihr weitere Brüche auf den Streifen eintragen, zum Beispiel Vielfache von $\frac{1}{5}$ und weitere Dezimalbrüche.

4. Partnerarbeit: Überlegt, wie ihr die „Bruchstreifen" zum Größenvergleich von Brüchen verwenden könnt, und löst damit die Aufgaben (<, > oder = einsetzen):

$\frac{2}{3} \square \frac{5}{8}$ $\qquad \frac{5}{6} \square \frac{7}{8}$

$\frac{3}{4} \square 0{,}34$ $\qquad \frac{4}{5} \square 0{,}77$

Spiel zu zweit:
Abwechselnd: Einer nennt zwei Brüche, der andere entscheidet, ob sie gleich sind oder welcher der größere von beiden ist.

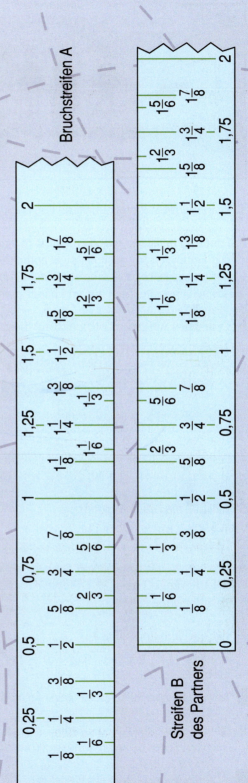

1 Brüche und Dezimalbrüche

Bruchteile von Größen

1. Beantwortet in Partnerarbeit die Fragen in den beiden Bildern und präsentiert eure Lösungen.

2. Erarbeitet in Gruppen ein Lernplakat mit einer Regel, wie man Bruchteile von Größen berechnet. Das Lernplakat soll auch Beispiele enthalten und mindestens eine Zeichnung, die die Regel erklärt. Vergleicht die Lernplakate der Gruppen, sprecht über ihre Vor- und Nachteile. Wählt das gelungenste Plakat aus und hängt es in eurer Klasse auf.

3. Ordne den Aufgabenkärtchen (blau) die passenden Antwortkärtchen (grün) zu.

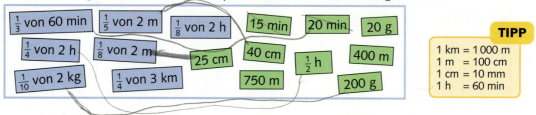

TIPP
1 km = 1 000 m
1 m = 100 cm
1 cm = 10 mm
1 h = 60 min

4. Bestimme die halbe Länge. Schreibe in der nächstkleineren Einheit.
a) 1 km   b) 1 m   c) 1 cm   d) 1,2 km   e) 2,6 m   f) 7,4 cm   g) 1,25 km   h) 0,7 m   i) 0,8 cm

5. Schreibe die Zeit in Minuten.
a) $\frac{1}{2}$ h   b) $\frac{1}{5}$ h   c) $\frac{1}{4}$ h   d) $\frac{1}{3}$ h   e) $\frac{4}{3}$ h   f) $\frac{5}{6}$ h   g) $1\frac{1}{2}$ h   h) $2\frac{1}{3}$ h   i) $4\frac{3}{4}$ h

6. Wie lang ist das Lattenstück? Schreibe als Kommazahl. Runde wenn nötig.
a) Lattenlänge 2 m.   Davon die Hälfte, ein Drittel, ein Viertel, ein Fünftel, ein Sechstel
b) Lattenlänge 2,50 m.   Davon $\frac{1}{3}, \frac{2}{3}, \frac{3}{4}, \frac{3}{5}, \frac{5}{6}, \frac{5}{8}$.

7. Wie viel Stunden sind es?
a) 1 Tag   b) $\frac{1}{2}$ Tag   c) $\frac{3}{4}$ Tag   d) $\frac{5}{12}$ Tag   e) $1\frac{1}{2}$ Tage   f) $2\frac{1}{3}$ Tage   g) $1\frac{5}{6}$ Tage   h) $2\frac{3}{8}$ Tage

8. Tanja bekommt 30 € Taschengeld. $\frac{3}{4}$ davon hat sie schon ausgegeben. Wie viel Euro sind das?

9. Erfinde eigene Aufgaben „$\frac{3}{4}$ von …" auch mit anderen Brüchen als $\frac{3}{4}$ und stelle sie deiner Nachbarin oder deinem Nachbarn. Kontrolliere die Lösungen.

10. a) Von wie viel Euro ist ein Viertel genau so viel Geld wie die Hälfte von 30 €?
b) Von wie viel Euro ist ein Zehntel genau so viel Geld wie die Hälfte von 40 €?
c) Von wie viel Euro ist ein Sechstel genau so viel Geld wie ein Drittel von 60 €?

1 Brüche und Dezimalbrüche

11. Übertrage die Tabelle in dein Heft und fülle sie aus. Beachte die Maßeinheit.

	a) 120 cm	b) 2,4 m	c) 0,6 km	d) 1,5 km	e) 3 h	f) 1 Tag
die Hälfte						
ein Drittel						

12. Ergänze die Tabelle der vorigen Aufgabe mit
a) 3 Viertel;   b) 3 Achtel;   c) 5 Sechstel;   d) 7 Zwölftel;   e) 2 Drittel.

13. Ordne den Aufgaben (blau) die passenden Antworten (grün) zu.

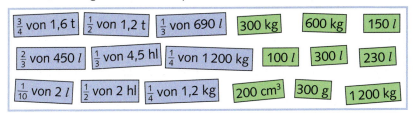

TIPP
1 t = 1000 kg
1 kg = 1000 g
1 hl = 100 l
1 l = 1000 cm³

14. Markus kauft im Sonderangebot 2,5 kg Kartoffeln. Zuhause stellt er fest, dass 500 g davon verdorben sind. Welcher Bruchteil ist   a) verdorben,   b) nicht verdorben?

15. Rechne aus. Schreibe in der nächstkleineren Maßeinheit.
a) $\frac{1}{2}$ von 5 kg   b) $\frac{1}{2}$ von 3 t   c) $\frac{1}{4}$ von 1 hl   d) $\frac{1}{4}$ von 6 l   e) $\frac{1}{10}$ von 7 l

16. Wie viel Gramm sind es?
a) die Hälfte von   1,4 kg   0,8 kg   0,9 kg   1,3 kg   1,05 kg
b) ein Viertel von   1,6 kg   1,4 kg   0,6 kg   0,1 kg   2,16 kg

17. Wie viel Gramm ist ein Drittel davon? Runde ganzzahlig.
a) 1 kg   b) 0,1 kg   c) 1,3 kg   d) 1,9 kg   e) 0,5 kg   f) 1,6 kg

18. Berechne in der nächstkleineren Maßeinheit. Runde wenn nötig.
a) $\frac{1}{6} \cdot 1\,l$ $\frac{5}{6} \cdot 1\,l$ b) $\frac{1}{3} \cdot 2\,hl$ $\frac{2}{3} \cdot 2\,hl$ c) $\frac{1}{5} \cdot 1,5\,hl$ $\frac{4}{5} \cdot 1,5\,hl$

19. Benutze die Angaben für einen Flug von Frankfurt nach Athen.
a) Nach 2 h sind etwa $\frac{3}{4}$ der Strecke zurückgelegt und $\frac{2}{3}$ Kerosin verbraucht. Wie viel km und wie viel Liter sind das?
b) Der normale Charterpreis für den Flug ist 380 €. Ein Sonderpreis ist $\frac{1}{10}$ billiger.
 c) Stelle zu den Angaben im Bild mindestens zwei weitere Fragen und beantworte sie.

20. Übertrage die Tabelle in dein Heft und ergänze in der nächstkleineren Maßeinheit.

	a) 1,20 €	b) 1,8 kg	c) 1,2 t	d) 0,9 l	e) 0,75 l	f) 0,6 hl
die Hälfte von						
ein Drittel von						

21. Siebenhundertdreißig Tage vor dem 1.1.2000 wurden in Deutschland 35 Mio. Sektflaschen geleert. (Eine Flasche enthält $\frac{3}{4}\,l = 0,75\,l$.) Stelle zwei Fragen und beantworte sie.

1 Brüche und Dezimalbrüche

Addition und Subtraktion von Brüchen

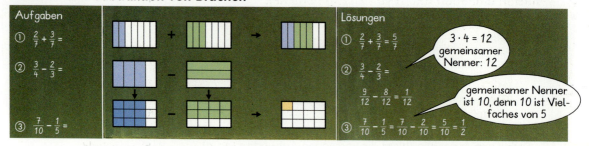

1. a) Erklärt euch gegenseitig, wie in der Tafelmitte die Addition und Subtraktion von Brüchen veranschaulicht wird. Skizziert eine Möglichkeit, den Lösungsweg zur dritten Aufgabe zu veranschaulichen, und stellt sie anderen vor.
b) Formuliert Regeln für Brüche mit gleichen Nennern und auch allgemein für Brüche mit verschiedenen Nennern. Vergleicht eure Formulierungen mit der Regel am Ende dieses Kapitels.

2. a) $\frac{4}{9} + \frac{7}{9}$ b) $\frac{2}{5} + \frac{3}{5}$ c) $\frac{2}{7} + \frac{4}{7}$ d) $\frac{2}{3} - \frac{1}{3}$ e) $\frac{9}{10} - \frac{2}{10}$ f) $\frac{8}{11} - \frac{2}{11}$

3. Ordne jeder Aufgabe im Glas die richtige Lösung im Lösungskasten zu. Kürze dein Ergebnis.

      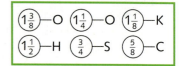

4. Wandle zuerst einen Einer in Bruchteile um.
a) $1 - \frac{3}{4}$ b) $1 - \frac{1}{3}$ c) $2 - \frac{2}{5}$ d) $4 - \frac{5}{7}$ e) $5 - \frac{7}{9}$

$2 - \frac{3}{4} = 1\frac{4}{4} - \frac{3}{4} = 1\frac{1}{4}$

5. a) $3\frac{5}{9} - 2\frac{1}{9}$ b) $2\frac{1}{3} + 3\frac{1}{3}$ c) $5\frac{6}{7} + 2\frac{3}{7}$ d) $5\frac{3}{10} + 2\frac{4}{10}$
e) $5\frac{5}{6} - 4\frac{2}{6}$ f) $4\frac{3}{4} - 3\frac{2}{4}$ g) $7\frac{2}{6} + 2\frac{1}{6}$ h) $9\frac{4}{5} - 6\frac{2}{5}$
i) $8\frac{5}{20} + 1\frac{11}{20}$ j) $8\frac{13}{15} - 2\frac{5}{15}$ k) $2\frac{7}{10} + 3\frac{2}{10}$ l) $3\frac{3}{8} + 2\frac{2}{8}$

$4\frac{5}{7} \xrightarrow{-3\frac{3}{7}} 1\frac{2}{7}$
$\xrightarrow{-3} 1\frac{5}{7} \xrightarrow{-\frac{3}{7}}$

6. Den kleinsten gemeinsamen Nenner findest du hier durch Multiplizieren beider Nenner.
a) $\frac{2}{3} + \frac{1}{2}$ b) $\frac{3}{5} - \frac{1}{4}$ c) $\frac{5}{9} + \frac{1}{2}$ d) $\frac{5}{6} - \frac{2}{5}$ e) $\frac{1}{4} + \frac{2}{5}$ f) $\frac{5}{7} - \frac{2}{3}$

7. Einer der beiden Nenner ist ein Vielfaches des anderen.
a) $\frac{1}{6} + \frac{1}{2}$ b) $\frac{2}{3} - \frac{5}{9}$ c) $\frac{7}{10} + \frac{3}{5}$ d) $\frac{8}{9} - \frac{2}{3}$ e) $\frac{5}{6} + \frac{7}{12}$ f) $\frac{1}{2} - \frac{1}{4}$

8. Auch bei gemischter Schreibweise: erst erweitern.
a) $3\frac{3}{4} + \frac{1}{2}$ b) $6\frac{2}{3} - \frac{1}{4}$ c) $4\frac{1}{2} - \frac{2}{5}$ d) $2\frac{4}{5} - \frac{3}{10}$
e) $5\frac{3}{4} - 2\frac{2}{3}$ f) $2\frac{3}{8} + 6\frac{1}{4}$ g) $4\frac{2}{3} - 1\frac{4}{9}$ h) $1\frac{2}{5} + 3\frac{2}{3}$

$4\frac{1}{2} + 5\frac{2}{3} = 4\frac{3}{6} + 5\frac{4}{6}$
$= 9\frac{7}{6} = 10\frac{1}{6}$

9. Manchmal musst du für das Subtrahieren auch noch einen Einer in Bruchteile umwandeln.
a) $9\frac{1}{2} - \frac{3}{4}$ b) $4\frac{3}{10} - \frac{4}{5}$ c) $2\frac{2}{3} - \frac{5}{6}$ d) $6\frac{3}{8} - \frac{1}{2}$
e) $5\frac{3}{5} - 1\frac{7}{10}$ f) $7\frac{2}{3} - 1\frac{4}{5}$ g) $8\frac{1}{2} - 4\frac{2}{3}$ h) $7\frac{1}{4} - 2\frac{3}{10}$

$4\frac{1}{6} - 1\frac{1}{3} = 4\frac{1}{6} - 1\frac{2}{6}$
$= 3\frac{7}{6} - 1\frac{2}{6}$ — Umgewandelt $1 = \frac{6}{6}$
$= 2\frac{5}{6}$

Addition und Subtraktion von Dezimalbrüchen

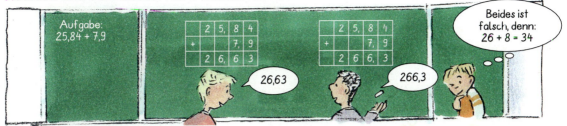

LVL 1. a) Was haben Kerstin und Jürgen falsch gemacht? Wie hat Alex den Fehler entdeckt?
   b) Formuliere eine Regel für die Addition und Subtraktion von Dezimalbrüchen und verdeutliche sie an Beispielen. Stelle dein Arbeitsergebnis in der Klasse vor.

2. Familie Mattern hat in drei Geschäften eingekauft.
   a) Zahlte sie mehr als 300 €, 400 € oder 500 €? Entscheide durch Überschlag.
   b) Wie viel blieb genau von 1 000 € übrig?

3. Was bleibt übrig? Überschlage, dann rechne genau.
   a)
   b)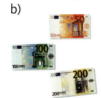
   c)

4. Die Klasse 7b hat eine Patenschaft mit einer Klasse in Peru. Zu Weihnachten soll ein Paket abgeschickt werden, das höchstens 10 kg wiegen darf. Die Geschenke wiegen so viel: 2,437 kg, 1,852 kg, 3,186 kg und 1,488 kg. Können alle Geschenke eingepackt werden? Überschlage zuerst, dann rechne genau.

5. In der Baustoffhandlung Glenk wird der Lastwagen beladen. Er kann höchstens mit 4,5 t beladen werden. Auf den Wiegezetteln sind folgende Massen angegeben: 1,8 t, 570 kg und 2,05 t. Können alle Waren aufgeladen werden? Überschlage, rechne dann genau.

6. Überschlage zuerst, dann rechne genau.
a) 3,83 + 1,4	b) 5,75 + 2,87	c) 23,76 + 74,87	d) 36,416 + 51,6
9,24 – 5,7	7,78 – 3,125	84,68 – 38,46	93,775 – 51,45
3,75 + 4,35	1,93 – 0,99	70,35 + 25,35	17,381 – 10,18

7. **Erdnuss-Cola-Muffins**

   Zubereitung: Mehl mit Backpulver und Kakao sieben und mit Zucker mischen. Eier, Butter, Cola und Erdnusskerne darunter geben. Teig in Förmchen geben und im vorgeheizten Ofen bei 180° ca. 25–30 Minuten backen.

   Zutaten:
   150 g Weizenmehl
   3 Tl Backpulver
   3 Essl. Kakaopulver
   150 g feinster Zucker
   2 Eier
   100 g zerlassene Butter
   125 ml Cola
   50 g gehackte ungesalzene Erdnusskerne

   a) Wiegt der Teig mehr oder weniger als ein Kilogramm? Überschlage.

   LVL b) Berechne die Teigmasse möglichst genau. Besorge dir fehlende Informationen selbst.

1 Brüche und Dezimalbrüche

Vervielfachen und Teilen von Brüchen

Multiplikation – Bruch mit natürlicher Zahl:
Der Zähler wird mit der Zahl multipliziert.
Der Nenner bleibt unverändert.

$\frac{3}{7} \cdot 2 = \frac{3 \cdot 2}{7} = \frac{6}{7}$ $4 \cdot \frac{1}{3} = \frac{4 \cdot 1}{3} = \frac{4}{3} = 1\frac{1}{3}$

Division – Bruch durch natürliche Zahl:
Der Nenner wird mit der Zahl multipliziert.
Der Zähler bleibt unverändert.

$\frac{6}{5} : 4 = \frac{6}{5 \cdot 4} = \frac{6}{20} = \frac{3}{10}$ $\frac{6}{7} : 3 = \frac{\cancel{6}^2}{7 \cdot \cancel{3}_1} = \frac{2}{7}$

LVL **1.** a) Überlegt gemeinsam, welche Aufgabe in der nebenstehenden Zeichnung dargestellt ist:

$\boxed{\frac{3}{5} \cdot 4}$, $\boxed{3 \cdot \frac{4}{5}}$; $\boxed{\frac{3}{5} : 4}$ oder $\boxed{3 : \frac{4}{5}}$?

b) Entwerft eigene Zeichnungen, mit denen die oben genannten Regeln veranschaulicht werden können.

2. a) $\frac{1}{5} \cdot 4$ b) $\frac{4}{9} \cdot 2$ c) $\frac{3}{10} \cdot 3$ d) $\frac{5}{12} \cdot 2$ e) $\frac{9}{100} \cdot 7$ f) $\frac{7}{20} \cdot 7$ g) $\frac{8}{15} \cdot 6$

3. a) $\frac{3}{5} : 2$ b) $\frac{2}{7} : 5$ c) $\frac{1}{2} : 2$ d) $\frac{5}{6} : 8$ e) $\frac{2}{3} : 9$ f) $\frac{3}{10} : 10$ g) $\frac{1}{3} : 4$

4. Schreibe das Ergebnis als gemischte Zahl.

a) $\frac{2}{3} \cdot 4$ b) $3 \cdot \frac{3}{8}$ c) $\frac{3}{5} \cdot 7$ d) $5 \cdot \frac{1}{2}$ e) $\frac{5}{7} \cdot 3$ f) $9 \cdot \frac{7}{10}$ g) $\frac{7}{11} \cdot 10$

5. a) $1\frac{1}{5} \cdot 4$ b) $3 \cdot 2\frac{1}{3}$ c) $1\frac{3}{5} \cdot 5$ d) $4 \cdot 2\frac{2}{3}$ e) $6\frac{1}{2} \cdot 2$ $1\frac{1}{4} \cdot 3 = \frac{5}{4} \cdot 3 = \frac{15}{4} = 3\frac{3}{4}$

6. Schreibe Ergebnisse größer als 1 auch als gemischte Zahl.

a) $1\frac{3}{4} : 2$ b) $4\frac{2}{5} : 4$ c) $2\frac{1}{5} : 3$ d) $3\frac{5}{6} : 3$ e) $2\frac{1}{2} : 4$

TIPP
Gemischte Zahlen erst umwandeln.

7. Achte auf das Rechenzeichen. Schreibe das Ergebnis als gekürzten Bruch oder gemischte Zahl.

a) $\frac{3}{4} \cdot 4$ b) $5 \cdot \frac{7}{10}$ c) $\frac{7}{10} : 14$ d) $4\frac{3}{4} \cdot 2$ e) $6 \cdot 2\frac{1}{2}$ f) $5\frac{1}{3} : 4$

$\frac{3}{4} : 3$ $\frac{7}{10} : 5$ $14 \cdot \frac{7}{10}$ $4\frac{3}{4} : 2$ $2\frac{1}{2} : 6$ $4 \cdot 5\frac{1}{3}$

LVL **8.** Stelle Fragen. Schreibe Aufgaben mit Lösungen dazu.

a)    b)

LVL **9.** Stelle eine Frage und berechne die Lösung.

a) Armin hat eine Schrittlänge von $\frac{3}{4}$ m. Für ein Spielfeld schreitet er 25 Schritte ab.
b) Ein Fleischer zerteilt $2\frac{1}{4}$ kg Fleisch in 3 gleiche Teile.
c) Eine Teekanne enthält $1\frac{1}{2}$ l Tee. Aus ihr lassen sich genau 6 Tassen Tee abfüllen.
d) Der Pkw von Sinas Mutter erhält alle 10 000 km einen Motorölwechsel. Für einen Ölwechsel sind $3\frac{1}{4}$ l Öl notwendig. Der Kilometerzähler zeigt 81 203 km an.

10. Von welcher Zahl ist das Vierfache die Hälfte von Eins?

1 Brüche und Dezimalbrüche

Multiplikation von Brüchen

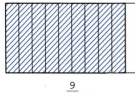

$\frac{9}{10}$ $\frac{1}{5}$ von $\frac{9}{10} = \frac{9}{50}$ $\frac{2}{5}$ von $\frac{9}{10} = \frac{\blacksquare}{\blacksquare} = \frac{\blacksquare}{\blacksquare}$

$\frac{2}{5}$ von $\frac{9}{10} = \frac{2}{5} \cdot \frac{9}{10}$

LVL 1. Erstelle mit einer Mitschülerin oder einem Mitschüler eine Zeichnung für die Aufgabe $\frac{2}{5} \cdot \frac{3}{4}$. Die Zeichnung soll so groß sein, dass sie für alle erkennbar ist, wenn du sie vor der Klasse erklärst.

> Man **multipliziert zwei Brüche** miteinander, indem man **Zähler mit Zähler** und **Nenner mit Nenner** multipliziert.

$\frac{3}{5} \cdot \frac{4}{7} = \frac{3 \cdot 4}{5 \cdot 7} = \frac{12}{35}$ $\frac{3}{4} \cdot \frac{2}{3} = \frac{\overset{1}{\cancel{3}} \cdot \overset{1}{\cancel{2}}}{\underset{2}{\cancel{4}} \cdot \underset{1}{\cancel{3}}} = \frac{1}{2}$ $\frac{5}{3} \cdot \frac{5}{4} = \frac{5 \cdot 5}{3 \cdot 4} = \frac{25}{12} = 2\frac{1}{12}$ $1\frac{1}{2} \cdot 2\frac{1}{3} = \frac{\overset{1}{\cancel{3}} \cdot 7}{2 \cdot \underset{1}{\cancel{3}}} = \frac{7}{2} = 3\frac{1}{2}$

2. a) $\frac{2}{5} \cdot \frac{1}{3}$ b) $\frac{1}{2} \cdot \frac{5}{6}$ c) $\frac{3}{4} \cdot \frac{3}{7}$ d) $\frac{2}{7} \cdot \frac{3}{5}$ e) $\frac{4}{5} \cdot \frac{3}{7}$ f) $\frac{3}{5} \cdot \frac{1}{6}$ g) $\frac{2}{7} \cdot \frac{1}{5}$

3. a) $\frac{2}{3}$ von $\frac{2}{7}$ kg   b) $\frac{3}{4}$ von $\frac{1}{2}$ m   c) $\frac{3}{8}$ von $\frac{1}{4}$ km   d) $\frac{3}{5}$ von $\frac{1}{4}$ hl

e) $\frac{5}{6}$ von $\frac{1}{8}$ kg   f) $\frac{3}{10}$ von $\frac{3}{4}$ m   g) $\frac{3}{7}$ von $\frac{9}{10}$ km   h) $\frac{5}{7}$ von $\frac{1}{2}$ hl

4. Kürze vor dem Ausrechnen.

a) $\frac{11}{12} \cdot \frac{4}{7}$ b) $\frac{3}{7} \cdot \frac{21}{36}$ c) $\frac{7}{8} \cdot \frac{3}{21}$ d) $\frac{8}{9} \cdot \frac{3}{4}$ e) $\frac{5}{6} \cdot \frac{6}{15}$

f) $\frac{6}{7} \cdot \frac{5}{12}$ g) $\frac{7}{8} \cdot \frac{4}{28}$ h) $\frac{5}{36} \cdot \frac{9}{15}$ i) $\frac{6}{35} \cdot \frac{14}{18}$ j) $\frac{3}{4} \cdot \frac{7}{9}$

$\frac{7}{12} \cdot \frac{5}{21} = \frac{\overset{1}{\cancel{7}} \cdot 5}{12 \cdot \underset{3}{\cancel{21}}} = \frac{5}{36}$

5. Wandle zuerst die gemischte Zahl in einen Bruch um. Schreibe das Ergebnis als gemischte Zahl.

a) $2\frac{1}{2} \cdot \frac{1}{4}$ b) $\frac{1}{2} \cdot 6\frac{4}{5}$ c) $3\frac{1}{2} \cdot 2\frac{3}{4}$ d) $1 \cdot 2\frac{3}{4}$

e) $3\frac{1}{3} \cdot \frac{2}{5}$ f) $\frac{3}{4} \cdot 4\frac{2}{5}$ g) $4\frac{3}{7} \cdot 5\frac{2}{5}$ h) $4\frac{1}{5} \cdot 2$

$3\frac{1}{2} \cdot \frac{3}{4} = \frac{7}{2} \cdot \frac{3}{4} = \frac{7 \cdot 3}{2 \cdot 4} = \blacksquare = \blacksquare$

6. Christian besucht seinen Freund, der in einem $8\frac{1}{2}$ km weit entfernten Ort wohnt. Christian hat bereits $\frac{3}{4}$ der Strecke zurückgelegt. Wie viel km muss er noch fahren?

7. Peter ist $12\frac{1}{2}$ Jahre alt, seine Schwester Claudia ist $1\frac{1}{2}$-mal so alt. Der Vater der beiden ist 3-mal so alt wie Claudia.

LVL 8. Herr Höfner bepflanzt seinen Garten neu. Ein Sechstel der Gartenfläche bepflanzt er mit Kartoffeln, ein Drittel mit Erdbeeren und den Rest mit Karotten und Zwiebeln. Stelle mindestens zwei Fragen und beantworte sie.

9. Marco, Laura und Lisa haben zusammen 99 € gespart. Marco hat genauso viel wie Lisa gespart. Laura hat $2\frac{1}{2}$-mal so viel gespart wie Lisa.

1 Brüche und Dezimalbrüche

Division durch einen Bruch

LVL 1. Seht euch zu zweit die Bildleiste an. Überlegt gemeinsam eine Begründung für die Regel im linken Bild. Warum ist diese Regel im mittleren und rechten Bild nicht sofort anwendbar?
Erklärt am Beispiel von $\frac{4}{5} : \frac{3}{4}$ oder an einem selbst gewählten Beispiel, wie man hier zum Ergebnis kommt.

Man **dividiert durch einen Bruch**, indem man mit seinem **Kehrbruch** multipliziert.

$$\frac{3}{4} : \frac{6}{5} = \frac{3}{4} \cdot \frac{5}{6} = \frac{\overset{1}{\cancel{3}} \cdot 5}{4 \cdot \underset{2}{\cancel{6}}} = \frac{5}{8}$$

Kehrbruch

Bruch $\frac{6}{5}$ $\xrightarrow[\text{vertauschen}]{\text{Zähler und Nenner}}$ Kehrbruch $\frac{5}{6}$

TIPP Vor dem Ausrechnen: wenn möglich kürzen!

---

2. a) $\frac{7}{12} : \frac{2}{7}$ b) $\frac{3}{5} : \frac{7}{9}$ c) $\frac{2}{7} : \frac{1}{4}$ d) $\frac{3}{4} : \frac{2}{7}$ e) $\frac{2}{7} : \frac{3}{4}$ f) $\frac{5}{8} : \frac{2}{3}$
g) $\frac{13}{7} : \frac{4}{5}$ h) $\frac{22}{5} : \frac{5}{7}$ i) $\frac{11}{7} : \frac{5}{6}$ j) $\frac{13}{8} : \frac{2}{7}$ k) $\frac{3}{5} : \frac{2}{17}$ l) $\frac{5}{9} : \frac{2}{31}$

3. a) $\frac{3}{4} : \frac{3}{12}$ b) $\frac{3}{4} : \frac{3}{8}$ c) $\frac{4}{5} : \frac{2}{15}$ d) $\frac{3}{8} : \frac{6}{16}$ e) $\frac{3}{5} : \frac{9}{10}$ f) $\frac{7}{8} : \frac{21}{12}$
g) $\frac{3}{8} : \frac{21}{3}$ h) $\frac{3}{14} : \frac{2}{7}$ i) $\frac{4}{9} : \frac{2}{3}$ j) $\frac{6}{21} : \frac{3}{14}$ k) $\frac{35}{14} : \frac{2}{3}$ l) $\frac{3}{15} : \frac{5}{6}$

4. Schreibe vor dem Rechnen die natürliche Zahl als Bruch.
a) $\frac{3}{4} : 5$ b) $\frac{7}{8} : 6$ c) $\frac{4}{7} : 14$ d) $\frac{6}{8} : 4$
e) $6 : \frac{3}{9}$ f) $7 : \frac{7}{9}$ g) $9 : \frac{3}{6}$ h) $7 : \frac{14}{17}$

$\frac{4}{5} : 10 = \frac{4}{5} : \frac{10}{1} = \frac{\overset{2}{\cancel{4}} \cdot 1}{5 \cdot \underset{5}{\cancel{10}}} = \frac{2}{25}$

$8 : \frac{3}{4} = \frac{8}{1} \cdot \frac{4}{3} = \frac{32}{3} = 10\frac{2}{3}$

5. Wandle die gemischte Zahl in einen Bruch um, dann rechne.
a) $3\frac{1}{7} : \frac{5}{7}$ b) $2\frac{1}{5} : \frac{1}{5}$ c) $2\frac{2}{3} : \frac{3}{7}$ d) $4\frac{2}{3} : \frac{5}{9}$
e) $6\frac{1}{2} : 3\frac{4}{7}$ f) $2\frac{3}{4} : 3\frac{1}{3}$ g) $4\frac{2}{3} : 3\frac{1}{3}$ h) $3\frac{3}{4} : 2\frac{1}{12}$

$1\frac{3}{4} : \frac{2}{3} = \frac{7}{4} : \frac{2}{3} = \frac{7 \cdot 3}{4 \cdot 2} = \frac{21}{8} = 2\frac{5}{8}$

$2\frac{1}{2} : 1\frac{2}{3} = \frac{5}{2} : \frac{5}{3} = \frac{\overset{1}{\cancel{5}} \cdot 3}{2 \cdot \underset{1}{\cancel{5}}} = \frac{3}{2} = 1\frac{1}{2}$

6. Wie oft ist die eine Größe in der anderen enthalten?
a) $\frac{1}{4}$ m in $2\frac{3}{4}$ m b) $\frac{3}{4}$ km in $4\frac{1}{2}$ km
c) $\frac{2}{3}$ kg in $3\frac{1}{3}$ kg d) $\frac{1}{8}$ l in $4\frac{1}{2}$ l

Wie oft sind $\frac{3}{4}$ m in $6\frac{3}{4}$ m enthalten?

$6\frac{3}{4} : \frac{3}{4} = \frac{27}{4} : \frac{3}{4} = \frac{27 \cdot \overset{1}{\cancel{4}}}{\underset{1}{\cancel{4}} \cdot 3} = 9$

7. Ellen hilft ihrer Oma beim Einkochen von Marmelade. Im Kochtopf sind $3\frac{1}{2}$ l Marmelade. Wie viele Einmachgläser muss Ellen holen, wenn in jedes Glas $\frac{1}{4}$ l Marmelade gefüllt werden kann?

LVL 8. In einem Krug sind $1\frac{1}{2}$ l Apfelsaft. Es gibt mehrere Gläser, die $\frac{1}{4}$ l, 0,2 l und $\frac{3}{10}$ l fassen. Verteile den Apfelsaft so, dass nur gefüllte Gläser entstehen. Finde mindestens zwei Möglichkeiten.

1 Brüche und Dezimalbrüche

Vermischte Aufgaben

1. Ordne den Aufgaben (blau) die Lösungen (grün) richtig zu. Wie heißt das Lösungswort?

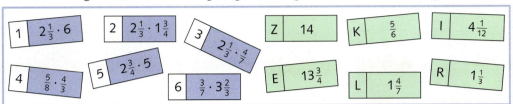

| 1 | $2\frac{1}{3} \cdot 6$ | 2 | $2\frac{1}{3} \cdot 1\frac{3}{4}$ | 3 | $2\frac{1}{3} \cdot \frac{4}{7}$ | Z | 14 | K | $\frac{5}{6}$ | I | $4\frac{1}{12}$ |
| 4 | $\frac{5}{8} \cdot \frac{4}{3}$ | 5 | $2\frac{3}{4} \cdot 5$ | 6 | $\frac{3}{7} \cdot 3\frac{2}{3}$ | E | $13\frac{3}{4}$ | L | $1\frac{4}{7}$ | R | $1\frac{1}{3}$ |

2. a) Wie viele $\frac{1}{4}$-Liter-Gläser können gefüllt werden, wenn der Krug voll ist?
b) Wie viele $\frac{1}{3}$-Liter-Gläser können mit einem vollen Krug gefüllt werden? Wie viel Liter bleiben übrig?

3. Wie viele $\frac{1}{10}$-l-Gläser lassen sich mit einer $\frac{1}{2}$-l-Flasche Kirschsaft füllen?

4. Ein Gastwirt schenkt 7 l Apfelsaft in $\frac{1}{4}$-l-Gläsern aus, ein anderer in $\frac{1}{5}$-l-Gläsern. Wie viele Gläser kann der zweite Gastwirt mehr ausschenken?

5. Für ihren Getränkestand auf dem Schulfest hat die Klasse 7c insgesamt 9 l Apfelsaft und 12 l Limonade eingekauft.
Stelle Fragen und berechne die Lösungen.

> **Einkauf**
> Saft: 1 l für 1 €
> Limo: 1 l für 1,20 €

> **Verkauf**
> Saft: $\frac{1}{4}$ l für 30 Cent
> Limo: $\frac{1}{4}$ l für 35 Cent

6. Ein Kellner serviert bei einer Hochzeitsfeier zehn $\frac{7}{10}$-l-Flaschen Rotwein in $\frac{1}{8}$-l-Gläsern und fünf $\frac{7}{10}$-l-Flaschen Weißwein in $\frac{1}{4}$-l-Gläsern. Wie viele Gläser Wein von jeder Sorte hat er ausgeschenkt?

7. Sechs Pizzas werden für eine Geburtstagsfeier in $\frac{1}{4}$-Stücke geteilt. Acht $\frac{1}{4}$-Stücke werden halbiert. Wie viele Pizzastücke erhält man insgesamt?

LVL 8. Stelle eine Frage und berechne die Lösung.
a) Ein $3\frac{3}{4}$ m langer Holzstamm wird in $\frac{3}{4}$-m-Stücke zerlegt.
b) Ein Lkw hat Eisenträger mit einem Gesamtgewicht von $7\frac{1}{2}$ t geladen. Ein Eisenträger wiegt $\frac{3}{4}$ t.
c) Frau Meier kauft $1\frac{1}{2}$-kg-Packungen Feinwaschmittel im Sonderangebot. Sie kauft $10\frac{1}{2}$ kg.
d) In einer Raststätte kostet eine $1\frac{1}{2}$-l-Flasche Wasser 2,49 €, eine $\frac{1}{2}$-l-Flasche kostet 0,99 €.
e) Ein Wirt serviert aus einer $\frac{7}{10}$-l-Flasche ein Getränk in $\frac{3}{10}$-l-Gläsern.

LVL 9. Rechenregeln bringen Vorteile. Überlegt in Partnerarbeit, ob beim Multiplizieren von Brüchen die Reihenfolge der Brüche gleichgültig ist und ob dies beim Dividieren ebenso ist. Erklärt eure Meinung an eigenen Beispielen und stellt eure Ergebnisse in der Klasse vor.

LVL 10. Rechenregeln bringen Vorteile. Überlegt in Partnerarbeit, welche Multiplikationsaufgabe einfacher zu rechnen ist, und begründet eure Meinung. Erfindet drei eigene Beispiele zum vorteilhaften Multiplizieren und stellt sie in der Klasse vor.

> $4 \cdot \frac{3}{5} \cdot \frac{1}{2}$ oder $4 \cdot \frac{1}{2} \cdot \frac{3}{5}$
> $\frac{3}{5} \cdot \frac{4}{7} \cdot \frac{1}{3}$ oder $\frac{3}{5} \cdot \frac{1}{3} \cdot \frac{4}{7}$

11. Wähle eine vorteilhafte Reihenfolge der Brüche und notiere, wie du rechnest.
a) $6 \cdot \frac{2}{5} \cdot \frac{1}{3}$
b) $\frac{1}{2} \cdot \frac{3}{4} \cdot 10$
c) $\frac{1}{3} \cdot \frac{1}{2} \cdot \frac{3}{4}$
d) $\frac{2}{3} \cdot \frac{5}{7} \cdot \frac{3}{2}$
e) $\frac{2}{3} \cdot \frac{6}{7} \cdot \frac{3}{4}$

33
36

1 Brüche und Dezimalbrüche

Vervielfachen und Teilen von Dezimalbrüchen

1. Schreibe zu den beiden Aufgaben im Tafelbild je eine Textaufgabe. Kontrolliere die Rechnung und überlege, ob du ebenso gerechnet hättest.

2. Welche Packung würdest du deinen Eltern zum Kauf empfehlen?

3. Wie viel Euro kostet ein Kilogramm?

4. a) Ordne der Aufgabe (blau) die Überschlagsrechnung (grün) zu.
b) Berechne den genauen Wert.

① 3 kg zu je 2,45 €   8 · 20 €   15 € : 3
② 3 kg kosten 15,75 €   ③ 8 kg kosten 19,60 €
3 · 2 €   ④ 8 kg zu je 19,99 €   16 € : 8

5. Einkauf auf dem Wochenmarkt.
a) 5 kg Kartoffeln, 1 kg kostet 0,75 €.
b) 3 kg Tomaten, 1 kg kostet 1,35 €.
c) 4 kg Bananen, 1 kg kostet 1,45 €.
d) 6 kg Orangen, 1 kg kostet 1,70 €.

6. Die Klasse 7a kalkuliert die Kosten für eine Klassenfahrt. Der Busunternehmer verlangt 1,20 € je Kilometer. Die Rundfahrt wird 245 km lang. Mit welchem Preis muss die Klasse rechnen?

7. Eine Wanderstrecke von 17,5 km wurde von den Schülerinnen und Schülern ausgewählt. Es ist vorgesehen, dass je Stunde 5 km gelaufen werden. Berechne die Wanderzeit ohne Pausen.

8. Eine Schule kauft 29 Mathematikbücher für die Klasse 7a. Dafür müssen 549,55 € bezahlt werden. Wie teuer ist ein Mathematikbuch?

34
35

1 Brüche und Dezimalbrüche

Multiplikation und Division eines Dezimalbruches mit 10, 100, 1000

1000	100	10	1	$\frac{1}{10}$	$\frac{1}{100}$	Dezimalbruch
			5	0	9	5,09
		5	0	9	0	■
	5	0	9	0	0	509

10	1	$\frac{1}{10}$	$\frac{1}{100}$	$\frac{1}{1000}$	Dezimalbruch
6	2	7	0	0	62,7
	6	2	7	0	6,27
0	6	2	7		■

1. a) Übertrage die Stellenwerttafeln ins Heft, ergänze die fehlenden Dezimalbrüche und Operatoren.
   b) Formuliere zusammen mit einer Mitschülerin oder einem Mitschüler eine Regel und illustriere sie mit eigenen Beispielen auf einem Lernplakat, das ihr der ganzen Klasse vorstellt.

2. Was wurde im abgebildeten Heft falsch gemacht? Erkläre einer Mitschülerin oder einem Mitschüler die Fehler. Welche Regeln wurden falsch angewendet? Rechnet die Aufgaben richtig.

```
0,8 · 10   = 0,80    f        1,7 : 10   = 01,7    f
0,8 · 100  = 0,800   f        1,7 : 100  = 001,7   f
0,8 · 1000 = 0,8000  f        1,7 : 1000 = 0001,7  f
```

3. a) 5,38 · 10   b) 0,731 · 100   c) 15,4 : 10   d) 512,4 : 100   e) 0,537 · 1000
    f) 8422,9 : 1000   g) 1,32 · 10   h) 182,34 : 100   i) 0,0043 · 100   j) 0,8745 · 1000

4. Rechne wie in den Beispielen. Füge Nullen hinzu, um das Komma verschieben zu können.

> 5,72 · 1000 = 5,720 · 1000 = 5720
> 5,72 : 1000 = 0005,72 : 1000 = 0,00572

   a) 0,347 : 10   b) 244,3 · 100
   c) 4,107 : 1000   d) 0,528 · 100   e) 5,104 : 1000   f) 0,19 · 1000   g) 0,087 : 100

5. a) 100 g Salami kosten 1,97 €. Wie teuer ist ein Kilogramm der gleichen Sorte?
   b) Ein Hektoliter Essig kostet 75,00 €. Wie viel kostet ein Liter?

6. Ein Stapel von 1000 Blatt Kopierpapier ist 10,6 cm hoch. Wie dick ist ein einzelnes Blatt?

7. Ein menschliches Haar normaler Dicke ist 0,05 bis 0,07 mm dick. Wie dick erscheint es auf einem Foto durch ein Mikroskop mit 1000-facher Vergrößerung?

8. a) 2,34 · ■ = 2340   b) 0,04 : ■ = 0,0004   c) 12,4 : ■ = 0,0124
   d) 75 : ■ = 0,0075   e) 0,07 · ■ = 7,0   f) 0,031 · ■ = 31

9. Bei einer Temperatur von 20 °C wiegt 1 l (= 1 dm³) Wasserstoff 89,9 mg. Wie schwer ist dann 1 m³ Wasserstoff?

> **TIPP**
> 1 g = 1000 mg

10. In einer Brausetablette gegen Kopfschmerzen sind 240 mg Vitamin C. Wie viel Kilogramm dieses Wirkstoffs braucht man zur Herstellung von 100 000 Brausetabletten?

11. Mit welcher Zahl wurde multipliziert bzw. durch welche Zahl wurde dividiert?

   a) 15,84 —■→ 15 840   b) 276,32 —■→ 2,7632   c) 0,05 —■→ 500
   d) 137,2 —■→ 13,72   e) 54 800 —■→ 5,48   f) 73,8 —■→ 0,00738

12. „Eine Null mehr oder weniger bei einem Dezimalbruch ist doch egal" behauptet Sven. Was meinst du dazu? Stimmt das immer, manchmal oder nie? Begründe deine Meinung.

1 Brüche und Dezimalbrüche

Multiplikation mit einem Dezimalbruch

LVL 1. a) Überlege zusammen mit einer Mitschülerin oder einem Mitschüler, wo das Komma zu setzen ist und was die Ratschläge der anderen Kinder bedeuten. Führt sie beide aus.
b) Berechnet mit denselben Schritten eine andere Aufgabe mit selbst gewählten Dezimalbrüchen.

2. Ergänze die richtige Stufenzahl (10, 100, ...)
   a) 6,7 · ■ = 67   b) 2,56 · ■ = 25,6   c) 12,35 · ■ = 1235   d) 8,6 · ■ = 8600
   e) 531 : ■ = 5,31   f) 21,2 : ■ = 2,12   g) 4,6 : ■ = 0,46   h) 357,9 : ■ = 3,579

3. Im Ergebnis fehlt noch das Komma. Schreibe die Aufgabe ins Heft und setze es richtig ein. Manchmal musst du noch Nullen vor die Ziffern des Ergebnisses setzen.
   a) 2,34 · 18,6 = 43524   b) 9,2 · 8,8 = 8096   c) 3,62 · 2,43 = 87966
   d) 8,062 · 19,4 = 1564028   e) 0,64 · 0,58 = 3712   f) 25,2 · 0,587 = 147924

4. a) 0,4 · 0,5   b) 1,1 · 0,6   c) 0,9 · 0,4   d) 0,08 · 0,7   e) 2,2 · 0,3
   f) 0,25 · 0,4   g) 1,5 · 0,5   h) 0,3 · 0,025   i) 0,15 · 0,8   j) 0,7 · 0,7

5. a) 8,9 · 4,2   b) 4,8 · 7,1   c) 13,2 · 10,3   d) 24,8 · 7,1   e) 3,84 · 6,2
   f) 0,982 · 12,8   g) 11,1 · 9,9   h) 7,8 · 15,23   i) 1,23 · 0,96   j) 0,97 · 5,81

LVL 6. Stelle zwei Fragen und beantworte sie.
a) Ein Spielzimmer, das 9,2 m lang und 7,8 m breit ist, soll einen neuen Teppichboden bekommen. Der Quadratmeterpreis beträgt 46,35 €.
b) Familie Hug kauft ein Baugrundstück von 41,20 m Länge und 26,30 m Breite zum Preis von 195,50 € pro m².

7. 1 kg Pecorinokäse kostet 15,90 €. Wie viel kosten 2,4 kg des Käses?

8. Ein Schiff legt in einer Stunde 22,5 Seemeilen zurück. Eine Seemeile beträgt 1,852 km. Wie viel km fährt das Schiff in einer Stunde?

9. Ein Tanker fährt 17,2 Seemeilen in der Stunde. Wie viel Kilometer legt er in $4\frac{1}{2}$ Stunden zurück?

10. Beim „Großen Preis von Monaco" ist jede Runde 3,378 km lang. Welche Strecke ist zurückgelegt
    a) nach 78 Runden;   b) nach 5,5 Runden;   c) nach $20\frac{1}{4}$ Runden;   d) nach $40\frac{1}{2}$ Runden?

11. Ein quaderförmiger Metallblock ist 28,5 cm lang, 7,8 cm breit und 2,2 cm hoch. Wie schwer ist der Metallblock, wenn 1 cm³ des Metalls 7,8 g wiegt?

Division durch einen Dezimalbruch

1. a) Überlege zusammen mit einer Mitschülerin oder einem Mitschüler, welche Ratschläge die beiden Mädchen geben und auf welche Regel der Junge hinweist. Führt sie aus und berechnet das Ergebnis.
b) Berechnet mit denselben Schritten eine andere Aufgabe mit selbst gewählten Dezimalbrüchen.
c) Formuliert eine Regel. Vergleicht sie mit der Regel auf der TÜV-Seite dieses Kapitels.

2. Erweitere so, dass die zweite Zahl kein Komma hat. Rechne dann im Kopf das Ergebnis aus.
a) 2,5 : 0,5   b) 4,8 : 0,3   c) 3 : 0,5   d) 0,9 : 0,05   e) 0,44 : 0,11
f) 0,72 : 0,003   g) 0,35 : 0,005   h) 0,6 : 0,02   i) 7 : 0,07   j) 8 : 0,004

3. a) 492,8 : 0,7   b) 364,5 : 0,9   c) 34,25 : 0,25   d) 22,456 : 0,08
e) 42,72 : 1,2   f) 1243,9 : 0,07   g) 7,452 : 6,9   h) 5,4 : 1,35

4. Im Supermarkt werden verschiedene Waschpulversorten angeboten. Überlege mit anderen, welches Angebot das günstigste ist.

 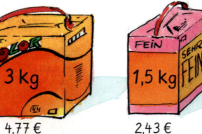 

5. a) Auf einem Schulfest bietet die Klasse 7b Saftcocktails zu jeweils 0,90 € an. Die Gesamteinnahmen betragen 118,80 €.
b) Frau Kramer verkauft auf dem Volksfest Zuckerwatte für jeweils 1,60 €. Am Abend hat sie insgesamt 377,60 € eingenommen.

6. Frau Sieber zahlt für einen Stoff, der pro Meter 3,75 € kostet, insgesamt 6,75 €.

7. Eine 133 m lange Wasserleitung soll aus Rohren gebaut werden, die $1\frac{3}{4}$ m lang sind.

8. Welche Tankstelle verkauft den Diesel-Treibstoff am günstigsten?

9. Überlegt in Gruppen: Für welche Zahlen a, b ist das Ergebnis der Division a : b gleich a, kleiner als a oder größer als a? Formuliert eine Regel und versucht, sie überzeugend zu begründen.

1 Brüche und Dezimalbrüche

Vermischte Aufgaben

1. Juan kauft 3 Netze Apfelsinen.
Ein Netz kostet 2,98 € und wiegt $2\frac{1}{2}$ kg.
   a) Wie viel muss Juan dafür bezahlen?
   b) Wie viel kg muss Juan tragen?

TIPP
$\frac{1}{2} = 0{,}5 \quad 3\frac{1}{2} = 3{,}5$
$\frac{1}{4} = 0{,}25 \quad 1\frac{3}{4} = 1{,}75$
$\frac{1}{8} = 0{,}125 \quad 2\frac{5}{8} = 2{,}625$

2. a) Wie viel Kilogramm Erdbeeren sind insgesamt auf der Palette?
   b) Frau Steiner kauft 5 kg Erdbeeren. Wie viel Euro muss sie bezahlen?
   LVL c) Erfinde selbst eine Aufgabe zum Einkaufen und berechne die Lösung. Stelle die Aufgabe deinem Nachbarn.

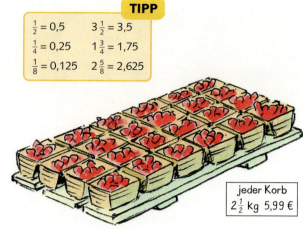

jeder Korb $2\frac{1}{2}$ kg 5,99 €

3. Gib die gesamte Menge als Dezimalbruch an.
   a) 100 Packungen zu je 0,125 kg
   b) 15 Dosen zu je 0,75 l
   c) 25 Flaschen zu je 1,5 l
   d) 8 Kartons zu je $2\frac{1}{2}$ kg
   e) 12 Flaschen zu je $1\frac{3}{4}$ l
   f) 36 Krüge zu je $1\frac{1}{5}$ l

4. Wie viel ist in jeder Kiste? Gib den Inhalt einer Kiste als Dezimalbruch an.
   a) In 100 Kisten sind insgesamt 19,5 kg.
   b) In 25 Kisten sind insgesamt 31,25 kg.
   c) In 60 Kisten sind insgesamt 74,4 kg.
   d) In 30 Kisten sind insgesamt 93,75 kg.
   e) In 5 Kisten sind insgesamt $18\frac{1}{2}$ kg.
   f) In 30 Kisten sind insgesamt $37\frac{1}{2}$ kg.

5. Bei der Weinlese erntet ein Winzer 1,5 t Trauben. In einer Bütte, die man auf dem Rücken trägt, werden jeweils 75 kg transportiert. Wie oft muss die Bütte gefüllt werden?

6. a) Eine der abgebildeten Zahlen gibt den Felgendurchmesser in Zoll (1 Zoll ≈ 2,5 cm) an. Welche ist es?
   b) Manuela hat bei ihrem Fahrrad einen Felgendurchmesser von 65 cm gemessen. Passt der Reifen auf ihr Rad?

7. Bei vielen Jeans wird die Größe in Zoll (1 Zoll ≈ 2,5 cm) angegeben. Die Jeans von Kerstin hat eine Bundweite (um den Bauch herum gemessen) von 24 Zoll und eine Länge von 28 Zoll. Rechne in cm um.

8. Indras Zimmer ist 3,85 m breit und 5,30 m lang.
   a) Berechne die Größe der Bodenfläche.
   LVL b) Es gibt Teppichrollen von 4 m Breite. Ein Quadratmeter kostet 21,50 €. Wie teuer ist der Teppichboden für Indras Zimmer? Überlege mit anderen und begründe.

9. Bei einem Fußballturnier wurden Würstchen zu 1,50 € verkauft. Die Einnahme betrug 367,50 €. Wie viele Würstchen wurden verkauft?

10. Eine Messstange (Pegel) ragt 4 m aus dem Fluss heraus. Ein Viertel der Stange ist im Flussbett einbetoniert, ein Viertel befindet sich im Wasser. Wie lang ist die Stange insgesamt?

1 Brüche und Dezimalbrüche 21

1. a) $\frac{1}{5} + \frac{3}{5}$ b) $\frac{7}{12} + \frac{9}{12}$ c) $\frac{3}{10} + \frac{5}{10}$
 d) $\frac{7}{8} - \frac{5}{8}$ e) $\frac{5}{6} - \frac{4}{6}$ f) $\frac{4}{5} - \frac{1}{5}$

2. a) $\frac{1}{2} + \frac{2}{3}$ b) $\frac{3}{5} + \frac{3}{4}$ c) $\frac{4}{7} + \frac{2}{5}$
 d) $\frac{2}{3} - \frac{2}{5}$ e) $\frac{5}{6} - \frac{1}{4}$ f) $\frac{3}{5} - \frac{1}{2}$

3. a) $2\frac{2}{5} + 4\frac{1}{2}$ b) $6\frac{3}{4} - 4\frac{2}{5}$ c) $3\frac{1}{3} + 1\frac{2}{7}$

4. a) 1,2 + 0,7 b) 0,5 + 2,8 c) 1,3 + 4,1
 d) 3,7 − 0,5 e) 2,3 − 1,6 f) 7,2 − 5,4

5. a) 1,32 + 4,13 b) 7,59 + 3,081
 c) 12,093 + 8,2 d) 8,65 − 3,27
 e) 9,08 − 1,9 f) 11,2 − 5,35

6. a) 133,75 b) 79,82 c) 573,26
 \+ 209,84 + 317,09 + 89,15
 \+ 91,39 + 3,18 + 6,99

7. a) $\frac{3}{5} \cdot \frac{1}{4}$ b) $\frac{3}{10} \cdot \frac{9}{11}$ c) $\frac{4}{9} \cdot \frac{5}{7}$
 d) $\frac{4}{7} \cdot \frac{3}{12}$ e) $\frac{5}{16} \cdot \frac{4}{15}$ f) $\frac{5}{18} \cdot \frac{3}{10}$

8. a) $\frac{7}{10} : \frac{3}{5}$ b) $\frac{1}{2} : \frac{1}{7}$ c) $\frac{5}{12} : \frac{1}{7}$
 d) $\frac{2}{5} : \frac{4}{35}$ e) $\frac{9}{15} : \frac{3}{10}$ f) $\frac{5}{24} : \frac{15}{36}$

9. a) $2\frac{2}{5} \cdot 3\frac{1}{3}$ b) $4\frac{1}{2} \cdot 2\frac{2}{3}$ c) $5\frac{1}{4} \cdot 1\frac{5}{7}$
 d) $1\frac{5}{7} : 1\frac{1}{5}$ e) $2\frac{7}{10} : 1\frac{3}{15}$ f) $3\frac{3}{16} : 2\frac{1}{8}$

10. a) 45,132 · 100 b) 0,0832 · 1 000
 c) 0,00915 · 10 d) 63,04 : 100
 e) 17,83 : 1 000 f) 0,419 : 10

11. a) 3,685 · 2,6 b) 29,04 · 1,49
 c) 41,03 · 32,7 d) 583,2 · 0,721
 e) 0,408 · 9,39 f) 0,505 · 0,707

12. a) 48,06 : 1,8 b) 4,2198 : 3,9
 c) 0,1792 : 3,2 d) 0,01566 : 0,29

13. Ein rechteckiges Grundstück ist 26,5 m lang und 22,7 m breit. Berechne die Fläche.

14. Kathrin gab in ihrem Urlaub täglich im Durchschnitt 3,20 € aus, insgesamt 44,80 €. Wie lange dauerte der Urlaub?

Addition und Subtraktion von Brüchen
Bei gleichem Nenner: Zähler addieren bzw. subtrahieren, Nenner beibehalten.
Bei verschiedenen Nennern: Erst auf einen gemeinsamen Nenner erweitern.

$\frac{1}{7} + \frac{3}{7} = \frac{1+3}{7} = \frac{4}{7}$ $\frac{5}{6} - \frac{2}{3} = \frac{5}{6} - \frac{4}{6} = \frac{5-4}{6} = \frac{1}{6}$

Addition und Subtraktion von Dezimalbrüchen
Dezimalbrüche können **addiert** bzw. **subtrahiert** werden als Brüche mit gleichem Nenner *oder* wie natürliche Zahlen in der Stellenwerttafel.
4,6 + 7,9
$= \frac{46}{10} + \frac{79}{10} = \frac{125}{10} = 12,5$

	10	1	$\frac{1}{10}$	$\frac{1}{100}$
		4	6	
+	1	7₁	9	
	1	2	5	

Multiplikation von Brüchen
Man multipliziert Zähler mit Zähler und Nenner mit Nenner.

$\frac{2}{5} \cdot \frac{3}{13} = \frac{2 \cdot 3}{5 \cdot 13} = \frac{6}{65}$ $2\frac{1}{7} \cdot 1\frac{2}{5} = \frac{\overset{3}{15} \cdot \overset{1}{7}}{\underset{1}{7} \cdot \underset{1}{5}} = 3$

Division durch einen Bruch
Man multipliziert mit dem Kehrbruch (Zähler und Nenner werden vertauscht).

$\frac{7}{9} : \frac{3}{5} = \frac{7}{9} \cdot \frac{5}{3} = \frac{7 \cdot 5}{9 \cdot 3} = \frac{35}{27} = 1\frac{8}{27}$

Multiplikation und Division von Dezimalbrüchen

Multiplikation (Division) mit 10, 100, …: Komma um 1, 2, … Stellen nach rechts (links) verschieben.

3,251 · 100 = 325,1   2,74 : 10 = 0,274

Multiplikation: Man rechnet zunächst ohne Kommas. Das Ergebnis muss so viele Stellen hinter dem Komma haben, wie beide Faktoren zusammen.

49 · 325 = 15 925   0,49 · 32,5 = 15,925

Division: Beide Zahlen so mit 10, 100, …, multiplizieren, dass bei der zweiten Zahl kein Komma mehr steht.

1,1339 : 0,29 = ?   113,39 : 29 = 3,91

TESTEN · ÜBEN · VERGLEICHEN

TÜV

1 Brüche und Dezimalbrüche

Grundaufgaben

1. a) $\frac{7}{9} - \frac{3}{9}$ b) $\frac{5}{8} + \frac{2}{5}$ c) $5{,}71 + 3{,}92$ d) $17{,}05 - 9{,}83$

2. a) $\frac{4}{5} \cdot \frac{7}{12}$ b) $\frac{5}{16} \cdot \frac{8}{9}$ c) $\frac{3}{10} : \frac{9}{5}$ d) $\frac{5}{6} : \frac{4}{9}$

3. a) $62{,}59 : 100$ b) $0{,}0062 \cdot 1\,000$ c) $160{,}37 : 1\,000$ d) $0{,}00391 \cdot 100$

4. a) $37 \cdot 56{,}3$ b) $1{,}5 \cdot 0{,}54$ c) $22{,}5 : 9$ d) $7{,}25 : 29$

5. Udo möchte sich einen Fußball für 39,95 € kaufen. Er hat 16,75 € gespart. Von seinem Opa erhält er 10 €. Wie viel Euro fehlen ihm noch?

Erweiterungsaufgaben

1. a) $3\frac{1}{3} + 4\frac{1}{2}$ b) $5\frac{4}{5} - 1\frac{1}{6}$ c) $3\frac{1}{6} : 2\frac{2}{3}$ d) $1\frac{3}{4} : 7$ e) $2\frac{1}{4} : 1\frac{1}{2}$

2. Volker, Nora und Nihal teilen sich eine ganze Pizza. Volker bekommt $\frac{1}{4}$, Nora $\frac{1}{3}$ der Pizza. Wie viel bleibt für Nihal übrig?

3. Überschlage erst die Kosten, dann rechne genau.
a) Frau Hübner kauft einen Ring zu 149,75 €, ein Armband zu 86,95 € und Ohrringe zu 53,65 €.
b) Herr Mazur tankte dreimal: Montag für 38,63 €, Mittwoch für 54,17 € und Freitag für 48,85 €.

4. Von den Schülerinnen und Schülern der Klasse 7b sind $\frac{3}{4}$ in einem Sportverein. Ein Drittel davon spielt Handball. Welcher Anteil der ganzen Klasse ist das?

5. Wie viel Stücke erhält man? Welcher Rest bleibt?
a) Von einer 3,5 m langen Schnur werden 75 cm lange Stücke abgeschnitten.
b) Von $5\frac{1}{2}$ m Stoff weden $\frac{3}{4}$ m lange Stücke abgeschnitten.

6. Berechne nur ein Ergebnis schriftlich. Bestimme die anderen durch Kommaverschiebung.

a)	b)	c)	d)
$907 \cdot 3{,}9$	$606 \cdot 54$	$55 \cdot 803$	$204 \cdot 444$
$9{,}07 \cdot 0{,}39$	$606 \cdot 0{,}54$	$5{,}5 \cdot 8{,}03$	$0{,}204 \cdot 4{,}44$
$90{,}7 \cdot 0{,}039$	$0{,}606 \cdot 0{,}54$	$0{,}55 \cdot 0{,}803$	$20{,}4 \cdot 44{,}4$
$0{,}907 \cdot 3{,}9$	$60{,}6 \cdot 5{,}4$	$0{,}055 \cdot 80{,}3$	$2{,}04 \cdot 0{,}0444$

7. a) Von einer Baustelle müssen 63 m³ Schutt abgefahren werden. Der Lkw kann 4,2 m³ laden. Wie viel Fahrten sind notwendig?
b) Eine Seemeile beträgt 1,852 km. Ein Schiff legt in einer Stunde 21,5 Seemeilen zurück. Wie viel Kilometer sind das?

8. Ein Schwimmbecken fasst 403,2 m³ Wasser. Durch 4 Rohre laufen pro Stunde je 3,6 m³ in das Becken. Nach wie viel Stunden ist das Becken ganz gefüllt?

9. Der Fußboden eines rechteckigen Raumes (5,60 m lang, 4,50 m breit) soll mit Parkett ausgelegt werden. Die Angebote zweier Firmen liegen bei 37,00 € bzw. 37,90 € pro Quadratmeter.

Zuordnungen 2

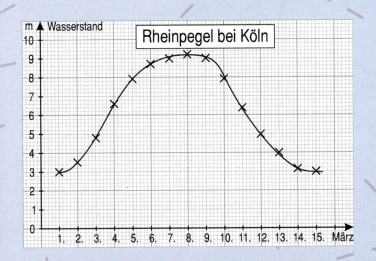

An welchen Tagen könnten die Fotos gemacht worden sein?

12,2 Sekunden! Toll!

12,2 · 8 = 97,6
Dann schaffe ich den Weltrekord über 800 m!

2 Zuordnungen

Formel 1 auf dem Hockenheimring

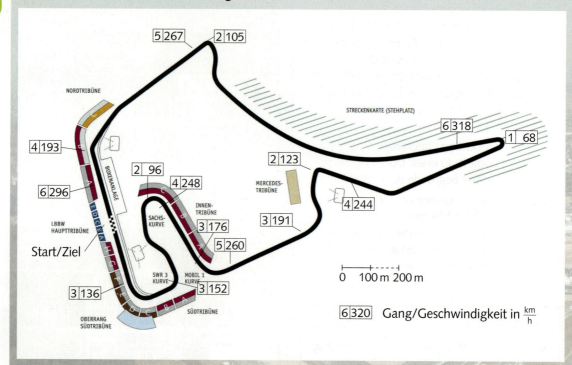

1. a) Lies dir den Auszug aus der Streckenbeschreibung des Hockenheimrings durch und verfolge den Streckenverlauf in der Abbildung oben.
   b) Setze die Streckenbeschreibung selbst bis zum Erreichen der Start-Ziel-Linie fort. Vergleiche deine Beschreibung mit der von Mitschülerinnen und Mitschülern.

Streckenbeschreibung

Kurs: 67 Runden à 4,574 km, 17 Kurven
Nach der Start- und Zielgeraden biegen die Fahrer in eine 500 m lange Gerade. Dann folgt eine Rechts-/Linkskurvenkombination, an die sich eine langgezogene parabolische Kurve anschließt (1 047 m). Hier wird die Spitzengeschwindigkeit erreicht. Dann folgt eine enge Rechtskurve. Anschließend noch eine anspruchsvolle Kurvenkombination, …

2. Über wie viele Kilometer geht das Formel-1-Rennen auf dem Hockenheimring?

3. Wo erreichen die Fahrer ihre Höchstgeschwindigkeit, wo müssen sie besonders stark abbremsen? Begründe deine Antwort.

4. Im Jahr 2004 fuhr Michael Schumacher im Ferrari in der Qualifikation den Rundenrekord in der Zeit von 1:13,306 min. Versuche gemeinsam mit anderen, die Durchschnittsgeschwindigkeit in Meter pro Sekunde ($\frac{m}{s}$) und in Kilometer pro Stunde ($\frac{km}{h}$) zu berechnen.

2 Zuordnungen

5. Du fährst selbst als Formel-1-Pilot am Hockenheimring mit und lieferst dir mit einem anderen Fahrer ein packendes Rennen. Er fährt vor dir, weil sein Auto eine etwas größere Höchstgeschwindigkeit erreicht. Dein Auto kann dagegen schneller beschleunigen.

a) Bei welchen Streckenabschnitten könntest du einen Überholversuch starten? Begründe deine Überlegung.

b) Schildere deinen Mitschülerinnen und Mitschülern den Rennverlauf einer ganzen Runde zwischen dir und dem anderen Fahrer: Du willst überholen, aber wo es nicht geht, willst du im Windschatten bleiben.

6. In der Abbildung vom Hockenheimring auf der Nebenseite sind 15 Geschwindigkeitsangaben zu sehen. Berechne den Durchschnitt und vergleiche mit dem Ergebnis von Aufgabe 4.
Besprich mit anderen, womit der Unterschied begründet werden könnte.

7. Herr Lehmann fährt ein Auto, das eine Höchstgeschwindigkeit von 140 $\frac{km}{h}$ erreicht. Außerdem ist Herr Lehmann ein recht vorsichtiger Fahrer.
Wie lange würde Herr Lehmann deiner Meinung nach für eine Runde auf dem Hockenheimring mit seinem Pkw brauchen?
Vergleiche und diskutiere dein Ergebnis mit Mitschülerinnen und Mitschülern.

8. Klebe zwei DIN-A-4 Blätter aneinander und übertrage das Achsenkreuz. Zeichne dann zusammen mit anderen den Graphen für die Fahrt eines Formel-1-Autos für eine Runde ohne Start oder Boxenstopp. Wählt einen Streckenpunkt, an dem die Darstellung anfängt. Berücksichtigt dabei die Geschwindigkeitsangaben aus der Abbildung des Hockenheimrings auf der Nebenseite oben.

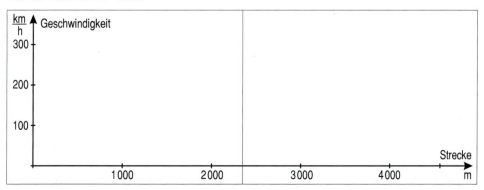

2 Zuordnungen

Tabellen und grafische Darstellungen

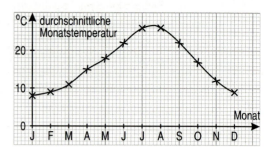

LVL 1. Partnerarbeit: Das Bild stand in einem Reisekatalog. Dort fand man auch die Temperaturkurve von Athen.
   a) Sprecht über den Verlauf der mittleren Temperaturen. Warum sollte man bei der Urlaubsplanung etwas über die Temperaturen am Urlaubsort wissen?
   b) Übertragt die angefangene Tabelle in eure Hefte und ergänzt sie.
   c) Was könnt ihr besser aus der Tabelle ablesen, was besser aus der Grafik?

Athen	
Monat	Temp.
Jan.	8 °C
Febr.	9 °C
März	

Zuordnungen zwischen zwei Größenbereichen können in einer **Tabelle** oder **grafisch** dargestellt werden.
In der *Tabelle* steht die Ausgangsgröße in der ersten Spalte (oder Zeile), die jeweils zugeordnete Größe in der zweiten Spalte (oder Zeile).
In der *grafischen Darstellung* wird die Ausgangsgröße auf der Rechtsachse, die zugeordnete Größe auf der Hochachse abgetragen.

Zuordnung Menge → Preis

Menge (kg)	Preis (€)
0,5	6
1	12
2	24
3	36
4	48

---

2. Hier ist Heikes heutiger Schulweg dargestellt.
   a) Wann geht Heike zu Hause los, wann kommt sie in der Schule an?
   b) Wann wartet sie an einer Fußgängerampel?
   c) Wie lang ist der Schulweg?
   d) Wann blickt Heike auf ihre Uhr und sagt: „Jetzt muss ich mich aber beeilen!"?
   LVL e) Erfinde eine eigene Geschichte zu dem Graphen.

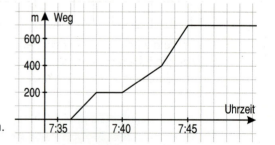

LVL 3. a) Michael nimmt ein Bad in der Badewanne. Vom Füllen der Wanne bis zum Ablaufen des Wassers stellt die Grafik den „Badeverlauf" dar. Erzähle eine passende Badegeschichte.
   b) Marita erzählt: „Heute bin ich um 8:30 Uhr zu Hause losgelaufen. Nach 200 m musste ich am Zebrastreifen anhalten. Dabei war ich spät dran. Die restlichen 300 m zur Bushaltestelle schaffte ich in 2 min. Leider zu spät. Ich musste 15 min auf den nächsten Bus warten. Die Fahrt (2 500 m) dauerte 8 min. So ein Pech! Ich kam erst um 9:05 Uhr verspätet in der Klasse an."
   Zeichne einen Graphen zu dieser Geschichte.

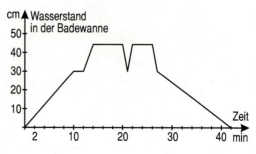

2 Zuordnungen

4.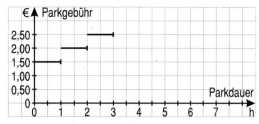

PARKHAUS CENTRAL
Parkgebühren pro Tag
bis 1 Stunde .... 1,50 €
über 1 Stunde bis 2 Stunden .... 2,00 €
über 2 Stunden bis 3 Stunden .... 2,50 €
über 3 Stunden bis 4 Stunden .... 3,00 €
über 4 Stunden bis 5 Stunden .... 3,50 €
über 5 Stunden .... 4,00 €

a) Wie viel muss man für eine Parkzeit von 45 min (2 h, $3\frac{1}{2}$ h, $7\frac{3}{4}$ h, 9 h) bezahlen?
b) Übertrage die grafische Darstellung der Zuordnung in dein Heft und ergänze sie.

5. In den ersten Monaten nach Tims Geburt wurde notiert, wie groß und wie schwer er bei den Untersuchungsterminen war. Eine solche Darstellung nennt man Somatogramm.

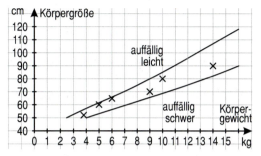

a) Vervollständige die Tabelle in deinem Heft mit Hilfe des Somatogramms für Tim.

Körpergewicht in kg	3,8	5	
Körpergröße in cm	52		65

b) Wie groß sollte ein normalgewichtiges Kind mit 14 kg sein und wie schwer mit 90 cm Größe?
LVL c) Stelle drei weitere Fragen und beantworte sie.
d) Ute und Karin wiegen 11 kg. Ute ist 71 cm groß und Karin nur 2 cm größer. Vergleiche im Somatogramm.

6. 60 Apfelsinen sollen so in Netze verpackt werden, dass in jedem Netz gleich viele Apfelsinen sind.

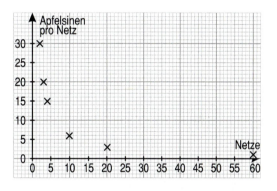

a) Übertrage die Tabelle und ergänze sie.

Anzahl der Netze	2	3	4	5	6	10	12	15	20	30	60
Apfelsinen pro Netz											

b) Übertrage die Zeichnung in dein Heft und ergänze die fehlenden Punkte.
c) Zeichne durch die Punkte eine Kurve.

LVL 7.

In der Tabelle sind die Wasserstände eines Fischereihafens an der Nordseeküste für die 24 Stunden eines Tages notiert. Zeichne den Graphen der Zuordnung Uhrzeit ⟶ Wasserstand (Rechtsachse: 1 cm für 2 Stunden; Hochachse: 1 cm für 1 m). Stelle Fragen und beantworte sie.

Uhrzeit	0	1	2	3	4	5	6	7	8	9	10	11	12	13	14	15	16	17	18	19	20	21	22	23	24
Wasserstand in m	3,0	2,0	1,2	0,6	0,4	0,6	1,2	2,0	2,8	3,4	3,6	3,4	2,8	2,0	1,4	0,8	0,6	0,8	1,4	2,2	2,8	3,2	3,4	3,2	2,8

2 Zuordnungen

Denkmäler und ihre Proportionen

César: Le Pouce (der Daumen)
Ludwig Museum im Deutschherrenhaus Koblenz

von Pilgrim: Adenauer Kopf
Bundeskanzlerplatz, Bonn

1. Schätze die Höhe des Daumens.

2. Schätze die Höhe des Kopfes.

3. Passen Daumen und Kopf größenmäßig zusammen, könnten sie also beide gemeinsam zu einem Denkmal gehören?

4. Wie groß müsste ein Denkmal eines Menschen sein, zu dem dieser Daumen passen würde?

5. Wie groß müsste ein Denkmal des ganzen Adenauer sein, zu dem dieser Kopf passen würde?

Leonardo da Vinci: Proportionsstudie (1490)
Da Vinci setzt die ideale menschliche Gestalt in Beziehung zu den Formen von Quadrat und Kreis. Die Arme des Menschen entsprechen in der gesamten Breite exakt dessen Größe. Seine Größe beträgt $6\frac{1}{2}$ Köpfe. Die Breite der Brust beträgt 2 Köpfe, und die Schulterbreite beträgt 3 Köpfe. Der Mensch ist mit gespreizten Armen und Beinen abgebildet; wenn man mit einer Zirkelspitze im Bauchnabel einen Kreis schlägt, dann werden die Finger- und Fußspitzen berührt.

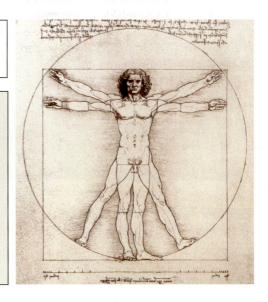

2 Zuordnungen

Entfernungen in Deutschland

1:4 000 000

1. Bestimme mit einem Tabellenkalkulationsprogramm Entfernungen zwischen Orten in Deutschland:
   Rufe das Programm am Computer auf und trage die abgebildeten Informationen ein. Miss auf der Landkarte die fehlenden Entfernungen zwischen den Ortsmitten und ergänze die Eintragungen auf den Feldern B3 bis B8.

	A	B	C
1	Strecke	Karte (cm)	Luftlinie (km)
2	Hamburg – Berlin	6,2	
3	Hannover – Frankfurt/M.		
4	Lübeck – Bremen		
5	Münster – Leipzig		
6	Göttingen – Rostock		
7	Schwerin – Kassel		
8	Bonn – Cottbus		
9			

2. Schreibe in das Feld C2:
   = B2*4 000 000/100 000
   Erkläre die Eintragung. Klicke anschließend in der Kopfzeile das grüne Zeichen ✓ an oder betätige die Eingabetaste „↵".

3. Klicke nun das Feld C2 unten rechts an und halte die Maustaste gedrückt. Im Bild ist ein Kreuz zu sehen: 248
   Ziehe das Kreuz ✚ bei gedrückter Maustaste bis C8 nach unten und lass die Maustaste los. Erkläre die Zahlen in C2 bis C8.

4. Stelle die Entfernungen aus Aufgabe 3 in einem Diagramm dar. Markiere dazu die Felder C2 bis C8 und klicke auf der Menüleiste das Symbol 📊 an.

2 Zuordnungen

Proportionale Zuordnungen

LVL Partnerarbeit:
1. a) Die Käufer berechnen den Preis ihrer Heckenpflanzen auf unterschiedlichen Wegen. Besprecht in der Gruppe die Rechenwege. Für welche Rechnung würdet ihr euch entscheiden?
   b) Fertigt eine Wertetabelle an, in der die Preise von bis zu 20 Tujapflanzen abgelesen werden können. Überlegt, wie ihr geschickt rechnen könnt.
   c) Ein Käufer bezahlt an der Kasse für seine Tujapflanzen 216 €. Ein anderer Käufer bezahlt für seine Pflanzen 189,20 €. Stimmen die Preise? Überlegt, wie ihr die Preise überprüfen könnt. Erklärt euren Mitschülern und Mitschülerinnen den Rechenweg.

Eine Zuordnung heißt **proportional,** wenn zum Doppelten, Dreifachen … einer Ausgangsgröße das Doppelte, Dreifache … der zugeordneten Größe gehört.

Anzahl	Preis (€)
3	25,80
6	51,60

·2 ⤸ ⤵ ·2

Anzahl	Preis (€)
10	86,00
2	17,20

:5 ⤸ ⤵ :5

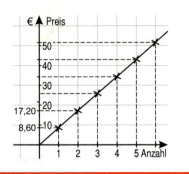

Die zugehörigen Punkte einer proportionalen Zuordnung liegen auf einem vom Nullpunkt ausgehenden Strahl.

---

2. Berechne die fehlende Größe der proportionalen Zuordnung.
   a) 4 Brötchen kosten 2,20 €. Berechne den Preis für 2, 8 und 12 Brötchen.
   b) Im Blumenladen bezahlt Herr Beil für drei Rosen 3,30 €. Berechne den Preis für mindestens 4 weitere Anzahlen von Rosen der gleichen Sorte.
   c) Ein Eimer Wandfarbe mit 2,5 l Inhalt reicht für eine ca. 22 m² große Fläche. Wie viele Eimer müssen gekauft werden, um Wände mit einer Gesamtfläche von 86 m² zu streichen?

LVL 3. Partnerarbeit: Im Physikunterricht wurde Eis untersucht. Aus den Ergebnissen der Messungen entstand der nebenstehende Graph.
   a) Klärt gemeinsam, welche Größen gemessen wurden.
   b) Entscheidet und begründet, ob die gemessenen Größen proportional sind.
   c) Schreibt eine Wertetabelle für diese Messung mit 5 Zahlenpaaren auf.
   d) Könnt ihr angeben, welches Volumen 8 g Eis haben?

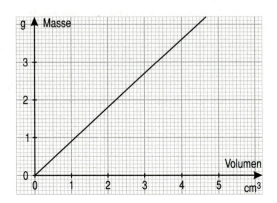

2 Zuordnungen

Grafische Darstellungen bei proportionalen Zuordnungen

Bearbeitet die Aufgaben in Partnerarbeit.

1. a) Notiert für jede Grafik die Ausgangsgröße und die zugeordnete Größe.
   b) Entscheidet, in welchen Grafiken immer zum Doppelten, Dreifachen, … der Ausgangsgröße das Doppelte, Dreifache, … der zugeordneten Größe gehört.
   c) Erfindet eine Geschichte zu jeder Grafik.

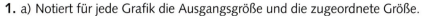

2.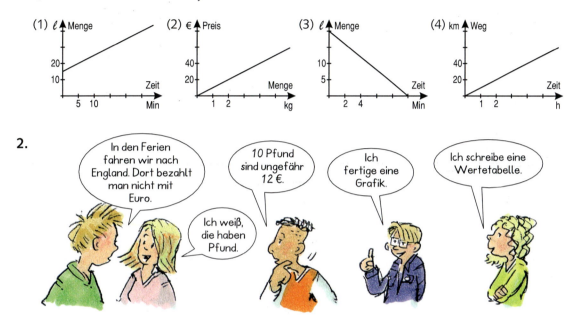

   a) Erstellt eine Wertetabelle, in der die Umrechnung von britischen Pfund in Euro abgelesen werden kann. Überlegt dabei, welche Werte ihr für die Ausgangsgröße britische Pfund sinnvollerweise in die Tabelle aufnehmen wollt.
   b) Fertigt eine grafische Darstellung für die Zuordnung britische Pfunde → Euro, so dass der Eurobetrag für kleine Einkäufe schnell ablesbar ist.
   c) Recherchiert den genauen Umrechnungskurs von britischen Pfund in Euro.

3. | Sonnenscheindauer 1. bis 10. Oktober, 44 h | 50 g Käse kosten im Supermarkt 1,10 €. | Ina läuft die 75 m-Strecke in 9 s. |
   |---|---|---|
   | Anzahl Tage → Sonnenschein (h) | Menge (g) → Preis (€) | Streckenlänge (m) → Zeit (s) |

   a) Entscheidet, welche Zuordnungen proportional sind. Diskutiert anschließend das Ergebnis in der Klasse.
   b) Fertigt eine grafische Darstellung der proportionalen Zuordnungen an.

4. In den großen Ferien reisen einige Schülerinnen und Schüler der Klasse 7c mit ihren Eltern zu unterschiedlichen Ferienzielen.
   – Susis Ziel ist eine Hotelanlage in der Nähe von Alanya.
   – Nandos Eltern haben ein Ferienhaus bei Stockholm.
   – Karen ist in der Nähe von Danzig zum Baden.
   – Kira möchte den Sommer in Istrien verbringen.

   Erstellt für zwei Reiseziele die Zuordnung Euro → Fremdwährung, so dass ihr bis 100 € den Gegenwert ablesen könnt. Recherchiert die aktuellen Wechselkurse.

Wechselkurse 7.7.2009	1 €
Bulgarien (Lew)	1,9564
Dänemark (dkr)	7,4455
Kroatien (Kuna)	7,3191
Lettland (Lats)	0,6953
Litauen (Litas)	3,4536
Polen (Zloty)	4,3765
Schweden (skr)	10,9015
Schweiz (sfr)	1,5181
Türkei (Lire)	2,1539
Ungarn (Forint)	272,8260

2 Zuordnungen

Antiproportionale Zuordnungen

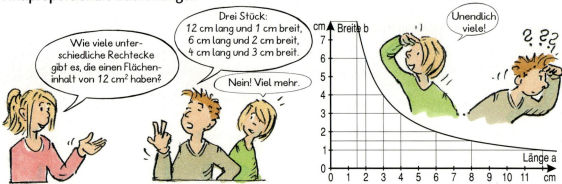

LVL 1. Partnerarbeit: Wie würdet ihr auf die Frage von Sarah antworten? Gelingen euch grafische Lösungen wie bei proportionalen Zuordnungen?

Eine Zuordnung heißt **antiproportional** (*umgekehrt proportional*), wenn zum Doppelten, Dreifachen ... einer Ausgangsgröße die Hälfte, ein Drittel, ... der zugeordneten Größe gehört.
Beispiel: Rechtecke mit 12 cm² Flächeninhalt.

Länge (cm)	Breite (cm)
4	3
8	1,5

·2 ↶ ↷ :2

Zum Doppelten die Hälfte ...

Länge (cm)	Breite (cm)
12	1
4	3

:3 ↶ ↷ ·3

... und zum dritten Teil das Dreifache.

---

2. In einer Weberei kann ein Auftrag mit 8 Webstühlen in 4 Stunden erledigt werden. Die Websachen sollen aber schon in 2 Stunden lieferbar sein. Wie viele Webstühle müssen eingesetzt werden?

3. Ein Metallband wurde in einer Werkstatt zerschnitten. Es reicht für 16 Stücke zu je 25 cm. Wie lang wären die Streifen, wenn man das Band in 4 gleiche Teile zerschnitten hätte?

4. In den USA ernten 24 Mähdrescher ein großes Weizenfeld in 12 Tagen. Wie viel Tage benötigen 8 Fahrzeuge bei gleicher Tagesleistung?

LVL 5. Schreibe zur antiproportionalen Zuordnung eine Textaufgabe mit Lösungen auf.

a) 1. Größe	2. Größe	b) 1. Größe	2. Größe	c) 1. Größe	2. Größe	d) 1. Größe	2. Größe
3	24	8	12	20	28	18	48
6	■	2	■	80	■	3	■
2	■	10	■	8	■	24	■

6. Der City-Hopper-Jet Jumbolino legt mit einer durchschnittlichen Reisegeschwindigkeit von 480 $\frac{km}{h}$ eine bestimmte Strecke in 1 Stunde und 12 Minuten zurück. Berechne die Zeiten, die ein ICE (240 $\frac{km}{h}$) und ein Regionalzug (120 $\frac{km}{h}$) für dieselbe Strecke benötigen.

7. Ein Beet soll mit Blumen eingefasst werden. Wenn die Blumen mit 60 cm Abstand gepflanzt werden, benötigt der Gärtner 32 Blumen. Er entscheidet sich für einen Abstand von 20 cm.

8. Bäcker Ambs kann aus der üblichen Teigmenge 80 Brote backen. Für sein Firmenjubiläum möchte er doppelt so schwere Brote backen und zum gleichen Preis verkaufen. Wie viele Brote kann Herr Ambs mit der üblichen Teigmenge herstellen?

 40

2 Zuordnungen

Dreisatz

1. a) Vervollständige den zweiten und den dritten Satz in Kerstins Lösungsverfahren; übertrage es dazu ins Heft.

1. Satz: 8 Hefte kosten 4,80 €.
2. Satz: 1 Heft kostet   .
3. Satz: 5 Hefte kosten   .

b) In der Überschrift dieser Seite findet man den Namen für Kerstins Lösungsverfahren. Erkläre.

2. Halim hat das Verfahren von Kerstin in einer Tabelle verkürzt. Heike hat sich die Rechnung zusätzlich vereinfacht.

Halim		Heike	
Liter	min	Liter	min
60	5	60	5
1		1	$\frac{5}{60}$
150		150	$\frac{5 \cdot 150}{60}$

a) Berechne wie Halim und wie Heike im Heft, wie lange das Absaugen von 150 l Wasser mit der Pumpe dauert. Vergleiche den Rechenaufwand.

b) Die zweite Zeile im Dreisatz-Verfahren liefert bei Aufgabe 1 eine sinnvollere Information als hier bei dieser Aufgabe. Erkläre diese Aussage.

3. Auch bei antiproportionalen Zuordnungen kann man mit dem Dreisatz die Lösungen berechnen.

a) Fülle im Dreisatzschema die Lücken aus und formuliere einen Antwortsatz.

Anzahl der Tage	Liter pro Tag
24	12
1	
36	

b) Welche wichtige Information liefert hier die zweite Zeile im Dreisatz?

2 Zuordnungen

Dreisatz bei proportionalen und antiproportionalen Zuordnungen

Aufgabe	Beurteilung der Zuordnung	Dreisatz	Antwort:
(1) 4 m einer Ware kosten 20 €. Wie teuer sind 7 m der Ware?	Die Zuordnung *Länge → Preis* ist proportional, denn: doppelte Länge → doppelter Preis …	Länge (m) / Preis (€): 4 / 20; :4 → 1 / 5; ·7 → 7 / 35	7 m kosten 35 €.
(2) Bei 6 l Wasserverbrauch pro Tag reicht ein Vorrat 24 Tage. Bei wie viel Liter pro Tag würde er 36 Tage reichen?	Die Zuordnung *Anzahl Tage → Liter pro Tag* ist antiproportional, denn: doppelte Anzahl Tage → halbe Literzahl pro Tag …	Anzahl Tage / Liter pro Tag: 24 / 6; :24 → 1 / 144; ·36 → 36 / 4	Es dürfen täglich 4 l verbraucht werden.

„Dreisatz", weil jede Zeile als Satz geschrieben werden kann.

LVL 1. Schreibe je zwei Aufgaben zu proportionalen und antiproportionalen Zuordnungen auf und löse sie mit dem Dreisatz.

2. Bestimme die fehlenden Größen der proportionalen Zuordnung in der Tabelle. Rechne im Kopf.

a)
Anz.	g
8	24
1	▪
10	▪

b)
Anz.	€
12	96
1	▪
20	▪

c)
Pers.	€
3	21
1	▪
5	▪

d)
Pakete	Stücke
7	840
1	▪
3	▪

3. Bestimme die fehlenden Größen der antiproportionalen Zuordnung in der Tabelle.

a)
Maschinen	h
4	12
1	▪
3	▪

b)
Länge (cm)	Breite (cm)
10	2,5
1	▪
5	▪

c)
Abst. (cm)	Anzahl
7	25
1	▪
5	▪

d)
Tage	l
14	9
▪	1
▪	7

4. Nach einem Unwetter stehen viele Keller unter Wasser. Die Feuerwehr setzt eine Pumpe ein, die 4 m³ Wasser in 10 Minuten abpumpen kann.
a) Wie lange dauert es, bis 70 m³ Wasser aus einem Keller abgepumpt sind?
b) Wie viel m³ Wasser waren in einem Keller, der in 43 Minuten leer gepumpt wurde?

5. 5 Taschenbücher für die Klassenlektüre kosten 28 €. Wie viel kostet ein Klassensatz von 26 Büchern, wenn es keine Ermäßigung gibt?

6. Ein Schulhof wird gepflastert. Sind die Pflastersteine 25 cm breit, benötigt man 80 in einer Reihe. Wie viele braucht man pro Reihe, wenn die Steine nur 20 cm breit sind?

7. Drei Kinder führen ein Experiment durch. Sie füllen 19,5 °C warmes Wasser in ein Gefäß und erhitzen es. Alle 3 Minuten erwärmt sich das Wasser um 27°.
a) Um wie viel Grad erwärmt es sich bei gleicher Wärmezufuhr in 8 Minuten? Welche Temperatur hat das Wasser dann?
b) Wann wäre das Wasser 60 °C warm?

LVL 8. Tobias liest eine Anzeige: „Es gibt Autos, die heute schon weniger Kraftstoff als ein Motorroller verbrauchen und mit 10 l rund 340 km weit kommen."
a) Berechne den Durchschnittsverbrauch auf 100 km. Vergleiche mit eurem Auto.
b) Informiere dich über den Verbrauch von Motorrollern und stelle deine Ergebnisse vor.

9. Ein Hüttenvorrat reicht bei einer Belegung mit 32 Personen 15 Tage lang. Wie lange reicht der Vorrat bei 40 Personen in der Hütte?

10. In einem Hotel in der Karibik kosten 12 Tage Vollpension „all inclusive" 984 €. Was bedeutet „all inclusive" und wie teuer ist ein solcher Aufenthalt für 20 Tage?

11. Die Buskosten für den Ausflug betragen 28,50 € pro Schülerin und Schüler, wenn alle 32 Kinder teilnehmen. Zwei Schüler fahren nicht mit. Wie hoch sind jetzt die Fahrtkosten für eine Person?

12. Für den Dachausbau trägt Herr Mazur Steine nach oben, 350 mal je 4 Steine. Wie oft müsste er gehen, wenn er 5 Steine auf einmal tragen würde?

13. Zehn Arbeiter vollenden ein Projekt normalerweise in 24 Tagen. Gleich zu Beginn fallen 2 Arbeiter wegen Krankheit aus. Wie viele Tage später wird nun das Projekt fertig?

14. In einem Neubaugebiet verkauft die Gemeinde Grundstücke. Der Preis für 1 m² ist für alle Grundstücke gleich. Es sind folgende Grundstücke vorhanden: 422 m², 498 m², 565 m², 605 m², 688 m², 712 m². Das kleinste kostet 73 850 €. Berechne zunächst, wie viel Euro in diesem Gebiet 1 m² Bauland kostet. Bestimme dann die Preise für die einzelnen Grundstücke.

15. Der Mietpreis der Wohnung von 60 m² beträgt im Haus Badstraße 10 ohne Nebenkosten 360 €. Wie hoch ist der Mietpreis für die Wohnung mit 40 m² und die von 90 m², wenn der Preis für einen Quadratmeter immer gleich ist?

16. Für die Abschlussfahrt eines Handballvereins erhält jeder der 24 Jugendlichen einen Zuschuss von 22 €. Vier Jugendliche verzichten zu Gunsten der anderen Teilnehmer auf ihren Zuschuss. Welchen Betrag bekommen nun die restlichen Spieler?

17. Mit fünf Automaten wird die Tagesproduktion an Schrauben in 12 Stunden geschafft. Dieselbe Tagesproduktion soll zukünftig bereits in 10 Stunden geschafft werden. Wie viele Automaten müssen eingesetzt werden?

2 Zuordnungen

Stundenlohn und Stückpreis

LVL 1. a) Wer wird für seine Arbeit am schlechtesten bezahlt? Erkläre deinen Mitschülern.
b) Wer rechnet im rechten Bild falsch? Begründe deine Antwort mit dem Preis pro Waffel.

LVL 2. Karin erhält für 5 Stunden 45 €, Esther für 8 Stunden 64 €. Wer verdient besser? Erkläre die beiden Rechenwege und die Ergebnisse. Schreibe eine Antwort auf.
(A) Rechnung für Karin: $\frac{45}{5} = 9$ und für Esther: $\frac{64}{8} = 8$
(B) Wenn Karins Stundenlohn so hoch wäre wie der von Esther, dann müsste sie $5 \cdot (\frac{64}{8})$ € erhalten.

LVL 3. Die kleine Packung kostet natürlich weniger als die große Packung. Welche würdest du kaufen? Begründe deine Entscheidung mit dem Stückpreis. Brauchst du dafür einen Taschenrechner?

Stundenlohn = $\frac{\text{Lohn}}{\text{Stundenzahl}}$ — Lohn pro Stunde.

Stückpreis = $\frac{\text{Preis}}{\text{Stückzahl}}$ — Preis pro Stück.

4. Ines erhält für vier Stunden Aushilfsarbeit 26 €, Gülan für neun Stunden 45 €. Wer verdient besser?

5. Vergleiche die Angebote. Beachte Menge und Preis.

a) 6 Tennisbälle 7,20 € — 4 Tennisbälle 4,40 €
b) 3 × 1 l Saft 4,90 € — 10 × 1 l Saft 17,99 € 1 Flasche gratis!
c) 6 × 0,33 l 5,99 € — 4 × ½ l Getränk 3,99 €

LVL 6. Thomas hat in den Ferien bei einer Spedition ausgeholfen und wöchentlich Stundenzahl und Lohn notiert. Sein Stundenlohn war in allen Wochen gleich.
a) Hat er alles richtig aufgeschrieben? Überlege und begründe deine Antwort.
b) Wie viel hätte Thomas insgesamt verdienen können, wenn er in den 6 Wochen durchschnittlich 38 Wochenstunden gearbeitet hätte?

1. Woche	2. Woche	3. Woche	4. Woche	5. Woche	6. Woche
38 Stunden	36 Stunden	29 Stunden	40 Stunden	35 Stunden	37 Stunden
266 €	252 €	223 €	280 €	240 €	259 €

LVL 7. Jan und Rolf geben Nachhilfe. Jan verlangt für 6 Stunden 36 € und Rolf für 8 Stunden 42 €, wobei Rolfs „Stunden" nur 45 Minuten dauern. Wer lässt sich besser bezahlen? Begründe deine Antwort.

2 Zuordnungen

Proportionalität und Quotientengleichheit

LVL 1. Diskutiert zu zweit über die geschilderten Preise für Benzin.
 a) Was sagt ihr zu den Behauptungen der drei Personen?
 b) Mit welchem Kassenbon würdet ihr den Literpreis berechnen?
 c) Sabine überlegt: „100 l kosten 131 €, also kostet 1 l Benzin 1,31 €." Erklärt Sabines Überlegung und führt sie zu Ende.

Teilt man bei einer **proportionalen Zuordnung** jeweils die zugeordnete Größe durch die Ausgangsgröße, so ist der Quotient immer gleich:
Die Größenpaare sind quotientengleich.

x (kg)	y (€)	Quotient $\frac{y}{x}$ ($\frac{€}{kg}$)
3	13,5	4,5
4	18	4,5
11	49,5	4,5

Der Quotient $\frac{y}{x}$ bedeutet Preis pro kg.

---

2. Welches Größenpaar (1. Größe | 2. Größe) gehört nicht zur proportionalen Zuordnung?

a)
h	km
3	135
8	355
5	225
11	495

b)
kg	€
4	12,80
7	22,40
8	25,60
5	15,80

c)
cm	g
12	67,4
5	28
9	50,4
6	33,6

d)
l	€
9	44,10
17	81,60
13	62,40
7	33,60

LVL 3. Carola sagt: „In der Dreisatz-Tabelle für eine proportionale Zuordnung steht in der 2. Zeile der Tabelle rechts der Quotient: Zweite Größe durch erste Größe". Erkläre Carolas Beobachtung. Gib Beispiele hierzu.

LVL 4. Herr Scholz, Frau Reinhard, Frau Zimmermann, Herr Kleinert und Ulrike tauschen Euro (€) in US-Dollar ($) um.

Scholz	Reinhard	Zimmermann	Kleinert	Ulrike
€ 400	€ 340	€ 1 200	€ 800	€ 30,00
$ 540	$ 445,40	$ 1 620	$ 1 048	$ 40,50

a) Welche Farbe hat der Hut von Frau Zimmermann?
b) Hat Herr Kleinert im Hotel oder in der Wechselstube X-Change getauscht?
c) Welchen Umrechnungskurs hat Ulrike erhalten? Runde auf 2 Stellen hinter dem Komma.

Antiproportionalität und Produktgleichheit

Mit der Bahn von Bonn nach Berlin
* mit dem ICE (Durchschnittsgeschwindigkeit 150 $\frac{km}{h}$) in 4 Stunden
* mit dem komfortablen City-Night (Durchschnittsgeschwindigkeit 75 $\frac{km}{h}$) in 8 Stunden
* preiswert mit dem Wochenendticket in vielen Regionalzügen (Durchschnittsgeschwindigkeit 50 $\frac{km}{h}$) in 12 Stunden

$\frac{km}{h}$	h
150	4
75	8
50	12

1. Partnerarbeit: Besprecht und erklärt die Überlegungen der drei Personen im Bild oben rechts.

2. Zeichne ein Rechteck mit den Maßen 3 cm und 12 cm. Zeichne dazu zwei weitere Rechtecke mit gleichem Flächeninhalt. Miss und vergleiche die Seitenlängen.

Multipliziert man bei einer **antiproportionalen Zuordnung** jeweils die einander zugeordneten Größen, so ist das Produkt immer gleich:
Die Größenpaare sind produktgleich.

Verbrauch x (kg pro h)	Zeit y (h)	Vorrat x · y (kg)
6	8	48
12	4	48
2	24	48

Der Gesamtvorrat x · y ist immer gleich.

---

3. a) Die Tabelle der antiproportionalen Zuordnung enthält einen Fehler. Wo ist er? Korrigiere ihn im Heft. Erstelle hierzu die 3. Spalte der Tabelle mit dem Produkt x · y.
b) Zu welcher Sachsituation könnten die Zuordnungstabellen passen? Was bedeutet jeweil x · y?

①
Anzahl x	Liter y
8	30
15	16
40	6
25	10

②
Länge x	Breite y
18	30
15	38
20	27
7,2	75

③
Anzahl x	Stunden y
3	70
14	15
10	21
8	25

④
Abstand x	Anzahl y
8	76
15	40
25	24
75	8

4. Volker ist in den Sommerferien im Zeltlager. Er hat ausgerechnet, wie lange sein Taschengeld reicht.

Ausgaben pro Tag (€)	4	5,50	7,50	10	20
Tage	15	12	8	6	3

a) In der Tabelle hat er sich einmal verrechnet. Korrigiere die Zahl im Heft.
b) Formuliere eine Aussage zum Produkt der Größenpaare.

5. Um die Teile für den Großauftrag herzustellen, benötigen 10 Automaten insgesamt 18 Stunden. Stelle in einer Tabelle dar, wie viel Zeit benötigt wird, wenn nur 3, 4, 6, 8 dieser Automaten eingesetzt werden können. Was bedeutet in der 3. Spalte der Tabelle das Produkt x · y?

6. a) Aynur sagt: „In der Dreisatz-Tabelle für eine antiproportionale Zuordnung steht neben der 1 immer das Produkt x · y." Erkläre!
b) Zu welcher Sachsituation könnte die Tabelle passen?

1. Größe x	2. Größe y	Produkt x · y
16	25	400
1	400	400
40	10	400

BLEIB FIT!

Die Ergebnisse der Aufgaben ergeben leckere Speisen aus Frankreich und Spanien.

1. a) (72 + 178) : 25   b) 98 · 86 : 14
c) (82507 − 480 · 5) − 540 : 6

2. a) 37607 · 14   b) 43545 : 15

3. Bestimme den größten gemeinsamen Teiler
a) von 48 und 72,   b) von 28 und 98.

4. Herr Wolter kauft ein Notebook zu einem Teilzahlungspreis von 996 €. Ein Fünftel des Preises zahlt er an, den Rest in 12 gleichen Monatsraten.
a) Wie viel Euro zahlt Herr Wolter an?
b) Wie viel Euro zahlt er im Monat?

5. Im Ergebnis fehlt ein Komma. Überschlage.
a) 14,6 · 43 = 62780   b) 2,1 · 623 = 13083
c) 8,3 · 3,47 = 288010

6. Zeichne zwei Kreise mit r = 2,5 cm und d = 3,4 cm um einen gemeinsamen Mittelpunkt M. Wie viel cm ist der Ring zwischen den beiden Kreisen breit?

7. a) $\frac{1}{8}$ von 1 kg = ▇ g   b) $\frac{3}{5}$ von 2 t = ▇ kg
c) $\frac{1}{2}$ von 1 l = ▇ ml

8. Welche Aussagen sind richtig?
(1) $\frac{3}{4} < 0,7$ (2) $\frac{1}{3} > 0,3$ (3) $\frac{7}{16} > 0,5$
(4) $1\frac{1}{4} < 1,4$ (5) $\frac{7}{5} > 0,75$ (6) $1\frac{1}{5} = 1,2$

9. Welches Netz gehört zu demselben Würfel wie das erste Netz?

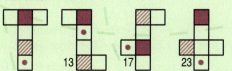

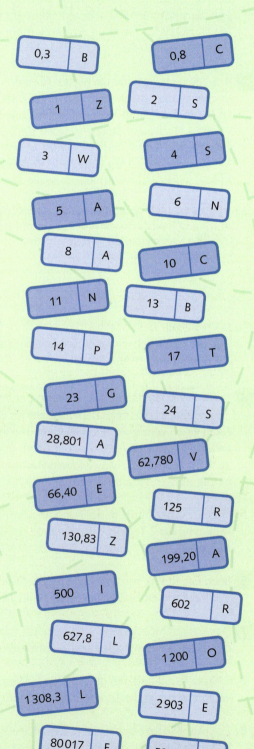

2 Zuordnungen

Vermischte Aufgaben

1. Die Klasse 7d will für ein Schulfest 20 Brote nach dem angebenen Rezept backen. Berechne die benötigten Zutaten, runde dabei sinnvoll. Ermittle zusammen mit anderen einen sinnvollen Verkaufspreis für die Brote. Präsentiert euren Vorschlag der Klasse.

Aus einem italienischen Kochbuch:
Pane con pomodori e cipolle (Brot mit Tomaten und Zwiebeln)
<u>Zutaten für 8 Brote:</u> 2 000 g Weizen, 8 Päckchen Frischhefe, 250 ml Olivenöl, 50 g Salz, 4 Teelöffel Honig, ca. 1 l lauwarmes Wasser, 8 mittelgroße Zwiebeln, 18 reife Tomaten (ca. 2 000 g), 1 Tasse Olivenöl, 10 zerdrückte Peperoni, 5 Prisen getrockneter Oregano, Salz und Pfeffer aus der Mühle.

2. Auf dem Schulfest hat die Klasse 7c einen Kuchenverkauf organisiert. Sie hat 6 Obstkuchen zu je 12 Stück und 8 Marmorkuchen zu je 20 Stück vorrätig. Nach einer Stunde wurden für 8 Stück Obstkuchen 6,40 € und für 5 Stück Marmorkuchen 3 € eingenommen. Am Ende des Schulfestes ist aller Kuchen verkauft. Berechne die Einnahmen.

3. Diese Aufgaben stammen aus einem alten Rechenbuch. Recherchiere die dir unbekannten Begriffe.

> ① Eine Kokerei mit 150 Öfen produziert normalerweise in 12 Tagen den Koksbedarf der Stadt. Unglücklicherweise stehen für den Februar nur 120 Öfen zur Verfügung. Wie lange müssen diese arbeiten, um die gleiche Koksmenge zu produzieren?
>
> ② Der Förderkorb des Hauptschachtes bringt mit jedem Aufzug 8 Kohlenwagen zu Tage. In 7 Stunden wird die abgebaute Kohlenmenge gefördert. In einem älteren Schacht der Zeche fasst der Korb 6 Wagen. Mit welcher Förderzeit muss bei gleicher Fördermenge gerechnet werden?
>
> ③ Vier Eiformpressen stellen in 9 Stunden den Tagesbedarf an Eierbriketts her. Eine Presse fällt aus. Wie lange müssen an diesem Tag die anderen Pressen laufen, um die gleiche Menge Briketts herzustellen?

4. Soeben reist das Ehepaar Krause aus der Pension „Zum Löwen" ab (siehe nebenstehendes Bild). Nach ihnen verbringen Frau Niemitz und ihr Lebensgefährte 18 Tage in der Pension, und zwar auch im Zimmer 25. Mit welchem Rechnungsbetrag müssen sie am Abreisetag rechnen?

Sie hatten das Zimmer 25 insgesamt 12 Tage, das sind zusammen 504 €.

5. Für ein Einzelzimmer in der Pension „Zum Löwen" zahlt man für 7 Tage 203 €. Wie teuer ist der Aufenthalt von 11 Tagen im Einzelzimmer?

6. Beim Grand Prix von Monaco muss der Kurs 78-mal durchfahren werden, das sind 260,520 km. Wie viel Kilometer wären bei einem Rennabbruch nach 52 Runden zurückgelegt? Überschlage zuerst.

7. Das Schwimmbecken einer Badeanstalt wird durch 4 Ablaufröhren in $2\frac{1}{2}$ Stunden geleert. Bei der letzten Leerung war eine Ablaufröhre total verstopft. Wie lange hat die Leerung gedauert?

8. Diskutiere mit anderen die Aussage: „Wenn mit der einen Größe auch die zugeordnete Größe wächst, dann ist die Zuordnung immer proportional."

9. Eine Tafel Schokolade besteht aus 24 Stücken. Wie viele Stücke erhält jedes Kind, wenn die Tafel gleichmäßig aufgeteilt wird? Erstelle eine Tabelle. Zeichne den Graphen der Zuordnung *Anzahl der Kinder → Anzahl der Stücke*.

2 Zuordnungen

10. Die sechs Personen auf dem Bild bewegen sich mit gleichmäßiger Geschwindigkeit. Fertige eine Grafik an (Rechtsachse 1 cm für 1 km, Hochachse 1 cm für 4 min) und zeichne die „Bewegungsstrahlen" der sechs Personen ein. Bestimme dann aus der Zeichnung die fehlenden Angaben in den Tabellen.

Spaziergänger				
km	1	2	3	4
min		24		

Jogger				
km	1	2	3	4
min			18	

Leistungssportlerin				
km	1	2	3	4
min				16

Radfahrer				
km	1	2	3	4
min	2,5			

Mopedfahrerin				
km	1	2	3	4
min		4		

Motorradfahrer				
km	1	2	3	4
min			3	

11. Von einem Wasserturm wird bei gleich bleibendem Druck das Wasser in das Rohrnetz geleitet. Die Fließgeschwindigkeit (in $\frac{m}{s}$) ist dabei antiproportional zum Rohrquerschnitt. Übertrage die Tabelle in dein Heft und bestimme die fehlenden Werte.

Querschnitt (cm²)	6	12	15			
Geschw. ($\frac{m}{s}$)	3			1	5	10

12. Der Frischwasservorrat auf einer kleinen Atlantikinsel ist für 120 Personen und 21 Tage berechnet.
 a) Wie viele Tage reicht der Vorrat für 150 Personen?
 b) Wie viele Personen dürfen höchstens auf der Insel sein, wenn das Tankschiff normalerweise alle 14 Tage anlegt?

13. Eine Raumstation umkreist die Erde 2-mal in 3 Stunden.
 a) Wie viele Umkreisungen schafft sie an einem Tag (24 Stunden)?
 b) Welche Zeit benötigt sie für 1 Umrundung?
 c) Nach welcher Zeit wird die 10 000ste Umrundung gefeiert?

14. Aus 210 kg Äpfeln gewinnt man 60 Liter Most. Wie viel Kilogramm benötigt man für 25 *l* und für 1 000 *l*?

LVL 15. Acht Maurer erstellen einen Rohbau in 24 Tagen. Rechne, wenn dir die Frage sinnvoll erscheint.
 a) Wie lange brauchen 12 Maurer für den Rohbau?
 b) Wie viele Maurer müssen eingesetzt werden, damit der Rohbau in 2 Stunden fertig ist?
 c) Wie lange braucht ein halber Maurer allein für den ganzen Rohbau?
 d) Wie viele Maurer braucht man, um den Rohbau in 48 Tagen zu erstellen?

16. Fülle die Tabelle im Heft so aus, dass die Zuordnung einmal proportional und einmal antiproportional ist.

a)
1. Größe	7	14	28
2. Größe	52		

b)
1. Größe	8	40	16
2. Größe		60	

c)
1. Größe	6		40
2. Größe		15	120

d)
1. Größe	1	4	
2. Größe	240		80

2 Zuordnungen

Achtung – aufgepasst

Lies genau und überlege, bevor du losrechnest.
Einige Aufgaben enthalten proportionale oder antiproportionale Zuordnungen und können mit dem Dreisatz gelöst werden.
Viele Aufgaben müssen mit anderen Überlegungen gelöst werden oder sind gar nicht lösbar. Formuliere einen Antwortsatz, wenn du eine Lösung gefunden hast.

1. An einer Kreuzung werden zwischen 12:00 Uhr und 12:15 Uhr 312 Fahrzeuge gezählt. Wie viele Fahrzeuge werden diese Kreuzung ungefähr zwischen 12:00 Uhr und 13:00 Uhr befahren?

2. 4 Personen waren mit einem Kleinbus von Köln nach München 6 Stunden unterwegs. Wie lange hätte die Fahrt gedauert, wenn 8 Personen im Kleinbus gesessen hätten?

3. Der 12-jährige Peter ist 1,40 m groß.
   a) Wie groß war er als Sechsjähriger?
   b) Wie groß wird er mit 18 Jahren sein?

4. Der VfB hat nach einer Viertelstunde Spielzeit 2 Tore erzielt. Wie viele Tore werden es am Ende des Spiels sein (2 × 45 min)?

5. Ein Quadrat mit einer Seitenlänge von 3,5 cm hat einen Flächeninhalt von 12,25 cm². Wie groß ist der Flächeninhalt eines Quadrates mit einer 7 cm großen Seitenlänge?

6. Bei einem Verbrauch von 5 l auf 100 km kommt ein Pkw mit einer Tankfüllung rund 1 200 km weit. Welche Strecke schafft er mit einer Tankfüllung bei einem Verbrauch von 8 l auf 100 km?

7. Andrea hat Lieblingssendungen im Fernsehen mit einem Videorekorder aufgenommen. Sie verfügt über 24 Kassetten von 2 Stunden Spieldauer. Diesen Bestand will sie auf 3-Stunden-Bänder überspielen. Wie viele dieser Bänder braucht sie?

8. Ein Taschenrechner multipliziert eine 5-stellige Zahl mit 8 in einer Hundertstelsekunde. Wie lange braucht er, um eine 5-stellige Zahl mit 800 zu multiplizieren?

9. Ein Rechteck hat einen Umfang von 1 m und eine Fläche von 625 cm². Welche Länge hat ein Rechteck mit gleicher Fläche, das 50 cm breit ist?

2 Zuordnungen

10. Ein Buch mit 160 Seiten ist ohne Einband 12 mm dick. Wie dick ist ungefähr ein Buch mit 560 Seiten ohne Einband?

11. Ein Rechteck mit einem Umfang von 20 cm hat einen Flächeninhalt von 21 cm². Welchen Flächeninhalt hat ein Rechteck mit einem Umfang von 60 cm?

12. Ina hat Perlen von 3 mm Durchmesser; Jens' Perlen haben 5 mm Durchmesser. Beide wollen jeweils gleich lange Ketten herstellen. Ina brauchte für ihre Kette 120 Perlen. Wie viele Perlen braucht Jens?

13. Herr Mahnke muss 3 Kartoffeln 20 Minuten kochen lassen, bis sie gar sind. Wie lange hätte er 12 Kartoffeln kochen lassen müssen?

14. 5 cm³ Aluminium wiegen 14 g.
a) Wie viel cm³ Aluminium wiegen 42 g?
b) Wie viel g wiegen 60 cm³ Aluminium?

15. Nach 10 s anstrengendem Pusten hat Michaels Luftballon einen Durchmesser von 25 cm. Welchen Durchmesser hat der Ballon, wenn Michael ihn mit gleicher Stärke 3 min lang aufpustet?

16. Durch gewaltige Regenfälle sind von einem 100 Hektar großen Gebiet 20 ha überschwemmt worden, 80 ha blieben verschont. Wie viel Hektar wären verschont geblieben, wenn eine doppelt so große Fläche überschwemmt worden wäre?

17. Ilona gibt ihren Fischen täglich 4 g Trockenfutter. Die Packung reicht ungefähr 120 Tage. Durch den Zukauf weiterer Fische muss sie täglich 6 g Trockenfutter geben. Wie lange reicht nun eine Packung?

18. Angelika schafft am PC 60 Anschläge pro Minute, Jessica 80 Anschläge. Beide tippen denselben Brief ab. Jessica braucht 12 Minuten. In welcher Zeit schafft Angelika den Brief?

19. An Miriams Schule gibt es 40 Lehrerinnen und Lehrer. Miriam schafft ihren Schulabschluss nach 10 Jahren. Wie lange hätte sie für ihren Schulabschluss gebraucht, wenn an ihrer Schule 80 Lehrerinnen und Lehrer tätig wären?

20. Ein 9 dm² großes Bild kostet 280 €. Wie teuer ist ein anderes Bild vom gleichen Künstler, das 180 dm² groß ist?

2 Zuordnungen

Ausflug in den Safaripark

1. 26 Schülerinnen und Schüler der Klasse 7a fahren mit Klassenlehrerin und Sportlehrer mit dem Bus zum Safaripark. Bei 60 $\frac{km}{h}$ Durchschnittsgeschwindigkeit braucht der Bus 1 h 20 min. Maren hat den Bus verpasst. Ihre Mutter bringt sie mit dem Pkw hinterher und braucht 5 min weniger für dieselbe Strecke. Überlege dir dazu eine Aufgabe und löse sie.

2. Es sind nur 26 Schülerinnen und Schüler, weil zwei wegen Krankheit fehlen. Wenn die Klasse vollständig wäre, müsste jede Person 10,50 € für die Busfahrt zahlen. Wie hoch sind jetzt die Buskosten pro Person? Erkläre, wie du rechnest.

Eintrittspreise:
Erwachsene: 26,– €   Jugendliche: 22,– €
Gruppen (mind. 15 Pers.): 21,– € pro Pers.
Schulklassen (mind. 10 Schüler): 15,– € pro Pers. (pro 10 Schüler 1 Lehrer frei)
Geburtstagskinder haben freien Eintritt.
Zuzahlungen im Park für Fahrten mit:
Go-Kart und Looping-Achterbahn

3. Der Eintritt kostet für alle zusammen 360,– €. Wie viele „Geburtstagskinder" sind an diesem Tag in der Klasse? Ist eines vielleicht ein Lehrer?

4. Ist die Zuordnung *Schülerzahl → Gesamteintrittspreis* proportional? Erkläre deine Antwort.

Go-Kart
5 Minuten pro Fahrt
Preis: 2,– €

5. Mehrere Schülerinnen und Schüler fahren auf der Go-Kart-Bahn. Uwe stoppt 86,7 Sekunden für die ersten 3 Runden von Max. Schafft Max bei gleicher Geschwindigkeit 10 Runden für 2,– €?

6. Sabine ist unter Ausnutzung aller Preisvorteile für 3,50 € Looping-Achterbahn gefahren. Wie lange und wie viel km ist sie insgesamt gefahren?

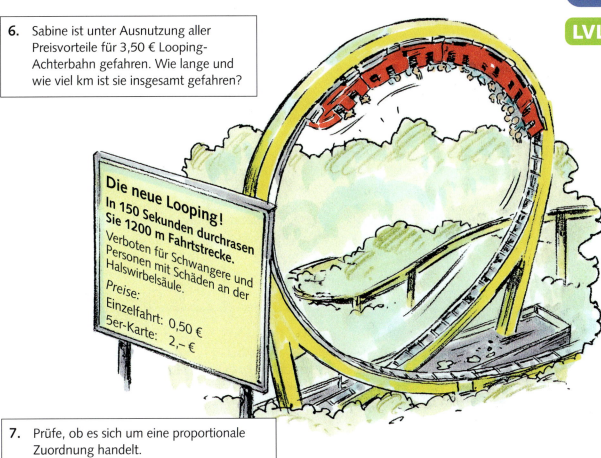

Die neue Looping!
In 150 Sekunden durchrasen Sie 1200 m Fahrtstrecke.
Verboten für Schwangere und Personen mit Schäden an der Halswirbelsäule.
Preise:
Einzelfahrt: 0,50 €
5er-Karte: 2,– €

7. Prüfe, ob es sich um eine proportionale Zuordnung handelt.
a) Anzahl der Loopingfahrten → Preis
b) Anzahl der Loopingfahrten → Fahrzeit

8. Ina erkundigt sich nach dem Futtervorrat für die 10 Giraffen des Safariparks. Sie erfährt, dass er noch für 24 Tage reicht. Dann aber sieht sie, wie 2 weitere Giraffen aus einem benachbarten Zoo hinzukommen. Stelle eine Frage und berechne die Lösung.

9. Kemal erfährt, dass für die Antilopen gerade Futter für 5 Wochen zum Preis von 650 € geliefert wurde. Wie viel kostet das Antilopenfutter für ein ganzes Jahr, wenn sich weder die Preise noch das Fressverhalten der Tiere ändern?

2 Zuordnungen

Vermischte Aufgaben

1. Ein Lottogewinn von 120 000 € soll gleichmäßig verteilt werden.

TIPP
Prüfe zuerst: Proportional oder antiproportional oder keins von beiden?

a) Notiere in einer Tabelle, wie viel € jede Person bei einem, zwei … zwölf Gewinnern erhält.
b) Zeichne den Graphen der Zuordnung *Anzahl Personen → Gewinn*.
c) Lies aus dem Graphen der Zuordnung den ungefähren Gewinn für 7 und 11 Personen ab.

2. Bei den Bundesjugendspielen werden die Schüler in Riegen eingeteilt. Die Sportlehrer können 35 Riegen zu je 12 Schülern bilden. Da der Zeitplan so nicht erfüllt werden kann, werden 30 Riegen gebildet.

3. Ist die Zuordnung proportional oder antiproportional oder keines von beiden? Begründe.

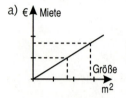
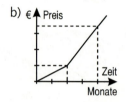
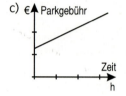
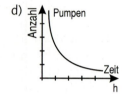

LVL 4. Löse die Aufgabe oder begründe, warum sie nicht lösbar ist.
a) Neun Brötchen kosten 2,70 €. Wie teuer sind dann 15 Brötchen?
b) Ein Talkmaster überzieht seine erste Sendung um 12 Minuten. Wie lange überzieht er die dritte Sendung?
c) Maria bekommt mit 14 Punkten im Test die Note 3. Welche Note bekäme sie mit 5 Punkten?
d) Ein Radfahrer braucht für 20 km 1 Stunde. Wie viele km fährt er dann in 15 Minuten?

5. Eine Zahnradbahn überwindet bei gleichmäßiger Steigung einen Höhenunterschied von 1 800 m auf einer Länge von 7 200 m.
a) Welchen Höhenunterschied hat sie nach der Hälfte der Länge überwunden?
b) Die Bahn erreicht die zweite Station nach 2 200 m. Welcher Höhenunterschied ist es bis dahin?

LVL 6. Tobias muss wegen des Verdachts auf Scharlach für einige Tage zu Hause bleiben. Die Tabelle zeigt die Zuordnung *Zeit → Körpertemperatur*.
a) Beschreibe mit Hilfe der Tabelle den Krankheitsverlauf.
b) Zeichne den Graphen der Zuordnung in dein Heft.
c) Kannst du die Temperatur für Mittwoch um 14 Uhr angeben?

	Zeit	°C
Mo	06:00	39,2
	14:00	40,3
	22:00	39,5
Di	06:00	38,9
	14:00	39,4
	22:00	39,0
Mi	06:00	38,1
	14:00	
	22:00	

7. Eine Raumstation umkreist die Erde in 90 Minuten in 300 km Höhe auf einer etwa 42 000 km langen Umlaufbahn. Wie viel Kilometer legt sie in 1 Stunde zurück? Übertrage und ergänze die Tabelle in deinem Heft.

Zeit	3 min	30 min	1 h	1 Tag 10 h
Weg				

8. In einem alten Buch finden wir unter dem Kapitel „Dreisatz" Tabellen, die kaum noch lesbar sind. Kannst du erkennen, welche Zuordnung jeweils vorliegt, und die Tabellen vervollständigen?

a)
1. Größe	2. Größe
40	25
1	
120	75

b)
1. Größe	2. Größe
4	27
1	108
3	

c)
1. Größe	2. Größe
60	120
1	
40	180

d)
1. Größe	2. Größe
	180
1	
30	60

2 Zuordnungen

1. Berechne die fehlende Größe der proportionalen Zuordnung.

a)
€	kg
6	31
12	▢

b)
h	km
5	13
25	▢

c)
m	g
40	88
5	▢

d)
h	€
6	39
2	▢

e)
kg	m
4	10
▢	5

f)
g	€
12	7
▢	21

2. Für 7 $ (US-Dollar) bekommt man 5 €. Stelle die Zuordnung *Dollar* → *Euro* grafisch dar (je 1 cm für € und $).
   a) Wie viel € bekommt man für 12 $ (3 $, 8 $)?
   b) Wie viel $ bekommt man für 20 € (13 €, 6 €)?

3. In der Seefahrt wird die Geschwindigkeit in Knoten (Kn) gemessen. 24 Kn sind ca. 45 $\frac{km}{h}$. Stelle die Zuordnung *Knoten* → $\frac{km}{h}$ grafisch dar (1 cm für 5 Knoten und 1 cm für 10 $\frac{km}{h}$).
   a) Wie viel $\frac{km}{h}$ sind 35 Knoten ungefähr?
   b) Wie viel Knoten sind 40 $\frac{km}{h}$ ungefähr?

4. a) Sieben Vollkornbrötchen kosten 3,50 €. Wie teuer sind 12 Vollkornbrötchen?
   b) Drei Flaschen Ketchup kosten 7,50 €. Wie viele Flaschen erhält man für 20 €?

5. Berechne die fehlende Größe der antiproportionalen Zuordnung.

a)
Anz.	cm
7	44
14	▢

b)
$\frac{km}{h}$	h
20	36
80	▢

c)
Anz.	g
12	21
4	▢

d)
Tage	l
15	150
3	▢

e)
Anz.	h
12	5
▢	15

f)
Tage	Anz.
50	3
▢	30

6. Ein Bericht der Klassenfahrt hat einen Umfang von 80 Seiten, wenn auf jede Seite 32 Zeilen passen. Welchen Umfang hat der Bericht, wenn auf jede Seite 40 Zeilen passen?

7. Herr Krause erhielt seinen Lottogewinn mit 400 Scheinen zu 100 € ausgezahlt. Wie viele Scheine zu 20 € hätte er bekommen müssen?

8. Prüfe erst: proportional oder …
   a) Eine Kiste Orangen ergibt 75 4er-Beutel. Wie viele 6er-Beutel wären es?
   b) Für 7 Theaterkarten zahlt Lisa 45,50 €. Wie viel kosten 5 Karten?

TESTEN · ÜBEN · VERGLEICHEN — TÜV

Eine Zuordnung heißt **proportional,** wenn zum Vielfachen einer Ausgangsgröße das entsprechende Vielfache der zugeordneten Größe gehört. (Zum Doppelten gehört das Doppelte, zum …).

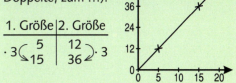

1. Größe	2. Größe
5	12
15	36

·3 ↘ ↗ ·3

Die zugehörigen Punkte einer proportionalen Zuordnung liegen auf einem vom Nullpunkt ausgehenden Strahl.

Beim **Dreisatz** schließt man zunächst von dem gegebenen Vielfachen einer Größe auf die Einheit und anschließend auf ein anderes Vielfaches der Größe.
Beispiel:
7 kg kosten 35 €. Wie teuer sind 9 kg?
Die Zuordnung Masse → Preis ist proportional.

Dreisatz:

kg	€
7	35
1	5
9	45

:7 ↘ :7
·9 ↘ ·9

Quotient: $\frac{35}{7} = \frac{5}{1} = \frac{45}{9} = 5$
Stückpreis 5 €

9 kg kosten 45 €.

Eine Zuordnung heißt **antiproportional,** wenn zum Vielfachen einer Ausgangsgröße der entsprechende Teil der zugeordneten Größe gehört. (Zum Doppelten gehört die Hälfte, zum …).

1. Größe	2. Größe
12	10
3	40

:4 ↘ ·4

Beispiel:
5 Maschinen brauchen 12 Tage für eine bestimmte Arbeit. Wie lange brauchen 3 Maschinen dafür?
Die Zuordnung Zahl der Maschinen → Zeit ist antiproportional.

Dreisatz:

Anz.	Tage
5	12
1	60
3	20

:5 ·5
·3 :3

Produkt:
5 · 12 = 1 · 60
= 3 · 20
60 Arbeitstage

3 Maschinen brauchen 20 Tage.

2 Zuordnungen

Grundaufgaben

1. a) Die Miete für 4 Monate beträgt 1 880 €. Wie viel Euro kostet eine Jahresmiete?
   b) Für das Ausheben eines Grabens benötigen 2 Gärtner 3 h. Wie viele Stunden würde ein Gärtner brauchen, der den Graben alleine ausheben soll?

2. a) Berechne die fehlenden Größen der proportionalen Zuordnung, ergänze die Tabelle im Heft.
   b) Schreibe eine Textaufgabe hierzu.

Strecke (km)	7	4	
Zeit (min)	28		84

3. Auf einer Baustelle sind 7 Lkw im Einsatz, die jeweils 8 Transportfahrten unternehmen müssen. Der Vorarbeiter überlegt: Wie viele Fahrten sind wohl bei 4 Lkw für jedes Fahrzeug notwendig?

4. Christina hat für 3 h Nachhilfe 15 € erhalten. Wie viel hat sie diesen Monat für 14 h Nachhilfe verdient?

5. Lottogewinn. 180 000 € werden gleichmäßig verteilt. Notiere in einer Tabelle, wie viel Euro Gewinn jeder erhält, wenn 2, 3, 4 oder 6 Personen beteiligt sind.

Erweiterungsaufgaben

1. Ein Mensch braucht täglich 1,5 g Zucker pro kg Körpergewicht. Zeichne den Graphen der Zuordnung *Körpergewicht* → *Zuckerbedarf*. Lies aus dem Graphen den täglichen Zuckerbedarf bei einem Körpergewicht von 40 kg bzw. 50 kg ab.

2. Stellt der Graph eine proportionale, eine antiproportionale oder eine sonstige Zuordnung dar?

   a) 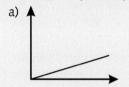 b) 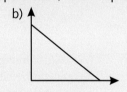 c) 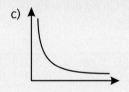 d)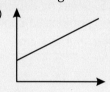

3. Durch den Wasserhahn über einer Badewanne laufen bei voller Öffnung 36 *l* in 4 min.
   a) Wie viel Liter fließen in 7 min durch den geöffneten Wasserhahn?
   b) Wie lange dauert es, bis die Badewanne mit 270 *l* Fassungsvermögen gefüllt ist?

4. Eine 2,4 m lange Schnur soll in gleich lange Stücke geschnitten werden. Ergänze die fehlenden Angaben in der Tabelle.

Länge eines Stückes (cm)	120	30	5	0,5
Anzahl der Stücke				

5. Die Tabelle gibt an, wie viele Tage man mit einem Satz Batterien im Walkman auskommt, wenn man ihn die genannte Zeit von Stunden pro Tag benutzt. Berechne die fehlenden Angaben.

   a)
Std. pro Tag	Tage
6	16
13	

   b)
Std. pro Tag	Tage
2	48
	64

6. Die Decke eines Partykellers soll mit 30 Brettern von jeweils 18 cm Breite verkleidet werden. Im Baumarkt sind nur Bretter mit 20 cm Breite vorrätig. Wie viele solcher Bretter werden benötigt?

7. Die Transportgebühr bei der Post für ein Paket bis 10 kg beträgt in Deutschland 6,90 €.
   a) Emily rechnet: „Mein Paket wiegt nur 5 kg, kostet also 3,45 € Porto." Was sagst du dazu?
   b) Es sollen 27,5 kg mit Postpaketen versendet werden. Portokosten?

Zeichnen und Konstruieren 3

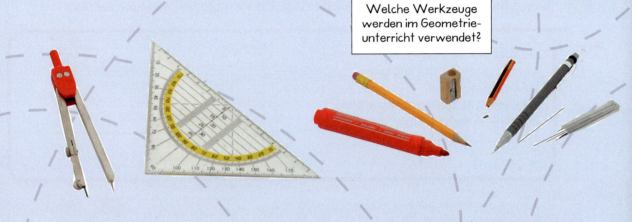

Welche Werkzeuge werden im Geometrieunterricht verwendet?

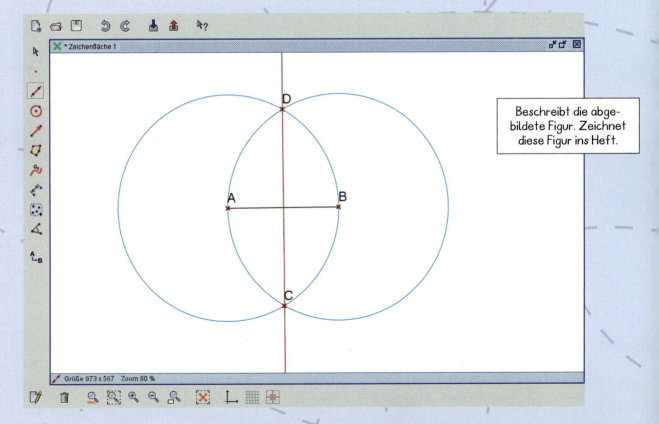

Beschreibt die abgebildete Figur. Zeichnet diese Figur ins Heft.

3 Zeichnen und Konstruieren

Figuren im Koordinatensystem

LVL 1. Partnerarbeit: Wie geht es im obigen Bild weiter? Spielt selbst das Übertragen der Figur.

Ein **Koordinatensystem** besteht aus einer x-Achse (Rechtsachse) und einer y-Achse (Hochachse).
Ein Punkt P ist durch die x-Koordinate und die y-Koordinate festgelegt.

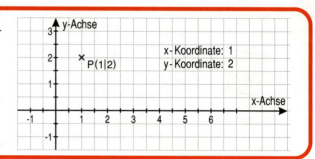

---

2. Notiere die Punkte mit ihren Koordinaten.

a) 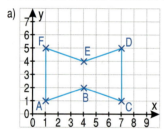   b) 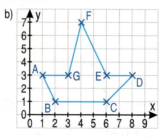   c)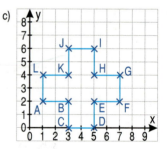

LVL 3. Zeichne eine Figur in ein Koordinatensystem und bestimme die Koordinaten aller Eckpunkte. Gib die Koordinaten deinem Nachbarn und lass ihn die Figur in ein Koordinatensystem zeichnen.

4. Zeichne ein Koordinatensystem (Einheit: 1 cm). Trage die Punkte ein und verbinde sie zum Viereck ABCD. Notiere den Namen des Vierecks.
   a) A(2|1) B(4|1) C(4|5) D(2|5)   b) A(0|0) B(3|0) C(3|3) D(0|3)
   c) A(1|1) B(5|1) C(6|2) D(2|2)   d) A(0|2) B(3|−1) C(6|2) D(3|5)

5. Zeichne ein Koordinatensystem (Einheit: 1 cm). Markiere die Punkte und verbinde sie zum Viereck ABCD. Notiere die Koordinaten der Eckpunkte und gib den Namen des Vierecks an.
   a) Starte im Punkt A(1|2), gehe 4 nach rechts zu B, dann 2 nach oben zu C und schließlich 4 nach links zu D.
   b) Starte in Punkt A(2|0), gehe 2 nach rechts und 1 nach oben zu B, dann 1 nach links und 2 nach oben zu C und schließlich 2 nach links und 1 nach unten zu D.
   c) Starte in Punkt A(0|0), gehe 2 nach rechts und 2 nach unten zu B, dann 4 nach rechts und 4 nach oben zu C und schließlich 2 nach links und 2 nach oben zu D.

3 Zeichnen und Konstruieren 51

Geometrie mit dem Computer

Mit Hilfe einer „Dynamischen Geometriesoftware"* lassen sich geometrische Konstruktionen und Achsenspiegelungen auch am Computer durchführen. Die konstruierten Figuren kannst du ohne viel Aufwand verändern und bewegen; außerdem kannst du dir auch die Konstruktionsbeschreibungen anzeigen lassen. Die Konstruktionsleiste am linken Rand enthält Zeichenobjekte, die auch im Menüpunkt „Objekte" zu finden sind.

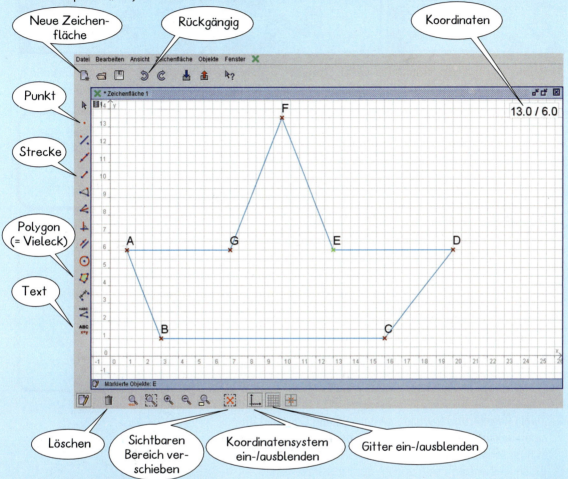

Figuren im Koordinatensystem
- Öffne eine *neue Zeichenfläche*.
- *Blende* das *Koordinatensystem ein*.
- *Verschiebe* den sichtbaren Bereich so, dass die positiven Koordinatenachsen sichtbar sind.
- *Blende* das *Gitter ein*.
- Zeichne mehrere *Punkte* als Eckpunkte eines Segelschiffes in das Koordinatensystem ein.
- Verbinde die Eckpunkte mit *Strecken*.
- Gib die Koordinaten der Eckpunkte an und vergleiche dein Ergebnis durch Anklicken der Punkte und der Anzeige auf der Zeichenfläche oben rechts.
- *Verkleinere* und *vergrößere* die Figur.
- Zeichne eigene Figuren in ein Koordinatensystem.
- Speichere deine Ergebnisse ab (*Datei → Speichern unter*) und gib der Datei einen Namen.

* Das hier verwendete Programm „GEONExT" wird am Lehrstuhl für Mathematik und ihre Didaktik der Universität Bayreuth entwickelt. Ein kostenloser Download ist unter http://geonext.de möglich.

Mittelsenkrechte

LVL 1. Partnerarbeit: Zeichnet eine Gerade als „Straße", markiert zwei Punkte A, B abseits der „Straße". Versucht durch Fortsetzung der Bildfolge, den Punkt für die „Bushaltestelle" zu konstruieren.

Auf der **Mittelsenkrechten** der Strecke $\overline{AB}$ liegen alle Punkte, die von A und B gleich weit entfernt sind.

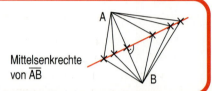

Mittelsenkrechte von $\overline{AB}$

Konstruktion mit Zirkel und Lineal	mit dem Geodreieck
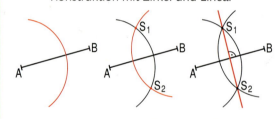	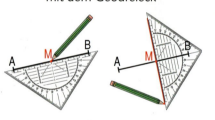

---

2. Zwei Dörfer A und B wollen gemeinsam ein Denkmal für einen bekannten Musiker errichten, der in A geboren und in B gestorben ist. Das Denkmal soll von beiden Dörfern gleich weit entfernt sein und an der Kreisstraße liegen. Übertrage die Zeichnung ins Heft und finde den Punkt, an dem das Denkmal errichtet werden soll.

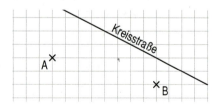

3. Konstruiere die Mittelsenkrechte zur Strecke $\overline{AB}$.
   a) $\overline{AB} = 6$ cm   b) $\overline{AB} = 4{,}5$ cm   c) $\overline{AB} = 7{,}7$ cm   d) $\overline{AB} = 9{,}9$ cm   e) $\overline{AB} = 8\frac{1}{2}$ cm

LVL 4. Ein Schatz wurde an einer Stelle vergraben, die von den drei großen Eichen A, B und C gleich weit entfernt liegt. Gibt es mehrere Stellen, an denen der Schatz begraben sein kann? Überlege zusammen mit anderen, begründe. Übertrage ins Heft.

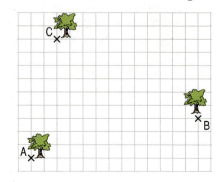

5. Zeichne die Punkte A(1|0), B(7|1) und C(3|5) in ein Koordinatensystem mit der Einheit 1 cm.
Finde den Punkt M, der von A, B und C gleich weit entfernt ist und notiere seine Koordinaten.

Winkelhalbierende

LVL 1. Partnerarbeit: Schneidet ein Dreieck aus und faltet es wie in der Bildfolge angegeben. Was macht die Faltgerade mit dem Winkel α? Markiert einen Punkt P auf der Faltgeraden und messt seine Abstände zu den Schenkeln des Winkels.

> Die **Winkelhalbierende** w_α eines Winkels α ist die Symmetrieachse des Winkels.
> Die Winkelhalbierende besteht aus allen Punkten, die von den Schenkeln des Winkels denselben Abstand haben.

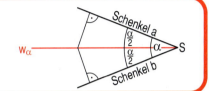

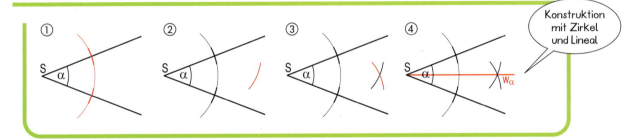

Konstruktion mit Zirkel und Lineal

LVL 2. Überlegt in Partnerarbeit, wie in der Bildfolge die Winkelhalbierende konstruiert wurde und wie man sie mit dem Geodreieck zeichnen kann. Vergleicht, welches Verfahren „Geodreieck" oder „Zirkel und Lineal" euch besser erscheint.

3. Zeichne den Winkel α mit dem Scheitelpunkt S und den Schenkeln durch P und Q in ein Koordinatensystem (Einheit 1 cm). Konstruiere die Winkelhalbierende des Winkels α.
   a) S(1|2) P(4|1) Q(5|3) b) S(5|2) P(1|5) Q(1|0) c) S(4|5) P(1|4) Q(7|1)

4. Eine Wasserleitung soll so zwischen zwei Straßen verlegt werden, dass sie zu beiden Straßen stets denselben Abstand hat.
   a) Konstruiere die Linie für die Wasserleitung.
   b) 400 m von der Gabelung der Straßen entfernt: Wie groß ist hier der Abstand der Wasserleitung von den beiden Straßen?

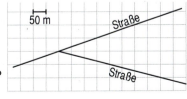

LVL 5. Drei geradlinig verlaufende Waldwege begrenzen eine Dreiecksfläche. Gibt es einen Punkt, der von allen drei Waldwegen denselben Abstand hat? Überlege mit anderen, begründe, zeichne.

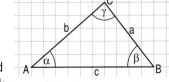

LVL 6. Gibt es ein Dreieck, bei dem ein Punkt M von allen drei Seiten und allen drei Eckpunkten denselben Abstand hat? Zeichne das Dreieck mit dem Punkt M und stelle deine Lösung den Mitschülern vor.

3 Zeichnen und Konstruieren

Knobeln mit gleichen Figuren

1. Nur in zwei Kästchen sind die Zweige völlig gleich, finde sie.

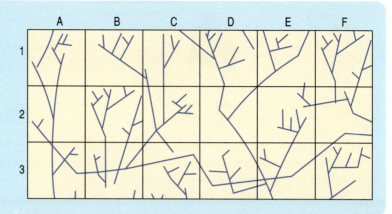

2. In jeder Reihe sind zwei Körper gleich, finde sie.

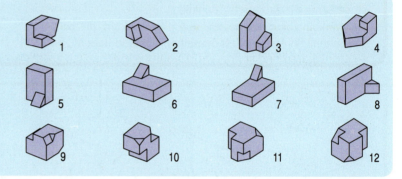

3. Die acht Zeichnungen sollen vier Paare bilden:
   - 2 gleiche Fakire und 2 gleiche Schlangen
   - 2 gleiche Fakire, aber mit verschiedenen Schlangen
   - 2 verschiedene Fakire, aber mit gleichen Schlangen
   - 2 verschiedene Fakire mit 2 verschiedenen Schlangen

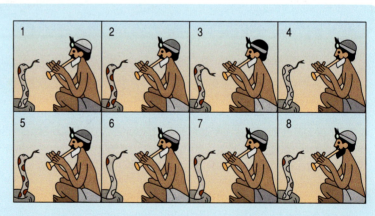

4. In welches Schlüsselloch passt der Schlüssel?

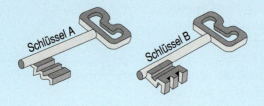
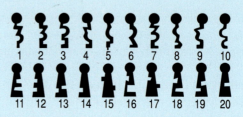

3 Zeichnen und Konstruieren

Kongruente Figuren

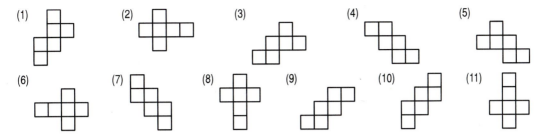

LVL 1. Wie viele verschiedene Formen von Würfelnetzen sind hier zu sehen? Überlege gemeinsam mit anderen, welche Netze genau aufeinander passen würden. Begründet eure Meinung so anschaulich wie möglich. Papier, Bleistift, Geodreieck und Schere sind dabei sehr hilfreich.

> Figuren sind **kongruent** (deckungsgleich), wenn sie so übereinander gelegt werden können, dass sie genau aufeinander passen. In kongruenten Figuren stimmen Winkel und Seitenlängen überein.

2. Welche Figuren sind kongruent? Ordne zu (z. B.: Figur Ⓕ ist kongruent zu Figur ⑥).

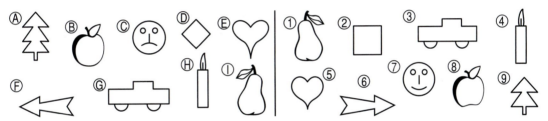

3. Übertrage die Zeichnung in dein Heft. Die beiden Figuren sind jeweils zueinander kongruent. Kennzeichne entsprechende Winkel und Seiten mit derselben Farbe.

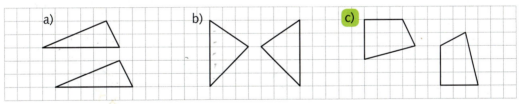

4. Welche Figuren sind zueinander kongruent?

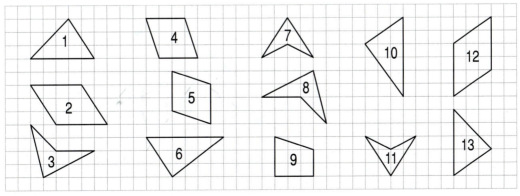

17

3 Zeichnen und Konstruieren

Winkelpaare

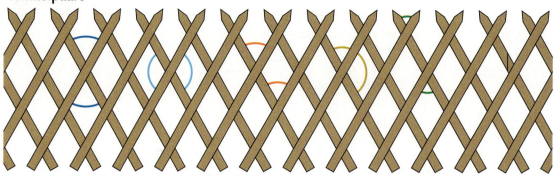

Schnitt zweier Geraden	**Nebenwinkel**	**Scheitelwinkel**
	Nebenwinkel ergänzen sich zu 180°.	Scheitelwinkel sind gleich groß.
Schnitt einer Geraden mit zwei Parallelen: Stufen- und Wechselwinkel sind gleich groß.	**Stufenwinkel**	**Wechselwinkel**

LVL 1. a) Wo siehst du kongruente Figuren im abgebildeten Gartenzaun?
b) Im Gartenzaun findest du alle Winkelpaare. Notiere im Heft jeweils die Farbe und daneben, um welche Art von Winkelpaaren es sich handelt.

2. a)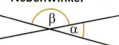
$\alpha = ?$
$\beta = ?$
$\gamma = ?$

b)
$\alpha = ?$
$\beta = ?$
$\gamma = ?$
$\delta = ?$

c)
$\alpha = ?$
$\beta = ?$
$\gamma = ?$
$\delta = ?$

3. Berechne alle Winkel in der Figur (g∥h).
a)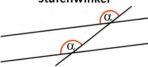
b)
c)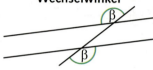
d)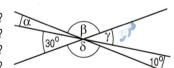

4. Zeichne das Muster ins Heft.
a) Wie viele kongruente Teilfiguren erkennst du in dem Muster?
b) Färbe zwei Scheitelwinkel rot, zwei Nebenwinkel grün und zwei Wechselwinkel blau.
c) Färbe möglichst viele Paare von Stufenwinkeln gelb.

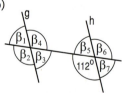
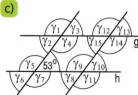
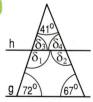
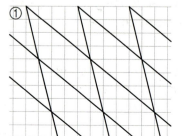

16
43

3 Zeichnen und Konstruieren

Summe der Dreieckswinkel

1. Die Klasse 7d der Sophie-Scholl-Schule untersuchte in Gruppenarbeit, ob alle Dreiecke dieselbe Winkelsumme haben – und wenn ja, welche.
   Setzt euch mit einer Partnerin oder einem Partner zusammen und erklärt euch die Vorgehensweisen der Gruppen Vito, Emine, Lars und Cornelia.
   Nehmt auch Stellung, wie überzeugend jeweils die Begründung ist. Bei zwei Gruppen müsst ihr selbst die Argumentation zu Ende führen.

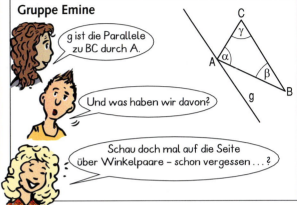

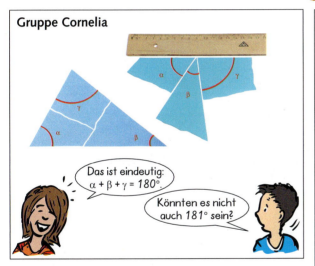

2. Schneidet ein Dreieck aus Papier aus und handelt wie die Gruppe Cornelia. Was stellt ihr fest?

3. Notiert auf einer Folie die vollständige Argumentation der Gruppe Emine oder der Gruppe Lars. Ergänzt die Argumente durch passende Zeichnungen.

4. In der nächsten Mathematikarbeit wird von euch verlangt, die Winkelsumme im Dreieck herzuleiten. Von welcher Gruppe würdet ihr euch das Arbeitsergebnis merken? Begründet eure Entscheidung.

3 Zeichnen und Konstruieren

Winkelsumme im Dreieck

> In jedem Dreieck beträgt die Winkelsumme 180°. $\quad \alpha + \beta + \gamma = 180°$

1. Bestimme den fehlenden Winkel.

a) 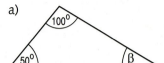 b) 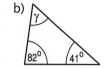 c) 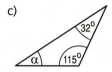 d)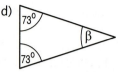

2. Berechne den fehlenden Winkel im rechtwinkligen Dreieck.

a) 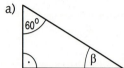 b) 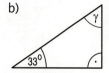 c) 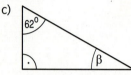 d)

LVL 3. Berechne den rot gefärbten Winkel und stelle deinen Lösungsweg vor.

a) 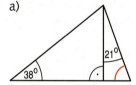 b) 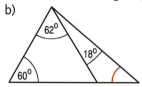 c)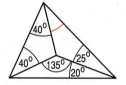

4. Berechne den Winkel γ eines Dreiecks.
   a) α ist 30° und β ist 100° größer als α.
   b) α ist 55° und β ist doppelt so groß wie α.
   c) Alle drei Winkel sind gleich groß.
   d) γ ist so groß wie α und doppelt so groß wie β.
   e) γ ist so groß wie α und β zusammen.

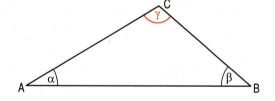

LVL 5. Partnerarbeit: Seht euch auf dem Globus an, ob es dort Längen- und Breitenkreise gibt, die ein „Dreieck" auf der Erde begrenzen, das drei rechte Winkel hat. Präsentiert eure Lösung.

6. Berechne die rot gefärbten Winkel.

a) w ist die Winkelhalbierende des Winkels mit Scheitelpunkt B.

b) Die Geraden g und h sind parallel.

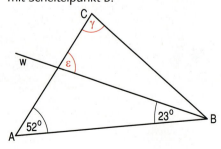 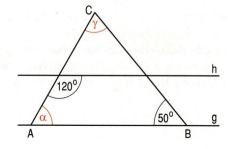

7. Der größte Winkel in einem Dreieck ist 15° größer als der mittlere, und dieser ist 15° größer als der kleinste.

BLEIB FIT!

Die Ergebnisse der Aufgaben ergeben zwei Speisen aus Norddeutschland.

1. a) Berechne das Produkt von 23 und 17.
   b) Berechne die Differenz von 39 und 18.

2. 6 Hefte kosten 3,90 €. 5 Hefte kosten ■ €.

3. Ein Kreis hat den Durchmesser 7,6 cm. Wie viel cm ist der Radius lang?

4. Gegeben sind die Winkel 19°, 90°, 111°, 176°, 180°, 270°. Addiere alle stumpfen Winkel.

5. Berechne.   a) $\frac{2}{3} + \frac{1}{4}$ b) $\frac{5}{12} \cdot 3$

6. Addiere die Zahlen in den Figuren
   a) die achsensymmetrisch sind,
   b) die punktsymmetrisch sind.

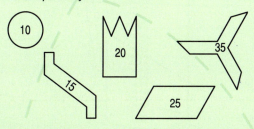

7. Berechne das Volumen des Quaders.
   V = ■ cm³

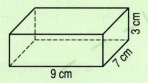

8. Berechne.   a) 9,753 – 1,246   b) 31,2 : 12

9. Wandle in die angegebene Einheit um.
   a) 7 min = ■ s
   b) 6 h = ■ min
   c) 2 Tage 8 h = ■ h
   d) $\frac{3}{4}$ h = ■ min

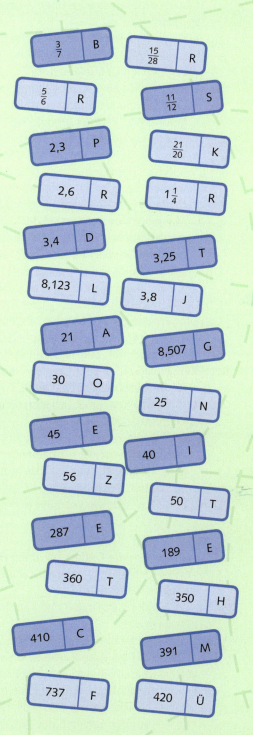

1. Schulfest

Die Klasse 7b verkauft beim Schulfest Getränke. Angeboten werden Himbeer- und Orangensaft.

a) Der Orangensaft wird zunächst aus den Getränkekartons in einen großen 7-Liter-Getränkespender umgefüllt.

- Wie viele Getränkekartons werden für eine Füllung gebraucht? Welcher Rest verbleibt in dem letzten Getränkekarton?
- Bereits nach einer halben Stunde ist der Getränkespender nur noch zu einem Viertel gefüllt. Wie viel Liter Orangensaft wurden schon verkauft?
- Wie viele Becher Orangensaft können jetzt noch aus dem Getränkespender verkauft werden, bevor nachgefüllt werden muss?
- Nachdem der Getränkespender zum zweiten Mal gefüllt wurde, besteht der Vorrat an Orangensaft nur noch aus drei Getränkekartons. Einer der Getränkekartons ist sogar schon angebrochen. Wie viel Orangensaft befindet sich in dem angebrochenem Getränkekarton?

b) Der Himbeersaft wird aus $\frac{1}{4}$ Liter Sirup und $\frac{5}{8}$ Liter Wasser gemixt. Mit dem abgebildeten Messbecher werden die genauen Anteile an Sirup und Wasser bestimmt. Zum Mischen stehen ein 1-Liter-Krug und ein 0,75-Liter-Krug zur Verfügung.

- Ist der Messbecher groß genug?
- Welcher Krug eignet sich zum Mischen? Begründe deine Antwort.
- Rechtzeitig zu Beginn des Schulfestes sollen beide Krüge mit der richtigen Mischung Himbeersaft gefüllt sein. Geht das ohne weitere Hilfsmittel? Begründe.

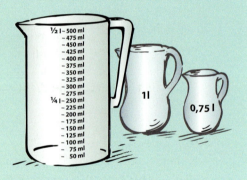

2. Schwere Last

Die nebenstehende Zeitungsmeldung erschien vor einigen Jahren kurz vor Weihnachten in einer Berliner Tageszeitung.
Lies die Meldung gut durch und beantworte folgende Fragen.

a) Wie viel Kilogramm Geschenke können laut Zeitungstext an jeden Haushalt in Sachsen verteilt werden? Runde auf volle Kilogramm.

b) Ein durchschnittliches Rentier kann etwa 180 kg Gewicht ziehen. Wie viele Rentiere müssten vor den Schlitten des Weihnachtsmannes gespannt werden, um alle Geschenke nach Sachsen zu transportieren?

Der Weihnachtsmann wird nach einer Berechnung der Technischen Universität Chemnitz am Heiligabend rund 4 414 Tonnen Geschenke nach Sachsen transportieren. Laut einer Pressemitteilung der Universität wurde dieser Rechnung eine Zahl von gut 2,2 Millionen Haushalten im Freistaat Sachsen zugrunde gelegt.

(Quelle: Der Tagesspiegel)

3. Im Museumsdorf

Beim Besuch eines Museumsdorfs kann man Geschichte hautnah erleben. Alles sieht aus wie in vergangenen Zeiten, und so bekommt man einen Eindruck, wie die Menschen früher gelebt und gearbeitet haben.

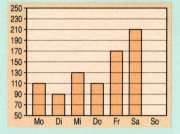

a) Das nebenstehende Diagramm zeigt die Besucherzahlen einer Woche im Juli (von Montag bis Samstag).
- Wie wurde gerundet? Wie viele Besucher kamen laut Diagramm am Dienstag ins Museumsdorf? Wie viele waren es mindestens?
- Wie viele Besucher müssen am Sonntag das Museumsdorf besuchen, damit eine durchschnittliche Zahl von 150 Besuchern täglich erreicht wird? Runde sinnvoll.

b) Jeden Sonntag werden im offenen Feuer der großen Küche leckere Waffeln gebacken und zum Verkauf angeboten. Hierzu benutzt man eines der alten Waffeleisen, die auf den Fotos unten abgebildet sind.
- 1,5 l Waffelteig reichen um 30 eckige Waffeln oder 25 runde Waffeln herzustellen. Wie viel ml wird für eine runde Waffel benötigt?
- Insgesamt werden 6 l Waffelteig verarbeitet. Wie viel eckige Waffeln können verkauft werden?

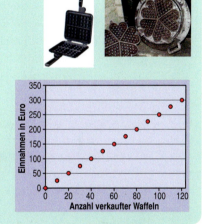

c) In dem Koordinatensystem ist die Zuordnung *Anzahl verkaufter Waffeln → Einnahmen (€)* für die eckige Waffelsorte dargestellt.
- Zu welchem Stückpreis wird eine eckige Waffel verkauft?
- Für welchen Stückpreis müssen die runden Waffeln verkauft werden, damit die Höhe der möglichen Einnahmen aus dem sonntäglichen Waffelverkauf gleich bleibt?
- Skizziere die Zuordnung *Anzahl verkaufter Waffeln → Einnahmen (€)* für beide Waffelsorten in deinem Heft.

4. Strom für Helgoland

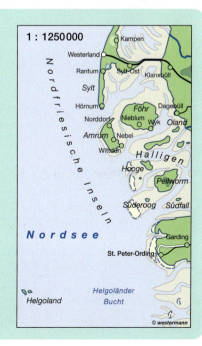

a) Im Jahr 2009 erhielt die Insel Helgoland einen Anschluss an das deutsche Stromnetz. Bislang produzierten die etwa 1400 Einwohner der Nordseeinsel ihren Strom mit Dieselgeneratoren selbst und verbrauchten dabei pro Jahr 6,4 Millionen Liter Diesel.
- Wie viel Liter Diesel benötigte Helgoland durchschnittlich pro Tag für die Stromerzeugung?
- Wie hoch war der jährliche Pro-Kopf-Verbrauch an Diesel für die Stromgewinnung?

b) Der Anschluss der Insel an das deutsche Stromnetz wurde durch ein etwa 10 cm dickes Seekabel hergestellt. Von St. Peter-Ording aus wurde das Kabel auf der kürzesten Route nach Helgoland mit Hilfe eines Spezialschiffs im Wasser versenkt.
- Wie lang muss das Seekabel mindestens sein?
- Das Gesamtgewicht des Seekabels beträgt etwa 1000 Tonnen. Könnte eine erwachsene Person ein 1 m langes Stück dieses Kabels tragen?

3 Zeichnen und Konstruieren

Konstruieren und Messen mit dem Computer

1. **Grundkonstruktionen**
   - Zeichne eine *Gerade* durch zwei Punkte A und B und eine *Parallele* zu AB durch einen Punkt C.
   - Zeichne eine *Gerade* durch zwei Punkte D und E und eine *Senkrechte* zur Geraden DE durch einen Punkt F.
   - Zeichne eine *Strecke* $\overline{GH}$ und bestimme ihre Länge (*Abstand messen*).
   - *Bewege* jeweils einen der Punkte A, B, …, F und beobachte die Veränderungen.
   - Speichere die 3 Konstruktionen unter einem passenden Namen ab.

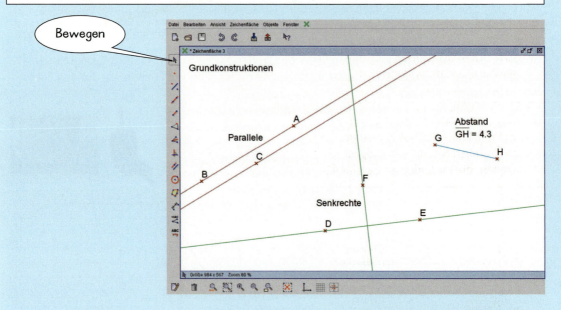

2. **Winkel messen, Winkelsumme im Dreieck**
   - Zeichne ein Dreieck ABC als *Polygon*.
   - Aktiviere den Befehl „*Winkel messen*".
   - Klicke nacheinander die drei Punkte an, durch die ein Winkel bestimmt ist z. B. B → A → C. Du erhältst dann die Winkelgröße von α angezeigt.
   - Bestimme auf diese Weise die Größe aller drei Innenwinkel des Dreiecks.
   - Berechne die Summe der drei Innenwinkel. Was fällt dir auf?
   - *Bewege* nacheinander die Eckpunkte des Dreiecks und beobachte die Veränderung bei den Winkelgrößen und bei der Winkelsumme.

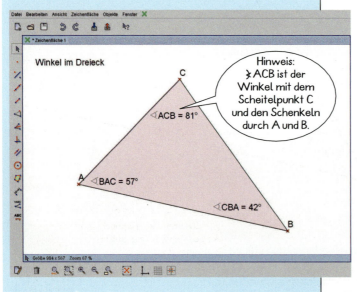

3 Zeichnen und Konstruieren

LVL

Übertragen von Dreiecken

1. Zeichne zu dem abgebildeten Dreieck ABC ein kongruentes Dreieck in dein Heft. Notiere, wie du vorgehst.

2. Vergleiche deinen Lösungsweg mit dem deiner Mitschülerinnen und Mitschüler. Notiert alle Möglichkeiten, die ihr findet, an der Tafel.

Oh weh, ich habe mein Geodreieck vergessen und kann keine Winkel messen.

Aber du hast einen Zirkel und ein Lineal, damit kannst du das Dreieck übertragen.

Wenn man die Eckpunkte ABC benannt hat, dann ist auch die Bezeichnung der Seiten und Winkel klar.

3. Nach welchem System sind Winkel und Seiten bezeichnet?

3 Zeichnen und Konstruieren

Dreieckskonstruktionen (WSW)

Wenn man von einem Dreieck eine Seite und die zwei anliegenden Winkel kennt, kann man das Dreieck eindeutig konstruieren. Kurzform: **WSW**

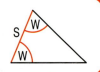

gegeben: c = 2 cm α = 50° β = 75°

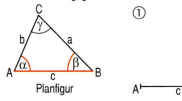
Planfigur

①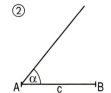

② (Skizze mit Winkel α bei A)

③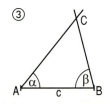

1. Wurmberg und Achtermann sind die beiden höchsten Berge im Westharz. Der Brocken ist der höchste Berg des Harzes, sein Gipfel war bis zur Wiedervereinigung Deutschlands 1989 nicht erreichbar. Man konnte ihn aber unter den angegebenen Peilwinkeln sehen.
Erstellt in Gruppen eine maßstäbliche Zeichnung und bestimmt die Luftlinienentfernungen des Brockengipfels von den beiden anderen Berggipfeln.
Besorgt euch im Reisebüro einen Prospekt vom Urlaubsgebiet Harz und prüft, ob eure Ergebnisse ungefähr der Wirklichkeit entsprechen.

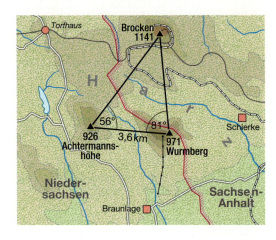

2. Nach der vorliegenden Planfigur soll ein Dreieck konstruiert und eine *Konstruktionsbeschreibung* angefertigt werden. Bringe dazu die Konstruktionsschritte in die richtige Reihenfolge.

gegeben:
b = 5,5 cm
α = 44°
γ = 80°

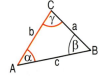

- Schnittpunkt B nennen.
- In C den Winkel γ = 80° antragen.
- Die Strecke AC (b = 5,5 cm) zeichnen.
- In A den Winkel α = 44° antragen.

3. Die Höhe eines freistehenden Baumes soll mithilfe eines Theodolits bestimmt werden.
Dazu wird eine waagerechte Strecke von 50 m abgemessen. Mit dem Theodolit misst man α = 42°.
Zeichne im Maßstab 1 : 1 000 und ermittle die Höhe des Baumes. Berücksichtige dabei, dass sich der Theodolit 1,5 m über dem Boden befindet.

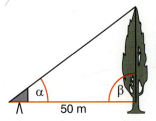

4. Darf man für eine Dreieckskonstruktion WSW als Winkel α = ■°, β = ■° ohne Nachdenken beliebige Werte vorgeben, oder kann es dann passieren, dass gar kein Dreieck mit den gegebenen Werten existiert? Probiere und überlege zusammen mit anderen.

3 Zeichnen und Konstruieren

Dreieckskonstruktionen (SWS)

Wenn man von einem Dreieck zwei Seiten und den eingeschlossenen Winkel kennt, kann man das Dreieck eindeutig konstruieren. Kurzform: **SWS**

gegeben: c = 2 cm b = 1,5 cm α = 75°

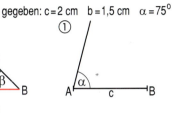 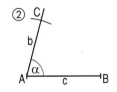 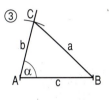

Planfigur

LVL 1. Um die Länge eines Sees zu bestimmen, werden die Punkte A und C vom Punkt B aus angepeilt. Für β misst man 78°. Ermittelt in Partnerarbeit die Länge des Sees und vergleicht die Ergebnisse innerhalb der Klasse.

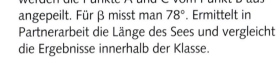

2. Nach der vorliegenden Planfigur soll ein Dreieck konstruiert und eine Konstruktionsbeschreibung angefertigt werden. Bringe dazu die Konstruktionsschritte in die richtige Reihenfolge.

gegeben:
b = 6,5 cm
c = 5,2 cm
α = 80°

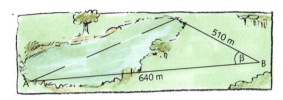

- 4 — B und C verbinden.
- 2 — In A den Winkel α = 80° antragen.
- 3 — Kreisbogen um A mit Radius b = 6,5 cm zeichnen; man erhält C.
- 1 — Die Strecke AB (c = 5,2 cm) zeichnen.

3. Konstruiere das Dreieck ABC. Fertige zunächst eine Planfigur an. Miss im konstruierten Dreieck die nicht gegebenen Seiten und Winkel und vergleiche mit den Ergebnissen deiner Mitschüler.

a) b = 4,5 cm
   c = 7 cm
   α = 73°

b) a = 5,8 cm
   c = 4,6 cm
   β = 57°

c) a = 7 cm
   b = 8 cm
   γ = 35°

d) b = 6,8 cm
   c = 6,8 cm
   α = 45°

e) a = 5 cm
   b = 5 cm
   γ = 90°

LVL 4. Eine 4,80 m lange Leiter soll an eine senkrechte Hauswand gelehnt werden.
   a) Würdet ihr die Leiter so anstellen, dass sie mit dem Boden einen Winkel von 30°, von 50°, von 70° oder von 85° einschließt? Probiert das in Gruppenarbeit mit einer richtigen Leiter aus, ihre Länge ist dabei nicht entscheidend.
   b) Wie weit muss man das untere Ende einer 4,80-m-Leiter von der Hauswand entfernt aufstellen, damit der geeignete Winkel aus a) möglichst genau erreicht wird?

5. Von einem Antennenmast werden aus 45 m Höhe drei Drahtseile zu Befestigungsankern am Boden straff gespannt. Die Befestigungsanker sind vom Fuß des Mastes jeweils 60 m entfernt. Wie lang muss ein solches Drahtseil mindestens sein?

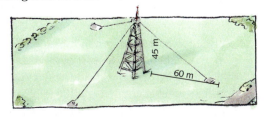

3 Zeichnen und Konstruieren

Dreieckskonstruktionen (SSS)

Wenn man von einem Dreieck drei Seiten kennt, kann man das Dreieck eindeutig konstruieren. Kurzform: **SSS**

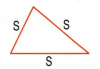

gegeben: a = 1,5 cm b = 1,8 cm c = 2 cm

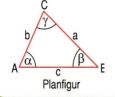 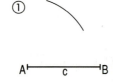 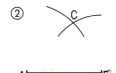 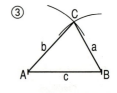

1. Bei einer Segelregatta sind drei Bojen A, B und C zu umsegeln. Bestimme mit einer Zeichnung die Winkel, um die an den Wendebojen die Fahrtrichtung zu ändern ist. Diskutiere mit anderen, welche Winkel anzugeben sind, und begründe deine Meinung.

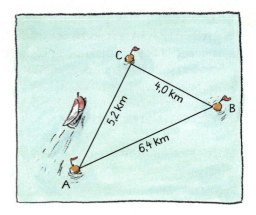

2. Ein Dreieck ABC hat die Seitenlängen a = 12 cm, b = 9 cm, c = 7 cm. Kannst du vorhersagen, welches sein größter Winkel ist? Vergleiche deine Vermutung mit denen anderer und überlegt, wie zu klären ist, wer Recht hat.

3. Nach der vorliegenden Planfigur soll ein Dreieck konstruiert und eine Konstruktionsbeschreibung angefertigt werden. Bringe dazu die Konstruktionsschritte in die richtige Reihenfolge.

gegeben:
a = 6,5 cm
b = 5,2 cm
c = 7,1 cm

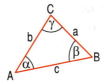

| A und C sowie B und C verbinden. | Kreisbogen um A mit Radius b = 5,2 cm zeichnen. |
| Kreisbogen um B mit Radius a = 6,5 cm zeichnen. | Die Strecke $\overline{AB}$ (c = 7,1 cm) zeichnen. | Schnittpunkt der Kreisbögen mit C benennen. |

4. Konstruiere das Dreieck ABC. Miss seine Winkel, vergleiche mit den Ergebnissen von Mitschülern.

a) a = 4,5 cm
   b = 7 cm
   c = 6,2 cm

b) a = 5,8 cm
   b = 4,6 cm
   c = 8,4 cm

c) a = 7 cm
   b = 8 cm
   c = 6 cm

d) a = 6,3 cm
   b = 6,8 cm
   c = 6,0 cm

e) a = 3,2 cm
   b = 4,3 cm
   c = 5,4 cm

5. Darf man für eine Dreieckskonstruktion SSS als Längen a = ■ cm; b = ■ cm; c = ■ cm ohne Nachdenken beliebige Zahlen vorgeben, oder kann es dann passieren, dass gar kein Dreieck mit diesen Seitenlängen existiert? Probiere und überlege zusammen mit anderen.

6. Wähle drei Seitenlängen für ein Dreieck ABC und zeichne es. Zeichne dann ein Dreieck mit den doppelten Seitenlängen. Vergleiche in beiden Dreiecken die Größen der Winkel. Was stellst du fest? Stelle dein Ergebnis in der Klasse vor.

3 Zeichnen und Konstruieren

Dreieckskonstruktionen (SsW)

Wenn man von einem Dreieck zwei Seiten und den Winkel kennt, der der längeren Seite gegenüberliegt, kann man das Dreieck eindeutig konstruieren. Kurzform: **SsW**

gegeben: a = 2,1 cm c = 2 cm α = 60°

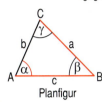
Planfigur

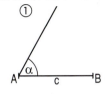

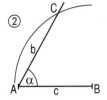

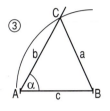

1. Partnerarbeit: Vor einer Mauer wird eine 10 m breite Böschung aufgeschüttet und befestigt. Die Böschungslinie ist 11,50 m lang. Bestimmt die Größe des Böschungswinkels α und die Höhe der Mauer. Zeichnet maßstäblich und vergleicht eure Ergebnisse mit anderen. Wie erklärt ihr Unterschiede?

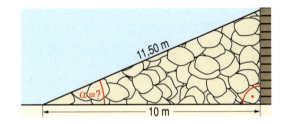

2. Bringe die Konstruktionsschritte in die richtige Reihenfolge und konstruiere das Dreieck.

gegeben:
a = 5 cm
b = 6 cm
β = 72°

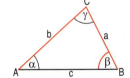

A und C verbinden.	Strecke $\overline{BC}$ (a = 5 cm) zeichnen.
Kreisbogen um C mit Radius b = 6 cm zeichnen, den Schnittpunkt A nennen.	In B den Winkel β = 72° antragen.

3. Konstruiere das Dreieck. Miss und vergleiche mit anderen die übrigen Seiten und Winkel.

a) a = 6,5 cm
   b = 5,5 cm
   α = 37°

b) a = 6,1 cm
   c = 7,2 cm
   γ = 55°

c) a = 7,5 cm
   c = 5,5 cm
   α = 62°

d) b = 6,3 cm
   c = 4,9 cm
   β = 49°

4. Warum muss bei der Dreieckskonstruktion SsW der gegebene Winkel der längeren der beiden gegebenen Seiten gegenüberliegen. Überlegt in Gruppenarbeit, was geschehen kann, wenn der Winkel der kürzeren Seite gegenüberliegt. Stellt die Möglichkeiten mit eigenen Beispielen auf einem Lernplakat in der Klasse vor. Die Zeichnungen müssen dazu hinreichend groß sein.

5. Durch das Bergmassiv soll zwischen den Punkten B und C ein Straßentunnel gebaut werden. Vermessungen haben die eingezeichneten Daten ergeben. Zeichne in deinem Heft maßstäblich und ermittle so die Länge des Straßentunnels. Runde auf hundert Meter.

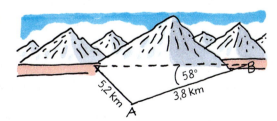

6. Konstruiere ein Rechteck mit der Seitenlänge a = 8 cm und der Diagonalen e = 10 cm. Fertige erst eine Planfigur an und überlege, welcher Winkel durch „Rechteck" festgelegt ist.

Dreieckskonstruktionen mit dem Computer

1. Konstruiere mit dem Computer ein Dreieck mit $c = \overline{AB} = 5$ cm, $b = \overline{AC} = 4$ cm und $\alpha = 40°$. (SWS)

Geometrieprogramm:
- Punkte A, B markieren und durch eine Strecke verbinden, Streckenlänge anzeigen lassen, B bewegen bis c = 5 cm.
- In A den Winkel von 40° abtragen.
- Um A den Kreis mit dem Radius 4 cm zeichnen.
- Den Schnittpunkt C markieren und mit B durch eine Strecke verbinden.

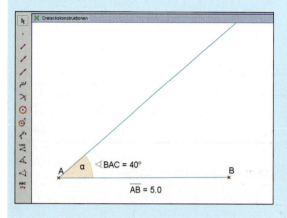
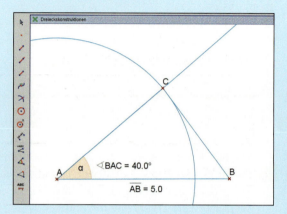

2. Konstruiere ein Dreieck mit $a = \overline{BC} = 4$ cm, $b = \overline{AC} = 6$ cm und $c = \overline{AB} = 5$ cm. (SSS)

Geometrieprogramm:
- Punkte A, B markieren und durch eine Strecke verbinden, Streckenlänge anzeigen lassen, B bewegen bis c = 5 cm.
- Um A den Kreis mit $r = \overline{AC} = 6$ cm zeichnen.
- Um B den Kreis mit dem Radius a = 4 cm zeichnen.
- Den Schnittpunkt C markieren und mit A und B durch Strecken verbinden.

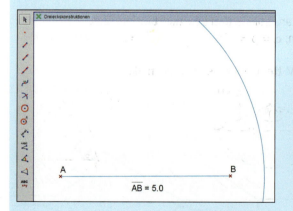

3. Konstruiere mit dem Computer ein Dreieck mit $c = \overline{AB} = 6$ cm, $\alpha = 40°$ und $\beta = 60°$. Notiere zuerst die einzelnen Schritte, die du mit dem Programm ausführen willst. (WSW)

3 Zeichnen und Konstruieren

Dreieckstypen

spitzwinklig Alle drei Winkel sind kleiner als 90°.

rechtwinklig Ein Winkel ist 90° groß.

stumpfwinklig Ein Winkel ist größer als 90°.

gleichschenklig Zwei Basiswinkel sind gleich groß; zwei Seiten sind gleich lang.

gleichseitig Jeder Winkel ist 60° groß; alle Seiten sind gleich lang.

1. Welche Dreieckstypen erkennst du?

2. Um welche Dreieckstypen handelt es sich? Berechne zuerst den dritten Winkel γ.

	a)	b)	c)	d)	e)	f)	g)	h)
α	90°	70°	45°	60°	105°	33°	1°	89°
β	30°	55°	90°	60°	35°	66°	2°	56°

3. Stelle fest, welcher Typ von Dreieck vorliegt. Zeichne dazu das Dreieck aus den gegebenen Stücken.
   a) a = 5 cm; b = 5 cm; c = 5 cm
   b) c = 6 cm; α = 40°, β = 40°
   c) a = 7 cm; b = 7 cm; γ = 90°
   d) b = 4 cm; c = 6 cm; α = 105°
   e) a = 4 cm; b = 5 cm; c = 3 cm
   f) c = 6 cm; α = 55°; β = 65°

4. Zeichne ein gleichseitiges Dreieck. Zeichne anschließend alle seine Symmetrieachsen ein.
   a) Jede Seite ist 64 mm lang.
   b) Sein Umfang beträgt 14,1 cm.

5. Zeichne das gleichschenklige Dreieck. Zeichne anschließend die Symmetrieachse ein.
   a) a = b = 5 cm; γ = 50°
   b) c = 5 cm; α = β = 42°
   c) b = c = 4,8 cm; α = 45°

6. Berechne die gesuchten Winkel. Mit + ist der Mittelpunkt eines Kreises markiert.

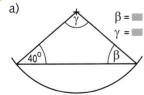 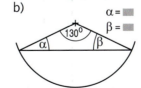 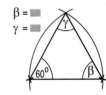

7. Partnerarbeit: Wer entdeckt die meisten gleichschenkligen Dreiecke, wer alle gleichseitigen? Welche Teilfiguren sind kongruent?

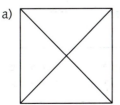 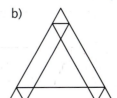 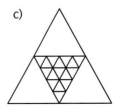

3 Zeichnen und Konstruieren

Vermischte Aufgaben

1. Konstruiere die Mittelsenkrechte zur Strecke $\overline{AB}$ mit $\overline{AB}$ = 6,3 cm (4,9 cm; 10,1 cm).

LVL 2. Ein Schüler hat beim Konstruieren der Mittelsenkrechten einen Fehler gemacht, erkläre ihn.
   a)   b)   c)   d)

3. Zeichne den Winkel α mit dem Scheitelpunkt (0|5) und den Schenkeln, die durch P und Q gehen. Konstruiere die Winkelhalbierende. Kontrolliere mit dem Geodreieck.
   a) P(4|6)   Q(2|3)   b) P(6|6)   Q(3|3)   c) P(1|10)   Q(4|4)   d) P(1|10)   Q(2|1)

4. Zeichne mit dem Geodreieck einen Winkel von 79° und teile ihn mit Zirkel und Lineal in vier gleich große Winkel.

5. a) Zeichne zwei Punkte A und B. Wie viele Kreise kannst du zeichnen, die durch beide Punkte gehen? Wo liegen die Mittelpunkte dieser Kreise?
   b) Zeichne drei Punkte A, B und C. Wie viele Kreise kannst du durch alle Punkte zeichnen?
   c) Wie müssen drei Punkte A, B und C liegen, damit es keinen Kreis gibt, der durch alle drei Punkte geht?

6. Berechne die fehlenden Winkel.
   a)
   b)
   c)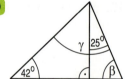

LVL 7. a) Wie viele Dreiecke findest du in dieser Figur? Schätze zuerst, dann zähle genau.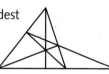
   b) Wie viele verschiedene nicht kongruente Dreiecke können auf einem Nagelbrett (3 mal 3) gespannt werden?

8. Konstruiere das Dreieck. Fertige zuerst eine Planfigur an.
   a) a = 6,6 cm   b) a = 6,8 cm   c) a = 7 cm   d) a = 4,3 cm   e) a = 4,8 cm
   b = 7,7 cm   b = 5,6 cm   β = 80°   b = 7,8 cm   c = 6,4 cm
   c = 8,8 cm   γ = 55°   γ = 60°   c = 6,5 cm   γ = 65°

9. Bestimme durch Zeichnung in geeignetem Maßstab die gesuchte Größe.
   a) gesucht: $\overline{QR}$ b) gesucht: $\overline{BC}$ c) gesucht: β   d) gesucht: x

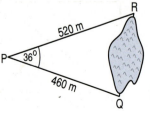 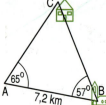 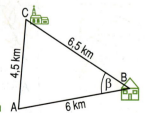 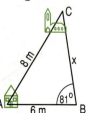

3 Zeichnen und Konstruieren

10. Von einem Dreieck sind gegeben: a = 7,7 cm; α = 62°; γ = 59°. Diese Angaben entsprechen keiner der vier Grundaufgaben. Fertige eine Planfigur an und überlege, wie du dennoch das Dreieck konstruieren kannst.

11. Zeichne das Dreieck ABC mit a = 5,5 cm; b = 6,0 cm; c = 6,5 cm. Konstruiere anschließend den Kreis durch die Punkte A, B und C (Umkreis).

12. Um welchen Dreieckstyp handelt es sich bei der Planfigur? Berechne die fehlenden Winkel.

a)   b)   c) 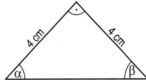   d)

13. Bestimme für das gleichschenklige Dreieck (a = b) die fehlenden Winkel.

a) α = 43°   b) β = 76°   c) γ = 22°   d) β = 5°   e) γ = 118°

14. Konstruiere die Figur. Bestimme anschließend durch Messen den Winkel β.

a) 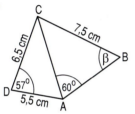   b) 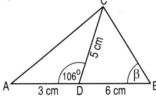   c)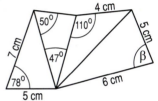

15. Übertrage das Dreieck ins Heft und benenne Ecken, Seiten und Winkel. Dreieckstyp?

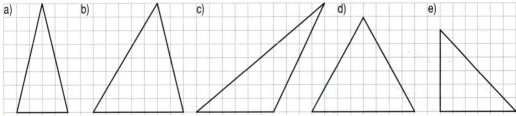

16. Berechne den rot gefärbten Winkel.

a)   b) 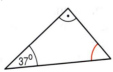   c)   d)

17. Zeichne das Dreieck und bestimme durch Messen die gesuchte Größe.

a) gesucht: $\overline{BC}$ b) gesucht: α   c) gesucht: h

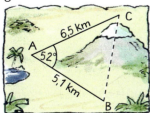   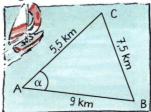   

3 Zeichnen und Konstruieren

Parkette

1. Dies ist ein Ausschnitt aus einem Bild des holländischen Malers PIET MONDRIAN, das aus insgesamt 256 Rechtecken besteht.
   a) Nenne andere Figuren, mit denen die Ebene so ausgelegt werden kann, dass weder Lücken noch Überschneidungen entstehen.
   b) Wähle eine Grundfigur und zeichne damit ein Parkett. Färbe mit verschiedenen Farben.

2. a) Wie groß ist bei einem Parkett aus lauter gleichen Vielecken die Summe aller Winkel mit einem gemeinsamen Scheitel S? Erkläre an dem Parkett aus gleichseitigen Dreiecken.
   b) Zeichne ein Parkett mit einem beliebigen Dreieck als Grundfigur. Geht das immer? Begründe.

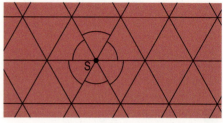

3.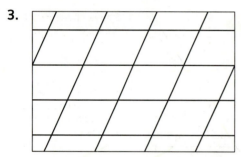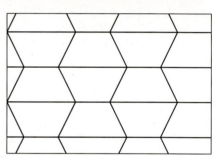

   a) Zeichne diese Parkette mit einem Parallelogramm und einem gleichschenkligen Trapez als Grundfigur. Färbe sie mit verschiedenen Farben.
   b) Entscheide jeweils, ob du die Grundfigur verschieben, spiegeln oder drehen musst.

4. Partnerarbeit: Aus welchen dieser Figuren könnt ihr ein Parkett zeichnen? Zeichnet das Parkett und präsentiert eure Ergebnisse.

   a) 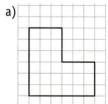 b) 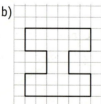 c) 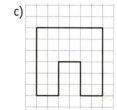 d)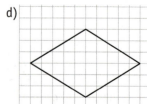

5. a) Aus diesen Grundfiguren kannst du kein Parkett zeichnen. Verändere jeweils einen Punkt, so dass dies mit der neuen Figur gelingt und zeichne das Parkett.
   b) Stelle deinen Mitschülerinnen und Mitschülern eine ähnliche Aufgabe.

   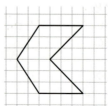 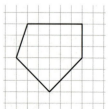

6. Erfinde selbst eine nicht rechteckige Grundfigur für ein Parkett und lass deinen Nachbarn oder deine Nachbarin daraus ein Parkett zeichnen.

3 Zeichnen und Konstruieren

1. Zeichne die Strecke $\overline{AB}$ und konstruiere die zugehörige Mittelsenkrechte.
   a) $\overline{AB} = 5$ cm   b) $\overline{AB} = 7{,}7$ cm

2. Zeichne den Winkel α und konstruiere die zugehörige Winkelhalbierende.
   a) α = 36°   b) α = 83°
   c) α = 127°   d) α = 90°

3. Zeichne die Planfigur und gib an welche Grundaufgabe vorliegt (WSW, SWS, SSS oder SsW).
   a) a = 8 cm; b = 6,5 cm; c = 5,8 cm
   b) c = 6 cm; α = 48°; β = 75°
   c) a = 3,9 cm; b = 5,3 cm; γ = 70°
   d) b = 4,4 cm; a = 5,4 cm; α = 84°

4. Konstruiere das Dreieck (Planfigur zuerst!).
   a) b = 6 cm; c = 8 cm; α = 41°
   b) b = 8 cm; α = 50°; γ = 70°
   c) a = 7,5 cm; b = 6 cm; c = 8 cm
   d) a = 7,8 cm; b = 6,2 cm; α = 87°

5. Berechne den fehlenden Dreieckswinkel.

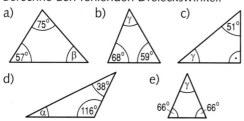

6. Welcher Dreieckstyp liegt vor?
   a) a = 6 cm; b = 6 cm; c = 6 cm
   b) α = 90°; β = 35°; γ = 55°
   c) a = 7 cm; b = 7 cm; c = 8 cm
   d) α = 60°; β = 60°; γ = 60°
   e) α = 40°; β = 40°; γ = 100°
   f) a = 4 cm; b = 4 cm; α = 60°
   g) α = 55°; β = 60°; γ = 65°
   h) b = 5 cm; c = 5 cm; α = 66°

7. Konstruiere das Dreieck ABC.
   a) gleichseitiges Dreieck: a = b = c = 6,5 cm
   b) gleichschenkliges Dreieck:
      a = b = 7 cm; γ = 42°
   c) gleichschenkliges Dreieck:
      c = 7 cm; α = 50°; β = 50°
   d) rechtwinkliges Dreieck:
      b = 4 cm; c = 3 cm; α = 90°
   e) stumpfwinkliges Dreieck:
      a = 5 cm; c = 7 cm; β = 115°

Mittelsenkrechte

Winkelhalbierende

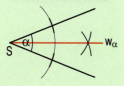

Dreieckskonstruktionen

1. Strecke $\overline{AB}$ zeichnen
2. Winkel α und β antragen

1. Strecke $\overline{BC}$ zeichnen
2. Winkel γ an $\overline{BC}$ antragen
3. Strecke $\overline{AC}$ abtragen

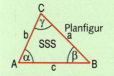

1. Strecke $\overline{AB}$ zeichnen
2. Kreisbogen um A mit Radius b
3. Kreisbogen um B mit Radius a

1. Strecke $\overline{AC}$ zeichnen
2. Winkel γ an $\overline{AC}$ antragen
3. Kreisbogen um A mit Radius c

Winkelsumme im Dreieck:
In jedem Dreieck beträgt die Winkelsumme 180°:

$\alpha + \beta + \gamma = 180°$

Dreieckstypen

spitzwinklig   rechtwinklig   stumpfwinklig

Alle Winkel sind kleiner als 90°.   Ein Winkel ist 90°.   Ein Winkel ist größer als 90°.

gleichschenklig (a = b)   gleichseitig (a = b = c)

Die Basiswinkel sind gleich groß.   Jeder Winkel ist 60°.

3 Zeichnen und Konstruieren

Grundaufgaben

1. a) Zeichne die Strecke $\overline{AB}$ = 6,9 cm und konstruiere die zugehörige Mittelsenkrechte.
   b) Zeichne einen Winkel α = 73° und konstruiere die zugehörige Winkelhalbierende.

2. Zeichne die Planfigur und konstruiere das Dreieck mit a = 5,0 cm; b = 7,5 cm; γ = 67°.

3. Konstruiere das Dreieck ABC mit α = 66°; β = 47°; c = 6,4 cm. Zeichne zuerst die Planfigur.

4. Berechne den fehlenden Dreieckswinkel.

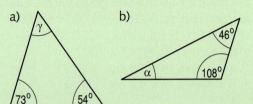

5. Markiere die Eckpunkte des Dreiecks ABC im Koordinatensystem und bestimme den Dreieckstyp.
   a) A(1|1) B(7|1) C(4|4)
   b) A(2|2) B(8|2) C(2|6)

Erweiterungsaufgaben

1. Konstruiere das Dreieck ABC mit a = 4 cm; b = 6,4 cm und c = 8 cm. Mache zuerst eine Planfigur und notiere dann die einzelnen Konstruktionsschritte.

2. Woran erkennst du ohne zu konstruieren, dass ein solches Dreieck ABC nicht möglich ist?
   a) c = 8,0 cm; α = 125°; β = 65°   b) a = 5 cm; b = 3 cm; c = 10 cm

3. Wie lang ist die nicht direkt zu messende Strecke von B nach C?

4. Wie hoch ist der Turm? Beachte, dass er aus 1,50 m Augenhöhe angepeilt wird.

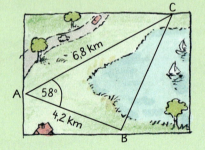
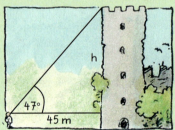

5. Berechne den fehlenden Winkel.

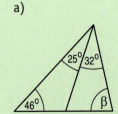
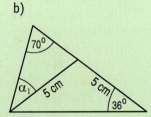

6. In einem Dreieck ist ein Winkel doppelt so groß wie der kleinste Winkel und der dritte Winkel dreimal so groß wie der kleinste Winkel. Wie groß sind die drei Winkel des Dreiecks?

7. Zeichne ein Dreieck mit c = 8 cm; α = 70° und β = 60°. Konstruiere anschließend den Kreis durch die Punkte A, B und C.

8. Ein Schiff fährt in östliche Richtung. Den Leuchtturm „Felsencliff" sieht man vom Schiff unter dem Winkel von 30° (nach Osten von der Nordrichtung abweichend). 10 Seemeilen weiter sieht man vom Schiff den Leuchtturm unter dem Winkel von 10° (nach Osten von der Nordrichtung abweichend). Wie weit ist das Schiff vom Leuchtturm entfernt?

Prozentrechnung 4

4 Prozentrechnung

Prozentsätze

LVL 1. Bildet Gruppen mit jeweils drei oder vier Schülerinnen und Schülern. Jede Gruppe gestaltet ein Lernplakat zum Thema „Prozentsätze". Aus jeder Gruppe stellt eine Person das Lernplakat vor und erklärt es. Anschließend berät die Klasse darüber, welches Lernplakat besonders geeignet ist, an der Wand im Klassenraum aufgehängt zu werden.

LVL 2. Partnerarbeit: Auf der vorigen Seite ist das Ergebnis einer Schülerbefragung dargestellt.
  a) Um welche Befragung handelt es sich? Wie sind die Ergebnisse dargestellt?
  b) Beide Diagramme zeigen die gleichen Anteile. Schätzt, wie groß sie sind. Wo lest ihr die Anteile am besten ab?
  c) Wie würdet ihr eine Befragung zum Thema in eurer Schule durchführen? Beschreibt das Vorgehen und schätzt die Ergebnisse einer solchen Untersuchung.

3. Schreibe den Prozentsatz als Bruch und den Bruch als Prozentsatz. Kürze, wenn es geht.
  a) 16 % b) 1 % c) 50 % d) 20 % e) 2 % f) 75 % g) 100 %
  h) $\frac{57}{100}$ i) $\frac{8}{100}$ j) $\frac{25}{100}$ k) $\frac{10}{100}$ l) $\frac{13}{100}$ m) $\frac{7}{100}$ n) $\frac{99}{100}$

4. Bestimme 1 % von der Größe.
  a) 1 % von 500 €   b) 1 % von 900 m   c) 1 % von 300 kg
     1 % von 700 €   1 % von 200 m   1 % von 100 kg
  d) 1 % von 1 200 € e) 1 % von 7 500 m f) 1 % von 2 350 kg
     1 % von 3 700 €   1 % von 6 800 m   1 % von 9 470 kg

> 400 : 100
> 1 % von 400 €
> 400 € · $\frac{1}{100}$ = 4 €
> 1 % von 400 € = 4 €

5. Welche Kugel gehört in welchen Eimer? Schreibe so: 1 % von 250 kg = 2,5 kg.

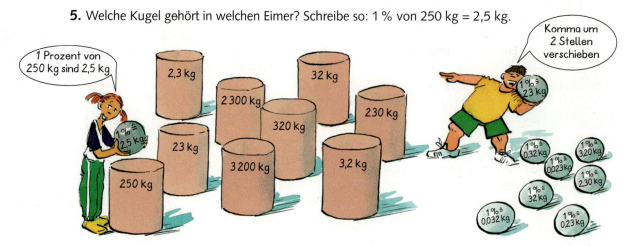

4 Prozentrechnung

6. Bestimme immer ein Prozent.
   a) 1 % von 67 m   b) 1 % von 29 €   c) 1 % von 94 m   d) 1 % von 103 €
   e) 1 % von 57 cm f) 1 % von 23 kg g) 1 % von 48 m   h) 1 % von 38 kg
   i) 1 % von 7 €   j) 1 % von 5 kg   k) 1 % von 1 m   l) 1 % von 6 l
   m) 1 % von 2 €   n) 1 % von 3 kg   o) 1 % von 5 m   p) 1 % von 8 km

TIPP
Denke dir ein Komma nach dem Einer und verschiebe es:
67 m = 67,0 m

7. Bestimme immer 1 % der Größe.
	a) 900 €	b) 459,00 km	c) 234,500 km	d) 4 378,5 kg	e) 2 kg
	40 €	26,50 km	74,320 km	657,8 kg	0,3 kg
	2 €	1,82 km	8,675 km	12,4 kg	0,07 kg

8. Bestimme erst 1 %, dann 3 % der Größe.
   a) 500 €   b) 800 €   c) 700 €
   d) 2 600 kg   e) 3 200 kg   f) 6 800 kg
   g) 250 m   h) 110 m   i) 320 m

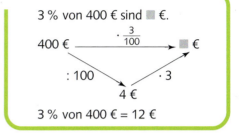

3 % von 400 € sind ■ €.
3 % von 400 € = 12 €

9. Bestimme immer 5 % der Größe.
   a) 200 €   b) 600 €   c) 500 €
   d) 4 300 kg e) 2 150 kg   f) 1 260 kg
   g) 750 m   h) 7 240 kg   i) 2 830 m

10. a) 2 % von 700 €   b) 4 % von 300 €   c) 5 % von 600 €   d) 10 % von 500 €

11. Pascal hat 300 Briefmarken. 4 % davon sind aus Asien, 3 % stammen aus Afrika. Wie viele Marken besitzt er von diesen Erdteilen, wie viele von den übrigen Erdteilen?

LVL 12. Bei einer Tombola werden 600 Lose verkauft. Es gibt einen Hauptpreis, 3 % der Lose sind mittlere Gewinne und 7 % der Lose sind Trostpreise. Stelle drei Fragen und berechne die Lösungen.

LVL 13. Für einen Versuch im Biologieunterricht hat Marion auf jedes Feld gleich viele Erbsen gelegt. Stelle drei Fragen und berechne die Lösungen.

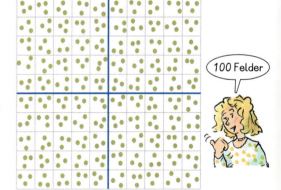
100 Felder

14. Zeichne ein Hunderterfeld. Färbe 50 % blau, 25 % grün, 10 % gelb, 5 % schwarz und 1 % rot.

   a) Wie viel Prozent des Hunderterfeldes sind nicht gefärbt?
   b) Denk dir auf jedem Feld sechs 1-Euro-Münzen. Wie viele Euro liegen dann auf den blauen, grünen, gelben, schwarzen und roten Feldern? Wie viele Euro sind es insgesamt?

15. Denke dir auf jedem einzelnen der 100 Felder 4 Autos.
   a) Wie viele Autos sind dann auf dem Hunderterfeld?
   b) Wie viele Autos sind 1 %, 2 %, 5 % und 7 % davon?

16. Denke dir auf jedem einzelnen der 100 Felder 5 Personen.
   a) Wie viele Personen sind dann insgesamt auf dem Hunderterfeld?
   b) Wie viele Personen sind $\frac{1}{100}$, $\frac{8}{100}$, $\frac{3}{10}$ und $\frac{7}{10}$ davon?

4 Prozentrechnung

Prozentsätze und Brüche

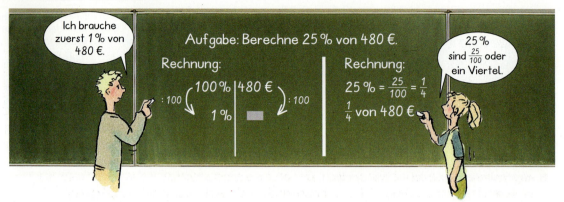

LVL 1. Partnerarbeit: Diskutiert die Rechenwege des Jungen und des Mädchens. Woran erinnert euch die Rechnung des Jungen? Wie würdet ihr rechnen?

LVL 2. Erstellt in Gruppen eine Liste mit einfachen Prozentsätzen und passenden Brüchen. Zeichnet dazu, so genau ihr könnt, auch passende Bilder. Die folgenden Zeichnungen können euch dabei vielleicht helfen.

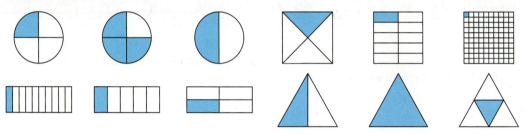

3. a) $\frac{1}{4}$ von 80 l   b) $\frac{1}{5}$ von 250 €   c) $\frac{2}{3}$ von 900 kg   d) $\frac{3}{4}$ von 800 €
e) $\frac{2}{5}$ von 60 l   f) $\frac{1}{10}$ von 700 €   g) $\frac{1}{100}$ von 500 kg   h) $\frac{5}{6}$ von 120 €

4. Rechne mit dem passenden Bruch.
a) 10 % von 70 €   b) 20 % von 25 €   c) 25 % von 40 €   d) 50 % von 60 €
e) 75 % von 40 €   f) 50 % von 44 €   g) 75 % von 120 €   h) 75 % von 80 €

5. Bestimme immer 10 % der Größe. Wähle im Ergebnis eine sinnvolle Maßeinheit.

a) 4 300 l	b) 187 €	c) 25,6 m	d) 125,61 kg	e) 1,5 t	f) 386,50 €
3 150 l	46 €	3,8 m	5,75 kg	0,3 t	5,30 €
270 l	8 €	0,4 m	0,63 kg	70,8 t	0,60 €

LVL 6. Hält man hier ein, was man verspricht?

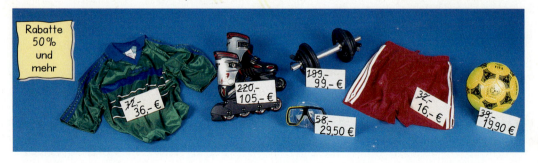

4 Prozentrechnung

Vermischte Aufgaben

1. Gib den gefärbten Anteil als Bruch, als Dezimalbruch und in Prozent an.

a) 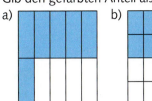 b) 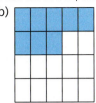 c) 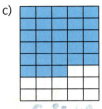 d) 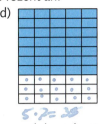 e)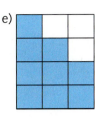

LVL 2. Partnerarbeit: Ein Stück Käse wiegt 240 g. Eine oder einer von euch berechnet, wie viel die angegebenen Bruchteile davon wiegen. Der oder die andere rechnet aus, wie viel Gramm den Prozentsätzen entsprechen. Viele Ergebnisse sind gleich. Welche sind es? Tipp: Schreibt die Aufgaben und Ergebnisse ordentlich auf, am besten jeweils in einer Tabelle.

Bruchteile von 240 g
$\frac{1}{2}$ $\frac{1}{3}$ $\frac{1}{4}$ $\frac{1}{5}$ $\frac{1}{6}$ $\frac{1}{8}$ $\frac{3}{4}$ $\frac{3}{5}$ $\frac{3}{6}$ $\frac{3}{8}$
$\frac{2}{3}$ $\frac{2}{4}$ $\frac{2}{5}$ $\frac{2}{6}$ $\frac{2}{8}$ $\frac{4}{5}$ $\frac{4}{6}$ $\frac{4}{8}$ $\frac{5}{6}$ $\frac{5}{8}$

Prozentsätze von 240 g
1 % 2 % 3 % … 9 % 10 %
20 % 30 % … 100 % 25 % 75 %

LVL 3. Welcher Prozentsatz gehört zu dem Bruch $\frac{1}{3}$? Überlege, diskutiere mit anderen, rechne und begründe deine Prozentangabe.

4. Schreibe ins Heft und setze <, = oder > ein: a) 52 % ■ $\frac{1}{2}$ b) $\frac{1}{4}$ ■ 30 %   c) 12,5 % ■ $\frac{125}{1000}$

5. Bestimme immer 10 % bzw. $\frac{1}{10}$ von der Größe.
a) 380 €   b) 1 750 l   c) 34,5 kg   d) 1,9 m   e) 3,75 t   f) 198,50 €
g) 7 €   h) 0,5 l   i) 0,32 kg   j) 0,5 m   k) 0,99 t   l) 0,85 €

6. Das Ganze ist 300 €. Berechne die Anteile und vergleiche.
a) $\frac{1}{4}$, 20 %, $\frac{1}{3}$ b) 25 %, $\frac{1}{3}$, $\frac{1}{5}$ c) 30 %, $\frac{2}{5}$, $\frac{2}{3}$ d) $\frac{3}{4}$, 60 %, $\frac{2}{3}$

LVL 7.

8. Immer 3 Kärtchen passen zusammen.

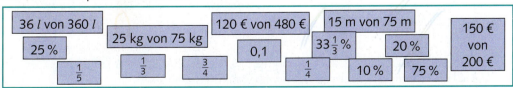

4 Prozentrechnung

Grundwert und Prozentwert

1. Was ist der Grundwert (G), was der Prozentsatz (p%) und was der Prozentwert (W)?
   a) Von 1000 € sind 50 % genau 500 €.
   b) 8 kg von 80 kg sind 10 %.
   c) 32 kg sind 10 % von 320 kg.
   d) 4,50 € sind 1 % von 450 €.
   e) 0,40 € sind von 2 € genau 20 %.
   f) 2 % von 150 Gästen sind 3 Gäste.

LVL 2. Erarbeitet zu zweit vier Beispiele: Jeder schreibt zwei kurze Texte wie in Aufgabe 1 auf. Wählt einfache Zahlen, damit ihr die Aufgaben im Kopf rechnen könnt.
Dann tauscht die Texte aus. Jeder prüft die Zahlen im fremden Text und schreibt G über den Grundwert, p % über den Prozentsatz und W über den Prozentwert.

3. Bestimme den Prozentwert (W).

a)
Grundwert (G)	Prozentsatz (p %)
900 €	10 %
160 €	25 %

b)
Grundwert (G)	Prozentsatz (p %)
240 kg	1 %
150 kg	20 %

c)
Grundwert (G)	Prozentsatz (p %)
48 l	50 %
62 l	10 %

4. Bestimme den Prozentwert (W).
   a) 25 % von 200 €
   b) 50 % von 124 kg
   c) 75 % von 160 m
   d) 1 % von 460 €
   e) 10 % von 230 kg
   f) 50 % von 148 m
   g) 20 % von 500 €
   h) 20 % von 120 kg
   i) 25 % von 1 000 m

5. In der Tabelle stehen Prozentwerte. Auf welche Schule trifft die Angabe zu? Notiere Grundwert G, Prozentwert W und Prozentsatz p %.

   a) 20 % von 600 Schülerinnen und Schülern sind in einem Sportverein.
   b) 10 % von 300 Jugendlichen benutzen den Bus.
   c) 50 % von 500 Schülerinnen und Schülern sind Mädchen.

Schule	Schülerinnen/Schüler
Newtonschule	100
Celsiusschule	120
Maxwellschule	250
Hertzschule	30

6. Überlege zunächst, wie viel Prozent des Kreises eingefärbt sind. Bestimme dann den Grundwert (G).

a) 90 Pkw
b) 12 kg
c) 40 €
d) 350 l

TIPP
Der ganze Kreis steht für 100 %, also für G.

LVL 7. Erfinde drei Textaufgaben. Dabei soll einmal 5 %, einmal 800 und das dritte Mal 40 die Lösung sein. Stelle deine Aufgaben der Klasse vor.

$\boxed{5\% \text{ von } 800 = 40}$

 41

4 Prozentrechnung

Berechnung des Prozentwertes W

Wie viel Euro sind 15 % von 800 €? Gegeben: G = 800 €, p % = 15 %; gesucht: W

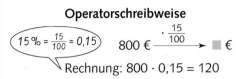

Operatorschreibweise
$15\% = \frac{15}{100} = 0{,}15$
$800 € \xrightarrow{\cdot \frac{15}{100}} \blacksquare €$
Rechnung: 800 · 0,15 = 120
W = 120 €

Dreisatz

	100 %	800 €	
: 100	1 %	8 €	: 100
· 15	15 %	**120 €**	· 15

1 % von 800 € = 8 €

15 % von 800 € sind 120 €.

1. Partnerarbeit: Denkt euch eine Aufgabe zur Berechnung des Prozentwertes aus. Du erklärst deiner Partnerin oder deinem Partner die Rechnung mit dem Operator. Sie oder er erklärt dir den Rechenweg mit dem Dreisatz (oder umgekehrt). Welchen Weg bevorzugt ihr, oder findet ihr noch einen anderen?

2. Berechne den Prozentwert (W) mit einem Operator, dem Dreisatz oder deiner eigenen Methode.
a) 15 % von 600 €   b) 30 % von 700 €   c) 12 % von 500 €   d) 18 % von 200 €
e) 14 % von 240 kg   f) 8 % von 610 kg   g) 11 % von 130 kg   h) 6 % von 670 kg

3. a) Herr Schmidt muss von seinem 1 620-€-Gehalt 22 % Steuern zahlen. Welcher Betrag ist das?
b) Ein Paket wiegt 4 800 g. Die Verpackung wiegt 17 % davon. Wie viel wiegt die Verpackung?
c) Bei einer Verkehrskontrolle wurden 96 Lkws überprüft. 25 % der Fahrzeuge hatten Mängel.

4. Berechne den Prozentwert (W) im Kopf oder schriftlich.
a) 12 % von 100 €   b) 8 % von 400 €   c) 1 % von 76 kg   d) 15 % von 200 m
e) 30 % von 270 €   f) 10 % von 250 €   g) 3 % von 50 kg   h) 50 % von 42 m

5. Überschlage erst mit einem passenden Bruch. Rechne dann genau.
a) 49 % von 86 €   b) 26 % von 160 kg   c) 11 % von 90 €
d) 24 % von 12 €   e) 51 % von 520 kg   f) 2 % von 52 €
g) 9 % von 74 €   h) 19 % von 350 kg   i) 12 % von 70 €
j) 51 % von 61 €   k) 24 % von 40 kg   l) 9 % von 88 €

> 21 % von 45 €
> 21 % ≈ 20 % = $\frac{1}{5}$
> 45 € : 5 = 9 €
> 21 % von 45 € ≈ 9 €

6. Berechne den Prozentwert (W). Runde das Ergebnis auf Cent bzw. Zentimeter.

Grundwert	a) 65,40 €	b) 87,2 m	c) 256,3 m	d) 12,65 €	e) 256,6 m	f) 0,55 €
Prozentsatz	6 %	14 %	82 %	6 %	35 %	5 %

7. Eine Saftflasche enthält 750 ml. Davon sind 40 % Fruchtanteil. Der Rest ist Wasser. Wie viel ml Fruchtsaft und wie viel ml Wasser sind in der Flasche?

8. a) Fünfzig Prozent vom Doppelten von 1 200 € sind …
Es gibt mehrere Lösungen im rechten Feld. Finde sie möglichst alle.
b) Formuliere selbst ein ähnliches Rätsel und biete deinem Nachbarn richtige und falsche Lösungsvorschläge an.

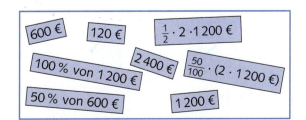

4 Prozentrechnung

7-Meter-Schützen für das Handballturnier gesucht

4 Prozentrechnung

Berechnung des Prozentsatzes p %

Wie viel Prozent sind 36 kg von 400 kg? Gegeben: G = 400 kg, W = 36 kg; gesucht: p %

Operatorschreibweise

400 kg $\xrightarrow{\cdot \blacksquare}$ 36 kg

Rechnung: $p\% = \frac{36}{400} = \frac{9}{100}$

$p\% = 9\%$

Dreisatz

	400 kg	100 %	
: 400	1 kg	$\frac{100}{400}$ %	: 400
· 36	36 kg	0,25 % · 36 = 9 %	· 36

$\frac{100 \cdot 36}{400} = 9$

36 kg von 400 kg sind 9 %.

LVL 1. Partnerarbeit: Denkt euch eine Aufgabe zur Berechnung des Prozentsatzes aus. Jeder löst sie mit der Operatorschreibweise, dem Dreisatz oder einer eigenen Methode. Diskutiert eure Lösungswege und vergleicht eure Ergebnisse.

LVL 2. Wie viel Prozent sind 14 € von 700 €? Inas Rechnung steht auf dem Zettel. Erkläre den Rechenweg.

100 %	700 €
1 %	7 €
2 %	14 €

3. Berechne den Prozentsatz (p %) mit einer Methode deiner Wahl.
   a) 36 € von 600 €   b) 49 € von 700 €   c) 95 € von 500 €

4. Zu einem Zeltlager in Dänemark sind 300 Jugendliche angereist. 156 der Jugendlichen sind Jungen. Wie viel Prozent sind das? Wie viel Prozent der Jugendlichen sind Mädchen?

5. Notiere den Grundwert und den Prozentwert. Berechne den Prozentsatz.

a)
Miete 600 €
Einkommen: 2400 €

b)
260 Karten verkauft
Sitzplätze: 400

c)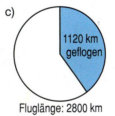
1120 km geflogen
Fluglänge: 2800 km

d)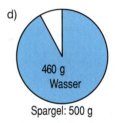
460 g Wasser
Spargel: 500 g

6. Rechne nach der Methode deiner Wahl. Wie viel Prozent sind
   a) 12 kg von 60 kg,   b) 100 € von 2500 €,   c) 18 m von 300 m,
   d) 45 € von 1500 €,   e) 63 km von 700 km,   f) 480 kg von 4 000 kg?

7. Der SC Kleinigen hat vier Sportabteilungen.
   a) Wie viele Mitglieder hat der Verein insgesamt?
   b) Berechne die prozentualen Anteile der vier Sportabteilungen.
   c) In der Fußballabteilung sind 22 Damen. Wie viel Prozent dieser Abteilung sind das?
   d) Insgesamt sind in den Sportabteilungen 130 Männer. Wie viel Prozent sind das?

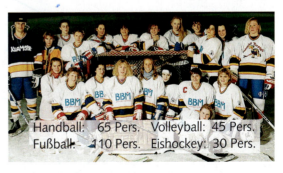
Handball: 65 Pers.   Volleyball: 45 Pers.
Fußball: 110 Pers.   Eishockey: 30 Pers.

8. Sabine spart im Durchschnitt $\frac{1}{3}$ des Taschengeldes, Anke von 25 € Taschengeld pro Woche durchschnittlich 8 €. Erkläre der Klasse, wer den höheren Anteil spart.

41

4 Prozentrechnung

Berechnung des Grundwertes G

Von welchem Eurobetrag sind 7 % genau 56 €? Gegeben: $W = 56$ €, $p\% = 7\%$; gesucht: G

Operatorschreibweise

$$\blacksquare \xrightarrow[:\frac{7}{100}]{\cdot \frac{7}{100}} 56 \text{ €}$$

Mit dem Kehrbruch $\frac{100}{7}$ multiplizieren.

Dreisatz

	7 %	56 €	
:7	1 %	8 €	:7
·100	100 %	800 €	·100

Rechnung: $56 : \frac{7}{100} = \frac{56 \cdot 100}{7} = 800$

G = 800 €   Von 800 € sind 7 % genau 56 €.

LVL 1. Partnerarbeit: Denkt euch eine Aufgabe zur Berechnung des Grundwerts aus. Jeder löst sie mit der Operatorschreibweise, dem Dreisatz oder einer eigenen Methode. Habt ihr beide das gleiche Ergebnis? Diskutiert eure Lösungswege.

2. Berechne den Grundwert (G).
   a) 6 % sind 54 €.   b) 4 % sind 28 €.   c) 5 % sind 35 kg.   d) 3 % sind 18 kg.
   e) 20 % sind 720 €.   f) 12 % sind 240 €.   g) 15 % sind 75 kg.   h) 25 % sind 400 kg.

LVL 3. Carina, Susi und Raphael haben Rechenvorteile entdeckt.

40 % sind 84 € von ...	25 % sind 16 kg von ...	15 % sind 36 m von ...
10 % sind 21 €	100 % sind 64 kg, denn	5 % sind 12 m
100 % sind 210 €	16 · 4 = 64	100 % sind 240 m

   a) Besprich ihre Rechenmethoden mit anderen und erkläre.
   b) Erfinde für deine Mitschüler 3 Aufgaben, die man mit solchen Rechenvorteilen lösen kann.

4. Berechne die Aufgaben mit einer möglichst vorteilhaften Methode. Gesucht ist der Grundwert.
   a) 40 % sind 480 €.   b) 20 % sind 52 €.   c) 25 % sind 90 €.   d) 35 % sind 49 €.
   e) 30 % sind 120 €.   f) 50 % sind 76 €.   g) 80 % sind 328 €.   h) 15 % sind 27 €.

5. Von einem Streifen ist nur der angegebene Teil abgebildet. Zeichne den ganzen Streifen in dein Heft, also 100 % des Streifens.

a)   b)   c) 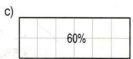   d)   e)

6. Berechne den Grundwert im Kopf.
   a) 50 % von ■ € = 126 €   b) 20 % von ■ kg = 84 kg   c) 10 % von ■ m = 12,5 m
   d) 25 % von ■ km = 3,25 km   e) 50 % von ■ m = 2,15 m   f) 25 % von ■ g = 75 g

7. Leon hat im Diktat 12 Fehler. Die Lehrerin sagt: „Du hast 96 % aller Wörter richtig geschrieben und nur 4 % falsch." Aus wie vielen Wörtern bestand das Diktat?

8. Überschlage erst das Ergebnis. Bestimme dann den gesuchten Grundwert genau.
   a) p % = 11 %   b) p % = 24 %   c) p % = 9 %   d) p % = 48 %   e) p % = 19 %
      W = 38,50 €   W = 40,8 kg   W = 20,7 m   W = 278,4 kg   W = 413,25 €

4 Prozentrechnung

Vermischte Aufgaben

1. Berechne die fehlende Größe.

	a)	b)	c)	d)	e)	f)
Grundwert	350 €	120 kg		336,80 €	480 m	
Prozentsatz	15 %		11 %			64 %
Prozentwert		42 kg	66 km	168,40 €	120 m	768 km

2. Am Mittwoch hat Jens 120 Minuten an seinen Hausaufgaben gesessen. Nina hat nur 75 % dieser Zeit benötigt. Wie lange hat Nina an ihren Hausaufgaben gesessen?

3. Ein Mischbrot wiegt 500 g. Es enthält 35 g Eiweiß, 5 g Fett und 260 g Kohlenhydrate. Wie viel Prozent sind das jeweils?

Was ist gegeben – G, p %, W? Was ist gesucht?

4. Die Miete von Familie Michel wurde erhöht. Sie beträgt jetzt 477 € statt 450 €. Um wie viel Prozent der bisherigen Miete wurde erhöht?

5. Auf der ganzen Welt leben ca. 2 600 verschiedene Fischarten. Davon kommen in der Bundesrepublik Deutschland ca. 130 Fischarten vor. Wie viel Prozent leben etwa bei uns?

6. Von den ca. 5 000 verschiedenen Säugetierarten, die auf der ganzen Welt vorkommen, treten ca. 2 % in Deutschland auf. Wie viele Säugetierarten leben etwa in Deutschland?

7. Jessica lädt sich aus dem Internet ein Programm auf ihren Computer. Dazu beobachtet sie die Anzeige auf dem Bildschirm und überlegt, wann das Programm vollständig übertragen sein wird.

a) Datenübertragung: 50 % — bisherige Ladezeit: 12 Min.

b) Datenübertragung: 15 % — bisherige Ladezeit: 6 Min.

c) Datenübertragung: 40 % — bisherige Ladezeit: 16 Min.

LVL 8.

1500 Lose!
* 30 % Gewinnchance.
* 5 % Hauptgewinne.
* 3 Supergewinne unter den Hauptgewinnen.
* Jedes 4. Los ist ein Kleingewinn.
* Ein Los kostet nur 50 Cent.

Stelle mindestens 2 Fragen und berechne die Lösung.

9. a) Auf einem Teich verdoppelt sich die von Seerosen bedeckte Fläche jeden Tag. Nach 20 Tagen ist er ganz zugewachsen. Wann waren 50 % des Teiches bedeckt?
b) Ein Ziegelstein wiegt 1 kg und 50 % seiner Masse. Wie schwer ist der Ziegelstein?
c) 1 % von Uwes Taschengeld ist doppelt so viel wie 2 % von Arnos Taschengeld.

BLEIB FIT!

Die Ergebnisse der Aufgaben ergeben die Namen leckerer Speisen aus Griechenland oder der Türkei.

1. Kürze soweit wie möglich.
   a) $\frac{50}{650}$ b) $\frac{21}{84}$ c) $\frac{25}{150}$ d) $\frac{18}{54}$ e) $\frac{24}{168}$

2. Wie groß ist die Fläche des Rechtecks?
   a = 2,5 cm   b = 8 cm
   A = ■ cm²

3. Wie groß ist der Umfang des Grundstücks?
   a = 15 m   b = 9 m
   u = ■ m

4. Wandle in die angegebenen Einheiten um.
   a) 6 cm² = ■ mm²   b) 6 dm³ = ■ l

5. a) 0,075 · 10   b) 1,75 · 100
   c) 75 : 10   d) 1750 : 1000

6. Wie groß ist der Winkel? Überlege vorher, ob α ein spitzer oder stumpfer Winkel ist.
   α = ■°

7. Bestimme das ungefähre Ergebnis mit einem Überschlag. Es soll ganzzahlig sein.
   a) 1,975 · 79   b) 91,457 · 58
   c) 716,5 : 78   d) 23,72 : 6

8. Berechne im Kopf.
   a) 0,7 · 80
   b) 0,05 · 700
   c) 60 · 70
   d) 1500 · 0,3
   e) 45 · 200

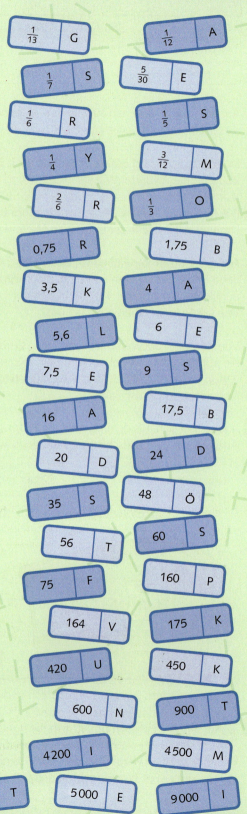

4 Prozentrechnung

Preisnachlass – Preiserhöhung

alter Preis 100 %	
neuer Preis 75 %	Nachlass 25 %

Alter Preis: 400 €
Nachlass 25 % von 400 € = 100 €
Neuer Preis: 400 € − 100 € = 300 €

alter Preis 100 %	Erhöhung 25 %
neuer Preis	

Alter Preis: 600 €
Erhöhung 25 % von 600 € = 150 €
Neuer Preis: 600 € + 150 € = 750 €

LVL 1. Partnerarbeit: Einer (eine) erfindet eine Aufgabe zum Preisnachlass, der (die) andere zur Preiserhöhung. Beide lösen die Aufgaben, vergleichen die Ergebnisse und diskutieren Lösungswege.

2. Berechne den Preisnachlass und den neuen Preis.
   a) Alter Preis: 650 €
      Preisnachlass: 8 %
   b) Alter Preis: 1 230 €
      Preisnachlass: 12 %
   c) Alter Preis: 95 €
      Preisnachlass: 5 %

3. Andreas hat sich ein Fahrrad zu einem Preis von 390 € ausgesucht. Eine Freundin kann ihm das gleiche Fahrrad mit einem Preisnachlass von 18 % besorgen. Wie viel € muss Andreas bezahlen?

4. Wie viel Euro beträgt der neue Preis?
   a) Alter Preis: 420 €
      Erhöhung: 10 %
   b) Alter Preis: 90 €
      Erhöhung: 3 %
   c) Alter Preis: 1 250 €
      Erhöhung: 8 %

5. Die Wohnungsmiete von 400 € wird um 5 % erhöht. Wie hoch ist nun die Miete?

6. Wie viel Prozent vom alten Preis beträgt der Preisnachlass?
   a) Alter Preis: 200 €
      Neuer Preis: 190 €
   b) Alter Preis: 60 €
      Neuer Preis: 45 €
   c) Alter Preis: 600 €
      Neuer Preis: 582 €
   d) Alter Preis: 525 €
      Neuer Preis: 483 €

Alter Preis: 150 €
Neuer Preis: − 120 €
Preisnachlass: 30 €
30 € von 150 € sind
20 % Preisnachlass.

Zuerst den Preisnachlass berechnen.

7. Bei einem Sonderverkauf möchte Ina sich etwas zum Anziehen kaufen. In welchem Geschäft sollte sie jeweils einkaufen? Begründe deine Empfehlung.

LVL 8. Die meisten Taschenrechner haben eine %-Taste. Sie arbeitet aber nicht überall gleich. Erkläre deinen Mitschülerinnen und Mitschülern, wie dein Taschenrechner arbeitet und was er alles anzeigt. Wähle diese oder eigene Beispielaufgaben.
   a) „Zu 200 € kommen 10 % von 200 € hinzu."
   b) „Ich addiere zu 200 € 10 % und ziehe vom Ergebnis wieder 10 % ab."

4 Prozentrechnung

9. Herr Lux hat eine Waschmaschine für 400 € gekauft. Vor einem Jahr kostete sie noch 600 €. „Das sind 50 % Preisnachlass!", freut sich Herr Lux. Berate dich mit anderen und nimm Stellung.

10. Eine Ferienwohnung in Italien kostet von April bis August pro Woche 600 €. Zum 1.9. wird der Preis um 20 % gesenkt. Zum 1.4. des nächsten Jahres kostet die Wohnung wieder 600 €. Wie viel Prozent beträgt die Erhöhung?

11. Wie viel Prozent des alten Preises beträgt die Preiserhöhung?
a) Neuer Preis: 660 €
   Alter Preis: 600 €
b) Neuer Preis: 24 €
   Alter Preis: 20 €
c) Neuer Preis: 276 €
   Alter Preis: 240 €
d) Neuer Preis: 200 €
   Alter Preis: 160 €

Neuer Preis: 550 €
Alter Preis: − 500 €
Preiserhöhung: 50 €
Das sind 10 % Preiserhöhung.

12. a)  b)  c)

13. Herr Küßner erhält eine Rechnung in Höhe von 420 € mit dem Vermerk: „Bei Zahlung innerhalb von 8 Tagen 3 % Skonto". Herr Küßner bezahlt die Rechnung am nächsten Tag. Welchen Betrag überweist Herr Küßner?

TIPP
Skonto ist ein Preisnachlass bei Barzahlung (sofort) oder Zahlung innerhalb einer bestimmten Frist.

14. Die Schule bestellt eine Landkarte zum Preis von 240 €. Auf der Rechnung steht: „Bei Zahlung innerhalb von 14 Tagen 2 % Skonto". Der Rechnungsbetrag wird am 5. Tag überwiesen.

15. Bei Barzahlung 2 % Skonto! Berechne den Preisnachlass und den Endpreis.
a)  b)  c)  d)

16. In einem Warenhaus werden einige Preise erhöht, andere Preise werden gesenkt. Wie viel Euro beträgt der neue Preis?
a) Alter Preis: 40 €
   Erhöhung: 3 %
b) Alter Preis: 250 €
   Nachlass: 4 %
c) Alter Preis: 495 €
   Nachlass: 8 %
d) Alter Preis: 28,10 €
   Erhöhung: 5 %
e) Alter Preis: 26,50 €
   Nachlass: 4 %
f) Alter Preis: 12,40 €
   Erhöhung: 2 %

17. Im alten Jahr kostet das Paar Skier SL-TY 300 €. Zum neuen Jahr wird der Preis um 10 % erhöht. Am Ende des Winters senkt die Firma den Preis der Skier um 10 %. Max meint: „Dann kostet das Paar Skier SL-TY genau so viel wie im alten Jahr." Stimmt das?

4 Prozentrechnung

Tabellenkalkulation

Warenliste:
Reduzierung 40 %

Artikel	Produkt	alter Preis
J 371	Jackett	148 €
J 372	Jacke	48 €
S 373	Sportjacke	129 €
P 374	Pullover	65 €
H 375	Hose	79 €
A 376	Anzug	198 €
O 377	Oberhemd	36 €

	A	B	C	D	E	F	G
1	Änderung (%)	40					
2							
3	Artikel	Produkt	alter Preis (€)	Reduzierung (€)	neuer Preis (€)		
4	J371	Jackett	148	▲		=C4*B1/100	
5	J372	Jacke	48				
6	S373						

1. Klicke mit dem Mauszeiger auf die Zelle A1 und gib den Text ⌞Änderung (%)⌟ ein. Schreibe in die Spalte A auch „Artikel" und die Artikel-Namen.

TIPP 1
Durch Ziehen zwischen den Spalten kannst du die Spaltenbreite verändern. ◄►

2. In der Zelle D4 soll gerechnet werden. Dazu muss eine Formel für den Prozentwert eingegeben werden:
   ⌞alter Preis mal Änderung durch 100⌟
   Gib diese Formel in die noch leere Zelle D4 ein.
   ⌞=C4*B1/100⌟
   Welche Formel musst du in die Zellen D5, D6, … eintragen?

TIPP 2
Markiere die Felder C4, C5, …
Klicke im Menü auf Format → Zellen → Zahlen → Währung. Wähle so das €-Zeichen.

TIPP 3
Da der Rechenweg für jeden Artikel immer gleich ist, kannst du die Formeln von D4 nach D5, D6, … kopieren. Dazu musst du festlegen, dass die Änderung immer aus B1 geholt werden soll. Schreibe in D4 die Formel so: ⌞=C4*B1/100⌟
Kopiere durch Ziehen an der rechten unteren Ecke von D4.

3. In der Zelle E4 soll der neue Preis berechnet werden. Gib dort selbst eine Formel ein.
   ⌞alter Preis minus Reduzierung⌟
   In der Formel brauchst du
   ⌞C4⌟, ⌞D4⌟, ⌞=⌟, ⌞−⌟.
   Kopiere die Formel von E4 nach E5, E6, …

4. Beide Aufträge bitte noch erledigen!

a) Preiserhöhung
Warenliste: Erhöhung 8 %

Artikel	Produkt	alter Preis
AB3	Stuhl	165 €
AB4	Stuhl	206 €
AC1	Tisch	681 €
AC2	Ecktisch	399 €

b) Preisnachlass
Warenliste: Reduzierung 12 %

Artikel	Produkt	alter Preis
Ra6	Festplatte	84 €
Rb3	Brenner	78 €
Rc4	Gehäuse	56 €
Rd5	Monitor	386 €

4 Prozentrechnung

Brutto – Netto

1. Schlagt nach im Lexikon oder sucht im Internet, was *Brutto* und *Netto* bedeuten.

2. Dieter verdient 1 800 € brutto im Monat. Von diesem Betrag werden ihm 37 % für Steuern und Sozialabgaben abgezogen. Wie hoch ist sein Nettolohn?

100 % Bruttolohn	
63 % Nettolohn	Abzüge 37 %

3. Berechne den Nettolohn.

	a)	b)	c)	d)	e)	f)
Bruttolohn	1 200 €	1 380 €	540 €	2 150 €	2 560 €	1 670 €
Abzüge	28 %	33 %	21 %	41 %	43 %	38 %

Netto – das hat man zur Verfügung.

4.

Ich bekomme ein Bruttogehalt von 2 176 €. Davon muss ich 631 € Abgaben bezahlen.

Ich bekomme ein Nettogehalt von 1 364 €. Mein Bruttogehalt beträgt 2 480 €.

Ich muss 647 € Abgaben bezahlen. Ausbezahlt bekomme ich dann noch 1 202 €.

Wer hat die höchsten Abgaben? Berate mit anderen über die Frage und mögliche Antworten.

5. Stefanie bekommt als Tischlerin einen Bruttolohn von 1 694 € für 154 Arbeitsstunden. Nach Abzug von Steuern und Sozialabgaben bekommt sie als Nettolohn 1 185,80 € ausgezahlt.
 a) Wie viel Prozent des Bruttolohns betragen die Abzüge?
 b) Wie hoch ist ihr Bruttostundenlohn?
 c) Wie hoch ist der Nettostundenlohn?

6. Ein Glas mit Marmelade wiegt insgesamt 625 g (brutto). Die Marmelade wiegt 80 % des Gesamtgewichtes. Wie viel wiegt die Marmelade, wie viel das Glas?

7. Erklärt euch das Wort „Nettogewicht" mit Hilfe der Angaben auf der Kiste. Stellt Fragen und gebt Lösungen dazu an.

8. Stelle eine Frage und berechne die Lösung.
 a) Ein Paket wiegt 6,5 kg. Die Verpackung wiegt 5 % von dieser Masse.
 b) In einer Flasche Parfüm sind 60 g Inhalt, das sind 30 % der Gesamtmasse.
 c) Eine Blechdose mit Luxusseife wiegt 150 g, davon wiegt die Dose allein 60 %.

4 Prozentrechnung

Streifendiagramm

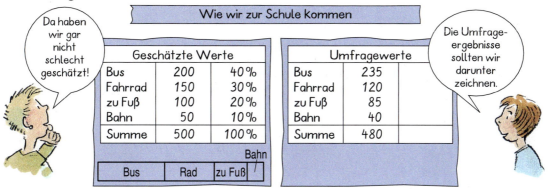

1. Partnerarbeit: Stellt die Umfrageergebnisse oben geeignet dar und vergleicht mit der Umfrage am Anfang des Kapitels. Passt die Schätzung für beide Umfragen?

> Prozentuale Verteilungen kann man in einem **Streifendiagramm** durch den entsprechenden Anteil am Streifen veranschaulichen. Im Heft wählt man meist 10 cm für 100 % (1 mm für 1 %).

2. In dem Streifendiagramm ist die prozentuale Stimmenverteilung (ganzzahlig gerundet) der Landtagswahlen von Hessen (2009) dargestellt.

[Streifendiagramm: CDU | SPD | FDP | Grüne | Linke | andere]

a) Miss die Längen und notiere die Prozentsätze in einer Tabelle.
b) Suche im Internet die exakten Werte der letzten Wahl. Vergleiche mit den abgelesenen Werten.

3. Prozentuale Stimmenverteilung (gerundet) der Bundestagswahlen 2009:
CDU/CSU 34 %, SPD 23 %, FDP 15 %, die Linke 12 %, Grüne 11 %, Sonstige 5 %.
a) Stelle die Stimmenverteilung in einem 20 cm langen Streifendiagramm dar.
b) Im Parlament gab es 2009 genau 622 Sitze: CDU/CSU 239, SPD 146, FDP 93, die Linke 76, B90/Grüne 68. Stelle die Verteilung ebenfalls in einem Streifendiagramm dar und vergleiche.
c) Wie waren die Ergebnisse bei der Bundestagswahl 2005? Stelle sie grafisch dar.

4. Die Stimmenverteilung der Vertrauenslehrerwahl an der Hermann-Hesse-Schule kannst du der nebenstehenden Mitteilung entnehmen. Stelle den Sachverhalt in einem Diagramm dar.

> **Schülerzeitung i-Punkt**
> Bei der Wahl des Vertrauenslehrers ergab sich folgende Stimmenverteilung:
> Frau Wehr (38 %), Herr Lahn (27 %), Frau Lange (23 %) und Frau Kahnt (12 %)

5. Aus einer Untersuchung geht hervor, wie der durchschnittliche Tagesablauf bei Jugendlichen in Deutschland aussieht. Die rechts stehende Darstellung der Ergebnisse nennt man Kreisdiagramm.
a) Mit welcher Tätigkeit verbringen Jugendliche etwa die Hälfte eines Tages? Wie viele Stunden sind das?
b) Mit welcher Tätigkeit verbringen Jugendliche etwa $\frac{1}{5}$ von einem Tag? Wie viele Stunden sind das etwa?
c) Runde die Prozentangaben ganzzahlig und veranschauliche dann den Tagesablauf in einem Streifendiagramm.

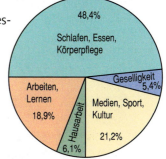

4 Prozentrechnung

Kreisdiagramm

LVL 1. Sind die Umfrageergebnisse korrekt im Kreis dargestellt? Wie prüft ihr das?

> In einem **Kreisdiagramm** werden Prozentsätze durch Kreisausschnitte dargestellt.
> Zu jedem Prozentsatz gehört ein bestimmter Mittelpunktswinkel.
>
> | Prozentsatz | Winkel |
> |---|---|
> | 100 % | 360° |
> | 1 % | 3,6 ° |
> | 23 % | 23 · 3,6° ≈ 83° |
> | 77 % | 77 · 3,6° ≈ 277° |

2. Übertrage die Tabelle in dein Heft und ergänze die Winkelmaße für ein Kreisdiagramm.

Prozentsatz	25 %	2 %	100%	1 %	50 %	75 %	24 %	68 %	19 %	35 %	71 %	83 %
Winkelmaß												

3. Zeichne zu jeder Teilaufgabe einen Kreis mit einem Radius von 3 cm. Von jedem Kreis soll ein anderer Anteil eingefärbt werden. Berechne zuvor für jeden Anteil den zugehörigen Winkel.
   a) 10 %   b) 25 %   c) 45 %   d) 71 %   e) 83 %   f) 33 %

4. In der Hölderlinschule wurde eine Umfrage nach den letzten Sommerferien gemacht. 64 % der Befragten verbrachten ihre Ferien zu Hause, 19 % waren in Deutschland unterwegs und 17 % der Schülerinnen und Schüler verbrachten die Ferien im europäischen Ausland.
   a) Rechne die Angaben in die zugehörigen Winkel um und addiere die Winkel zur Kontrolle.
   b) Zeichne ein Kreisdiagramm (r = 5 cm) zu den Angaben.

LVL c) Macht eine ähnliche Umfrage in eurer Klasse und zeichnet ein passendes Diagramm.

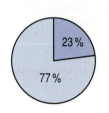

5. Angegeben sind Winkelmaße aus einem Kreisdiagramm. Ergänze die Prozentsätze im Heft.

Winkelmaß	72°	18°	162°	252°	342°	243°	144°	81°	198°
Prozentsatz									

6. Welche Prozentangabe und welcher Winkel passen zu dem eingefärbten Kreisausschnitt?

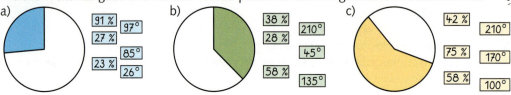

4 Prozentrechnung

Vermischte Aufgaben

LVL 1. Die Schülerzeitung i-Punkt hat vor den Bundesjugendspielen eine Umfrage unter allen Schülerinnen und Schülern gemacht.
  a) Überlege dir mit einer Partnerin oder einem Partner zwei Fragen und berechne die Lösungen.
  b) Zeichnet zum Umfrageergebnis ein Diagramm eurer Wahl. Stellt es in der Klasse vor.

Welches ist deine beste Disziplin?	
Disziplinen	Anzahl der Antworten
Weit-/Hochsprung	132
Wurf/Stoß	96
Langstreckenlauf	56
Kurzstreckenlauf	116

2. Eine Zeitschrift hat 116 Seiten. Auf 56 Seiten steht das Fernsehprogramm. 28 Seiten sind mit Berichten, 8 Seiten mit Rätseln gefüllt. Auf den restlichen Seiten sind Anzeigen. Veranschauliche den Sachverhalt in einem Diagramm.

3. Die Stimmenverteilung der Schulsprecherwahl an der Darwin-Schule kannst du der nebenstehenden Mitteilung entnehmen.
Gib die Stimmenverteilung in Prozent an und stelle sie dann in einem geeigneten Diagramm dar.

Ergebnis der Schulsprecherwahl	
Alexia (Kl. 9c)	erhielt 15 Stimmen
Achmed (Kl. 9b)	erhielt 10 Stimmen
Daniel (Kl. 10)	erhielt 8 Stimmen
Laura (Kl. 9a)	erhielt 7 Stimmen

4. In dem Streifendiagramm ist die prozentuale Altersverteilung in Deutschland (Stand 31.12.2007) dargestellt.

| 0 - 14 Jahre | 15 - 64 Jahre | über 64 Jahre |

  a) Miss die Länge des Streifens und gib an, wie viel Prozent der Bevölkerung jeweils auf die angegebenen Altersabschnitte entfallen.
  b) In Deutschland leben rund 82 Mio. Menschen. Berechne für die einzelnen Altersgruppen die Anzahl der Personen.
  c) Erstelle ein Säulendiagramm. Wähle eine geeignete Einheit.
  d) Stelle den Sachverhalt in einem Kreisdiagramm (r = 4 cm) dar. Färbe ein und beschrifte.

LVL 5. Partnerarbeit: Diskutiert die nebenstehende Abbildung und löst zusammen die Aufgaben.
  a) Wie viel Prozent der Einwohner Deutschlands haben
    – ein eigenes Fernsehgerät
    – einen Telefonanschluss
    – eine Tageszeitung
    – Zugang zum Internet
    – einen eigenen Computer (PC)
    – ein Mobiltelefon?
  b) Weshalb addieren sich die Prozentangaben nicht zu 100 %?
  c) Zeichne ein geeignetes Diagramm für die Prozentangaben.

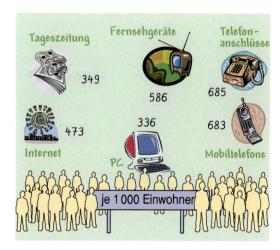

Tageszeitung 349, Fernsehgeräte 586, Telefonanschlüsse 685, Internet 473, PC 336, Mobiltelefone 683 — je 1000 Einwohner

LVL 6. Macht in Teamarbeit eine Umfrage wie in Aufgabe 5 bei euren Mitschülerinnen und Mitschülern und deren Familienmitgliedern. Besprecht das Ergebnis und vergleicht mit der Statistik von Deutschland.

46

4 Prozentrechnung

Immer nur Schule

Also, ich glaube, so viel ist das gar nicht. Die Schule mit allem Drum und Dran macht ungefähr 25 % aus.

Ihr habt den Weg zur Schule vergessen, das ist auch „Schule".

Wir verbringen mehr als 30 % des Jahres in der Schule.

Und die Hausaufgaben? Ich sage euch: 50 % unseres jetzigen Lebens ist Schule.

Dauernd Schule, mir reicht's!

Schön wär's. In so eine Schule würde ich auch gern gehen! Lasst uns doch mal nachrechnen.

Kalender 2010 mit Feiertagen und Kalenderwochen

	Januar	Februar	März
Woche	1 2 3 4	5 6 7 8	9 10 11 12 13
Montag	4 11 18 25	1 8 15 22	1 8 15 22 29
Dienstag	5 12 19 26	2 9 16 23	2 9 16 23 30
Mittwoch	6 13 20 27	3 10 17 24	3 10 17 24 31
Donnerstag	7 14 21 28	4 11 18 25	4 11 18 25
Freitag	1 8 15 22 29	5 12 19 26	5 12 19 26
Samstag	2 9 16 23 30	6 13 20 27	6 13 20 27
Sonntag	3 10 17 24 31	7 14 21 28	7 14 21 28

	April	Mai	Juni
Woche	13 14 15 16 17	17 18 19 20 21 22	22 23 24 25 26
Montag	5 12 19 26	3 10 17 24 31	7 14 21 28
Dienstag	6 13 20 27	4 11 18 25	1 8 15 22 29
Mittwoch	7 14 21 28	5 12 19 26	2 9 16 23 30
Donnerstag	1 8 15 22 29	6 13 20 27	3 10 17 24
Freitag	2 9 16 23 30	7 14 21 28	4 11 18 25
Samstag	3 10 17 24	1 8 15 22 29	5 12 19 26
Sonntag	4 11 18 25	2 9 16 23 30	6 13 20 27

	Juli	August	September
Woche	26 27 28 29 30	30 31 32 33 34 35	35 36 37 38 39
Montag	5 12 19 26	2 9 16 23 30	6 13 20 27
Dienstag	6 13 20 27	3 10 17 24 31	7 14 21 28
Mittwoch	7 14 21 28	4 11 18 25	1 8 15 22 29
Donnerstag	1 8 15 22 29	5 12 19 26	2 9 16 23 30
Freitag	2 9 16 23 30	6 13 20 27	3 10 17 24
Samstag	3 10 17 24 31	7 14 21 28	4 11 18 25
Sonntag	4 11 18 25	1 8 15 22 29	5 12 19 26

	Oktober	November	Dezember
Woche	39 40 41 42 43	44 45 46 47 48	48 49 50 51 52
Montag	4 11 18 25	1 8 15 22 29	6 13 20 27
Dienstag	5 12 19 26	2 9 16 23 30	7 14 21 28
Mittwoch	6 13 20 27	3 10 17 24	1 8 15 22 29
Donnerstag	7 14 21 28	4 11 18 25	2 9 16 23 30
Freitag	1 8 15 22 29	5 12 19 26	3 10 17 24 31
Samstag	2 9 16 23 30	6 13 20 27	4 11 18 25
Sonntag	3 10 17 24 31	7 14 21 28	5 12 19 26

Neujahr 01.01, Karfreitag 02.04., Ostern 04.04. u. 05.04., Maifeiertag 01.05., Christi Himmelfahrt 13.05., Pfingsten 24.05., Fronleichnam 03.06., Tag der Deutschen Einheit 03.10., Allerheiligen 01.11., [Weihnach]ten 25./26.12.
ohne Gewähr.

Sechs Schülerinnen und Schüler der Klasse 7a haben ihren Mitschülern folgenden Fragebogen gegeben:

Wie viel Prozent des Jahres 2010 bist du für die Schule tätig?
Dazu gehört die Zeit in der Schule (6 Zeitstunden pro Schultag), der Schulweg von einer Stunde (hin und zurück) und die Hausaufgaben täglich von $1\frac{1}{2}$ h (außer Samstag, Sonntag, Feiertage und Ferien).

Kreuze an, was du für richtig hältst.
- ☐ mehr als 70 % (A)
- ☐ 50 % bis 70 % (B)
- ☐ 30 % bis 50 % (C)
- ☐ 10 % bis 30 % (D)
- ☐ unter 10 % (E)

Das waren die Antworten:

A: 22 Befragte	D: 45 Befragte
B: 104 Befragte	E: 0 Befragte
C: 129 Befragte	

Ferien im Schuljahr 2009/2010
Herbst
Weihnachten
Ostern

Ferien im Schuljahr 2010/2011
Herbst
Weihnachten
Ostern

4 Prozentrechnung

1. Was hättest du selbst angekreuzt: A, B, C, D oder E?

Berechnungstabelle 2010	
Stunden des Jahres insgesamt	
Anzahl der Schultage	
Anzahl der Hausaufgabentage	
Anzahl der Stunden in der Schule	
Anzahl der Stunden auf dem Schulweg	
Anzahl der Stunden für Hausaufgaben	
Stunden des Jahres für Schultätigkeit	

Berechnung des Prozentsatzes:
W: Anzahl der Jahresstunden für Schultätigkeit
G: Jahresstunden insgesamt
p %: Prozentsatz „Schule"

2. Werte den Fragebogen der sechs Schülerinnen und Schüler aus. Erstelle dazu ein Säulendiagramm.

$365 \cdot 24$

Ferientermine?

Auszählen auf dem Kalender

Tage $\cdot$ 6

$1\frac{1}{2}$ h = 1,5 h

$$G \xrightarrow{\text{Prozentsatz} \cdot p\%} W$$
Grundwert → Prozentwert

3. Welches der vier Kreisdiagramme zeigt am besten, wie viel Prozent des Jahres 2010 du für die Schule tätig bist? Begründe deine Wahl. Zeichne das richtige Kreisdiagramm in dein Heft.

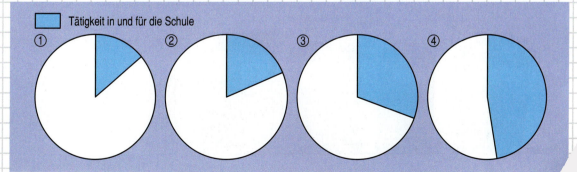

☐ Tätigkeit in und für die Schule
① ② ③ ④

4 Prozentrechnung

Alles Müll

1. Wie viel Kilogramm Müll werden durchschnittlich von jedem Einwohner in Deutschland produziert?

Jeder der 82 Mio. Einwohner Deutschlands (vom Baby bis zum Greis) produziert im Jahr eine beachtliche Menge Müll. Das Aufkommen pro Kopf beträgt

36 Mio. t Müll im Jahr aus deutschen Haushalten und Kleingewerbe.

Verwertbare Abfälle (getrennt gesammelt)

Restmüll

jedes Jahr 36 Milliarden kg

1 Mio. t = 1 000 Mio. kg

2. a) Wie hoch ist der prozentuale Anteil der verwertbaren Abfälle am gesamten Müllaufkommen?
   b) Wie viel Tonnen verwertbare Abfälle, wie viel Tonnen Restmüll sind das im Jahr?
   c) Wie viel Kilogramm verwertbare Abfälle entfallen auf jeden Einwohner in Deutschland?

3. Welchen prozentualen Anteil haben die rechts aufgeführten Materialien am verwertbaren Müllaufkommen?

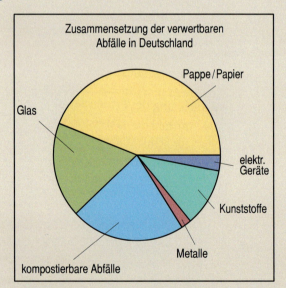

Zusammensetzung der verwertbaren Abfälle in Deutschland

Pappe/Papier
Glas
elektr. Geräte
Kunststoffe
Metalle
kompostierbare Abfälle

4. Übertrage den Sachverhalt in ein Säulendiagramm.

5. Stelle in einer Tabelle dar, wie viel Mio. t von den angegebenen verwertbaren Materialien in einem Jahr eingesammelt wurden.

6. Wie viel Kilogramm hat jeder Bundesbürger durchschnittlich in der entsprechenden Tonne in einem Jahr gesammelt?

4 Prozentrechnung

1. Schreibe als Bruch mit dem Nenner 100.
   a) 4 %   b) 12 %   c) 86 %   d) 10 %

2. Notiere den zugehörigen Prozentsatz.
   a) $\frac{14}{100}$ b) $\frac{3}{100}$ c) $\frac{50}{100}$ d) $\frac{23}{100}$
   e) $\frac{1}{2}$ f) $\frac{3}{4}$ g) $\frac{2}{5}$ h) $\frac{7}{20}$

3. a) 5 % von 300 €   b) 6 % von 500 €
   c) 9 % von 150 kg   d) 4 % von 250 kg
   e) 20 % von 35 m   f) 14 % von 260 m
   g) 18 % von 100 €   h) 6 % von 200 €

4. Von den 300 Beschäftigten eines Betriebes sind 25 % weiblich. Wie viele Mitarbeiterinnen sind in dem Betrieb beschäftigt?

5. Berechne den Prozentsatz.
   a) 45 € von 500 €   b) 21 € von 50 €
   c) 84 kg von 400 kg   d) 4 kg von 25 kg
   e) 30 € von 150 €   f) 36 kg von 120 kg
   g) 35 € von 140 €   h) 60 kg von 120 kg

6. Ines verdient im 1. Lehrjahr 300 €. Davon gibt sie 60 € zu Hause ab. Wie viel Prozent sind das?

7. Berechne den Grundwert.
   a) 5 % sind 45 €.   b) 3 % sind 27 €.
   c) 8 % sind 24 kg.   d) 6 % sind 42 kg.
   e) 8 % sind 112 kg.   f) 6 % sind 150 €.
   g) 4 % sind 144 m.   h) 7 % sind 84 €.

8. Tom hat 5 m des Zaunes gestrichen, das sind 25 % der Gesamtlänge. Wie lang ist der Zaun?

9. Im Ausverkauf wird der alte Preis einer Hose von bisher 48 € um 25 % reduziert. Wie hoch ist der neue Preis?

10. Frau Nägele hat einen Bruttolohn von 1 700 €. Es werden davon 30 % für Versicherungen und Steuern abgezogen. Berechne den Nettolohn.

11. Im Urlaub gab Familie Schulz 2 600 € aus. Auf die Unterkunft entfielen 1 650 €, auf Verpflegung 490 € und auf Ausflüge 370 €. Berechne die relativen Anteile als Prozentsätze und stelle sie in einem Kreisdiagramm dar.

Prozentsätze sind eine andere Schreibweise für Brüche mit dem Nenner 100.
Beispiele: 1 % = $\frac{1}{100}$ 25 % = $\frac{25}{100}$ 62 % = $\frac{62}{100}$
allgemein: p % = $\frac{p}{100}$

Berechnung des Prozentwertes W
Beispiel: Wie viel € sind 8 % von 600 €?

Operatorschreibweise: 600 € $\xrightarrow{\cdot \frac{8}{100}}$ ■ €
600 · 0,08 = 48
W = 48 €

Dreisatz:
100 % 600 €   :100
1 %   6 €   ·8
8 %   48 €

8 % von 600 € sind 48 €.

Berechnung des Prozentsatzes p %
Beispiel: Wie viel Prozent sind 12 m von 200 m?

Operatorschreibweise: 200 m $\xrightarrow{\cdot ■}$ 12 m
$\frac{12}{200} = \frac{6}{100}$
12 : 200 = 0,06
p % = 6 %

Dreisatz:
200 m 100 %   :200
1 m   0,5   ·12
12 m   6 %

12 m von 200 m sind 6 %.

Berechnung des Grundwertes G
Beispiel: Von wie viel € sind 8 % genau 32 €?

Operatorschreibweise: ■ $\xrightarrow{\cdot \frac{8}{100}}$ 32 €
$\xleftarrow{: \frac{8}{100}}$
32 : 0,08 = 400
G = 400 €

Dreisatz:
8 %   32 €   :8
1 %   4 €   ·100
100 % 400 €

Von 400 € sind 8 % genau 32 €.

Darstellung von Prozentsätzen im Kreisdiagramm

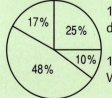

100 % entsprechen dem 360°-Winkel.
1 % entspricht einem Winkel von 3,6°.

TÜV · TESTEN · ÜBEN · VERGLEICHEN

4 Prozentrechnung

Grundaufgaben

1. a) Schreibe 20 % als gekürzten Bruch.   b) Schreibe 0,75 als Prozentsatz.

2. Rechne im Kopf.   a) 20 % von 350 l   b) 6 % von 300 €

3. Bestimme den Prozentsatz.   a) 25 € von 500 €   b) 105 m von 700 m

4. Hier sind Prozentsätze im Streifendiagramm dargestellt. Miss und gib die Prozentsätze an.

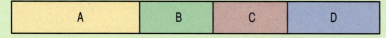

5. Eine Musicalkarte kostet 36 €. Für Schüler ist sie 15 % billiger.
a) Berechne die Ermäßigung.   b) Berechne den ermäßigten Preis.

Erweiterungsaufgaben

1. Ordne die Prozentsätze 30 %, 45 %, 52 % und 94 % dem richtigen Kreisdiagramm zu.

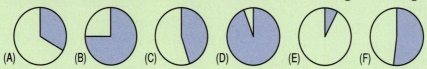

2. Führe einen Überschlag durch.   a) 49 % von 2 977 €   b) 11 % von 0,98 kg

3. Von 20 kg Orangen sind 3,4 kg verfault.
a) Wie viel Prozent sind das?   b) Wie groß ist der Anteil der genießbaren Orangen?

4. Tims Vater bekommt auf seinen Anzug (259 €) 20 % Rabatt. Wie viel muss er zahlen?

5. Schülerinnen und Schüler wurden gefragt, wie sie in die Schule gelangen. Stelle das nebenstehende Ergebnis in einem Diagramm dar.

zu Fuß:	35 %
mit dem Rad:	28 %
mit dem Bus:	Rest

6. Ein Radfahrer hat bereits 35 % seiner Fahrstrecke zurückgelegt. Das sind 14 km.
a) Wie lang ist die Gesamtstrecke?   b) Wie weit muss er noch fahren?

7. Wie viel sind 100 %?   a) 26 € sind 10 %.   b) 840 kg sind 60 %.

8. Frau Ziegler bezahlt das Kopierpapier (860 €) nach sechs Tagen durch Überweisung. Bei Zahlung innerhalb von zehn Tagen darf sie 2 % Skonto vom Rechnungsbetrag abziehen. Welchen Betrag überweist Frau Ziegler?

9. Kernobst hat einen Wasseranteil von ungefähr 83 %. Wie viel Gramm Wasser enthält
a) 1 Apfel (200 g),   b) 3 kg Äpfel?

10. Bei der Klassensprecherwahl hat jeder der 25 Schülerinnen und Schüler zwei Stimmen [ge]geben. Tobias bekam 6 Stimmen, Markus erhielt 30 % aller Stimmen, Nina bekam ein [Viertel d]er Stimmen und Marion wurde 16-mal gewählt. Wer wurde Klassensprecher, wer [wurde auf] den zweiten Platz? Wie viele ungültige Stimmen gab es?

Rationale Zahlen 5

Partnerspiel: PLUS – MINUS

Du brauchst:
- einen Partner/eine Partnerin
- einen Spielwürfel
- einen Notizblock

Regeln:
- Abwechselnd würfeln; jeder 10-mal
- Augenzahl = Punktezahl
- gerade Zahl gewinnt (+)
- ungerade Zahl verliert (–)
- Jeder startet mit 0 Punkten.
- Wer mehr verliert, als er hat, muss „Minus-Punkte" anschreiben.

Es gewinnt, wer nach 10 Würfen die höhere Punktzahl hat.

Plus-Minus-Spielerin: Andrea Wurf-Nr.		1	2	3	4	5	6	7	8	9	10	gewonnen verloren
1. Spiel:	Augen	4	3	6	5	3	5	6	2	4	5	
	Punkte	4	1	7	2	–1	–6	0	2	6	1	

Plus-Minus-Spieler: Mirko Wurf-Nr.		1	2	3	4	5	6	7	8	9	10	gewonnen verloren
1. Spiel:	Augen	5	2	3	1	4	2	5	6	1	2	
	Punkte	–5										

5 Rationale Zahlen

Zahlen unter Null in unserer Umwelt

1. a) Führe das Partnerspiel von der vorigen Seite mit deiner Sitznachbarin oder deinem Sitznachbarn mit veränderter Spielregel durch: Gerade Zahlen verlieren, ungerade Zahlen gewinnen.
   b) Tragt viele abschließende Punktestände aus dem „Originalspiel" der vorigen Seite und dem geänderten Spiel aus 1 a) zusammen. Was fällt euch an den Ergebnissen auf, und wie könnt ihr das, was euch auffällt, begründen?

2. Gruppenarbeit: Die 7. und 8. Klassen der Wald-Schule haben an vier Nachmittagen ein Hallen-Hockeyturnier veranstaltet. Abgebildet sind alle Spiele und Ergebnisse. Erstellt für das Turnier die Abschlusstabelle. Für jedes gewonnene Spiel gibt es 3 Punkte, für ein Unentschieden 1 Punkt. Bei Punktgleichheit ist die Mannschaft besser, die die bessere Tordifferenz hat. Stellt eure Abschlusstabellen in der Klasse vor und vergleicht sie mit den Tabellen anderer Gruppen.

7a – 7b	4 : 3	7b – 8c	1 : 4
7a – 7c	2 : 5	7c – 8a	3 : 2
7a – 8a	3 : 3	7c – 8b	4 : 0
7a – 8b	5 : 1	7c – 8c	1 : 2
7a – 8c	2 : 7	8a – 8b	1 : 1
7b – 7c	2 : 6	8a – 8c	1 : 6
7b – 8a	2 : 2	8b – 8c	0 : 5
7b – 8b	5 : 4		

Abschlusstabelle

Klasse	Punkte	Tordifferenz

3. Nehmt zu den Aussagen auf den Bildern Stellung.

   a)
   Kontoauszug Nr. 10 Blatt 1
   Umsatz: Soll/Haben
   0001895 0 3005 27.01 559.04 S
   Kontostand alt 254.96 Haben
   Kontostand neu 304.08 Soll

   „Hier hat doch wohl die Bank falsch gerechnet?"

   b)
   „Cäsar wurde 100 v. Chr. geboren und im Alter von 56 Jahren ermordet."
   „Der Mord geschah also im Jahr 156."

   c) Im Jahr 2005 wurde die Stadt New Orleans in den USA vom Wirbelsturm Katrina schwer beschädigt und in großen Teilen überschwemmt.
   Von der Überschwemmung blieb das französische Viertel verschont, das etwa 0,80 m über dem Meeresspiegel liegt. Andere Stadtteile liegen aber bis zu 1,60 m unter dem Meeresspiegel.

   „Das geht doch gar nicht!"

   d) Ein Mathematiker erklärt „negative Zahlen" an einem Beispiel …
   „Das ist ganz einfach: Wenn 3 Leute in einem Raum sind und 5 hinausgehen, dann müssen anschließend 2 hineingehen, damit niemand im Raum ist."

4. Julia möchte ins Kino gehen. Parkett kostet 6,50 € und Loge 7,50 €. Doch leider hat sie bei ihrer Freundin noch 8 € Schulden. Da kommt Tante Berta zu Besuch und schenkt Julia 15 €. Stellt zwei Fragen und beantwortet sie.

5. Gruppenarbeit: Tragt Beispiele aus unserer Umwelt zusammen, mit denen deutlich wird, dass es sinnvoll ist, Zahlen unter Null, sogenannte negative Zahlen, zu verwenden.

5 Rationale Zahlen

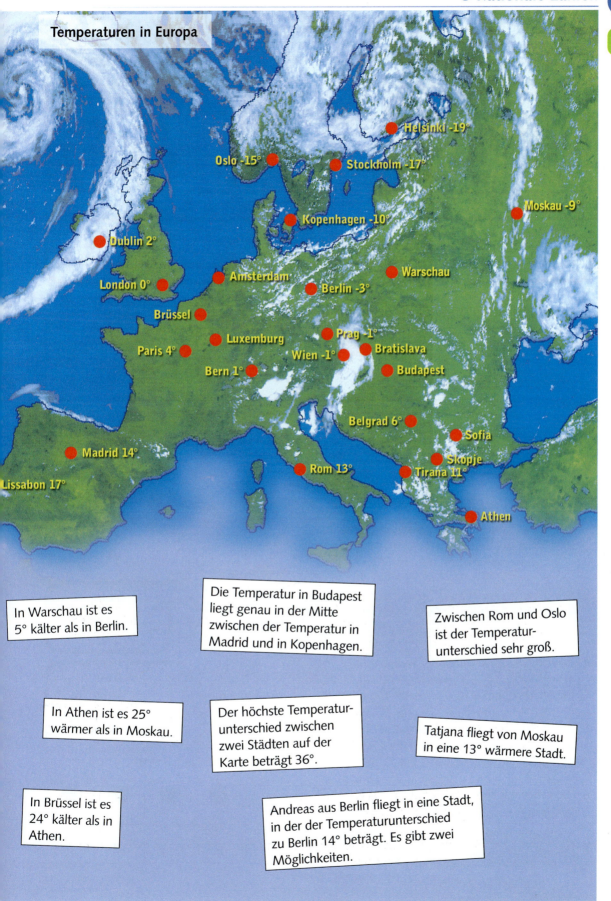

Temperaturen in Europa

- Helsinki -19°
- Oslo -15°
- Stockholm -17°
- Moskau -9°
- Kopenhagen -10°
- Dublin 2°
- London 0°
- Amsterdam
- Warschau
- Berlin -3°
- Brüssel
- Paris 4°
- Luxemburg
- Prag -1°
- Wien -1°
- Bratislava
- Bern 1°
- Budapest
- Belgrad 6°
- Sofia
- Madrid 14°
- Rom 13°
- Skopje
- Tirana 11°
- Lissabon 17°
- Athen

In Warschau ist es 5° kälter als in Berlin.

Die Temperatur in Budapest liegt genau in der Mitte zwischen der Temperatur in Madrid und in Kopenhagen.

Zwischen Rom und Oslo ist der Temperaturunterschied sehr groß.

In Athen ist es 25° wärmer als in Moskau.

Der höchste Temperaturunterschied zwischen zwei Städten auf der Karte beträgt 36°.

Tatjana fliegt von Moskau in eine 13° wärmere Stadt.

In Brüssel ist es 24° kälter als in Athen.

Andreas aus Berlin fliegt in eine Stadt, in der der Temperaturunterschied zu Berlin 14° beträgt. Es gibt zwei Möglichkeiten.

5 Rationale Zahlen

Temperaturen

Anders Celsius (ein Schwede) führte 1742 die nach ihm benannte Temperaturskala ein. Bei 0 °C friert Wasser, bei 100 °C kocht Wasser.

Thermometer zeigen Temperaturen über und unter Null Grad Celsius (°C) an.
Beispiele: 5 °C für 5 Grad Celsius (über Null),   –3 °C für **minus** 3 Grad Celsius (unter Null)

1. Ordne die Temperaturangaben und notiere zu jeder den richtigen Sachverhalt.

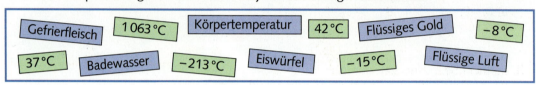

2.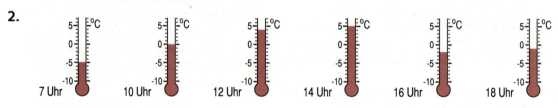

a) Lies die Temperaturen ab und schreibe sie auf.
b) Um wie viel Grad ist die Temperatur gestiegen oder gefallen?
   (1) von 7 bis 10 Uhr   (2) von 7 bis 12 Uhr   (3) von 14 bis 18 Uhr   (4) von 7 bis 18 Uhr

3. Berechne den Anstieg der Temperatur.
a) von –5 °C bis 3 °C   b) von –12 °C bis 8 °C   c) von –3 °C bis 2 °C
d) von –5 °C bis 5 °C   e) von –22 °C bis 13 °C   f) von –4 °C bis 3 °C

4. Berechne die Absenkung der Temperatur.
a) von 14 °C auf –8 °C   b) von 17 °C auf –17 °C   c) von 8 °C auf –12 °C
d) von 17 °C auf –3 °C   e) von 28 °C auf –24 °C   f) von 13 °C auf –7 °C

5. Berechne den gemessenen sensationellen Temperaturunterschied.
a) Spearfish (USA), 22. Januar 1943: von –20 °C um 7:30 Uhr auf 7 °C um 7:32 Uhr.
b) Browning (USA), von 7 °C am 23. Januar 1916 auf –49 °C am 24. Januar 1916.

6.

Berechne den fehlenden Wert.	a)	b)	c)	d)	e)	f)	g)
höchste Temperatur in °C	17	37	22	5	7		
niedrigste Temperatur in °C	–13	15	–3			–3	–4
Temperaturunterschied in °C				8	10	15	12

37

5 Rationale Zahlen

Zahlengerade und Koordinatensystem

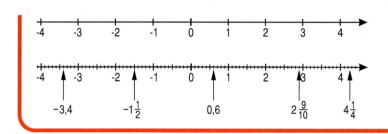

ganze Zahlen
(0, 1, −1, 2, −2, 3, −3, …)

rationale Zahlen
(die ganzen Zahlen sowie alle Brüche und Dezimalbrüche).

1. Lies die ganzen Zahlen von der Zahlengeraden ab und schreibe sie auf.

2. Zeichne zwei Zahlengeraden und trage folgende Zahlen ein:
a) 0; 3; 8; 9; 13; −2; −5; −10; −11; −13
b) $-2\frac{1}{2}$; $3\frac{1}{4}$; $-4\frac{3}{4}$; 0,5; −3,5; $-1\frac{1}{2}$; 4,75; $2\frac{3}{4}$; 1,25

LVL 3. Partnerarbeit: Jeder zeichnet ein vollständiges Koordinatensystem und trägt die Punkte A(5|7), B(−6|1), C(−5|−4) und D(7|−3) ein.
a) Vergleicht und besprecht euer Vorgehen.
b) Notiert weitere acht Punkte und tragt sie abwechselnd ein. Überprüft euch gegenseitig.

Man erhält ein **vollständiges Koordinatensystem**, indem man beide Achsen über den Nullpunkt hinaus zur Zahlengeraden verlängert. Die Rechtsachse erhält den Namen „x-Achse", die Hochachse den Namen „y-Achse".

LVL 4. Diskutiere mit deinem Nachbarn oder deiner Nachbarin die Äußerungen im Bild.

Aufgabe:
Zeichne die Gerade g durch die Punkte A(1|2) und B(4|5). Zeichne die Gerade h durch die Punkte P(2|1) und Q(4|2). Welche Koordinaten hat der Schnittpunkt S von g und h?

Die Geraden g und h schneiden sich gar nicht!

Unsinn! Zwei Geraden, die nicht parallel sind, schneiden sich irgendwo.

5. Wo ist der Schatz? Suche dazu mit Hilfe der Koordinaten nach Buchstaben. Halte dich an die vorgegebene Reihenfolge und die Buchstaben verraten dir den Fundort.
(−2|2) → (5|−5) → (5|2) → (−6|−2) → (2|−6) → (3|5)
→ (−6|4) → (2|1) → (−2|−2) → (3|−3) → (−4|−5)

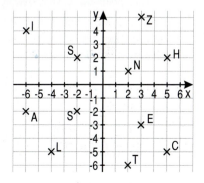

LVL 6. Vier Schnecken sitzen auf einem Koordinatensystem in den Punkten $S_1(2|5)$, $S_2(5|2)$, $S_3(1|−2)$ und $S_4(−2|1)$. Sie wollen sich an einem Punkt treffen, zu dem es alle gleich weit haben.

5 Rationale Zahlen

Addieren und Subtrahieren

1. Spielt mit der Nachbarin oder dem Nachbarn das Partnerspiel: „–12 gewinnt". Zeichnet einen Zahlenstrahl von –12 bis 12 und setzt eure gemeinsame Spielfigur auf die Zahl 12. Abwechselnd subtrahiert ihr nach eigener Wahl eine der Zahlen 1, 2, 3 oder 4 und bewegt eure Spielfigur auf die Ergebniszahl. Wer –12 trifft, gewinnt das Spiel.
Schreibt auch ein Protokoll für euer Spiel.

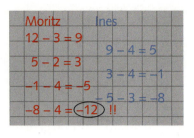

2. Tilja, Sven, Markus und Lisa gewinnen bei „Jugend forscht" zusammen einen Preis, so dass jeder ein Sparbuch mit 200 € anlegen kann. Wie hat sich jeweils das Guthaben verändert?
Tilja: Ich habe 20 € eingezahlt und 55 € abgehoben.
Sven: Ich habe 65 € abgehoben und dann nochmals 90 €.
Markus: Ich habe 35 € abgehoben und 75 € eingezahlt.
Lisa: Ich habe 62 € eingezahlt und 88 € abgehoben.

3. Auf den Kontoauszügen der Bank steht H hinter eingezahltem Geld (Haben) und ein S hinter abgebuchtem Geld (Soll). Berechne den fehlenden Geldbetrag.

a)
Alter Kontostand	568 € H
Versicherung	162 € S
Miete	1 250 € S
Neuer Kontostand	

b)
Alter Kontostand	78 € S
KfZ-Versicherung	552 € S
Miete	775 € S
Gehalt	1 154 € H
Neuer Kontostand	

c)
Alter Kontostand	678 € H
Miete	973 € S
Urlaubsreise	
Gehalt	1 831 € H
Neuer Kontostand	42 € H

4. Übertrage die „Fahrstuhltabelle" in dein Heft und fülle sie aus.

a)
Einstieg	Fahrt	Ankunft
3	+6	9
–3	+10	
14	–20	

b)
Einstieg	Fahrt	Ankunft
12	–11	
–6	+5	
9	–9	

c)
Einstieg	Fahrt	Ankunft
–1		–7
	+5	–4
11		–4

5. Die Fahrstuhlfahrt wird nun durch einen Pfeil dargestellt.
a) ■ $\xrightarrow{-8}$ –6
b) 16 $\xrightarrow{■}$ 11
c) ■ $\xrightarrow{-8}$ –2
d) ■ $\xrightarrow{+12}$ 8
e) –5 $\xrightarrow{■}$ 0
f) –3 $\xrightarrow{■}$ 7

6. a) Deborah steigt in der 2. Etage ein und fährt 9 Etagen nach oben, anschließend 13 Etagen nach unten, dann nochmals 2 Etagen nach unten und wieder 8 Etagen hinauf. Wo steigt sie aus?
b) Partnerarbeit: Erfinde eine eigene Fahrstuhlgeschichte und gib diese deinem Nachbarn zum Lösen.

7. Schreibe eine Fahrstuhlgeschichte zu der Aufgabe.

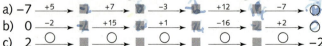

8. Bei den Zahlen in Aufgabe 7 a) soll es sich um Geldbeträge handeln. Die Geschichte fängt so an: „Katrin hat bei ihrem Bruder 7 € Schulden. Am Wochenende bekommt sie Taschengeld und zahlt ihm am Samstag 5 € zurück ..." Erzähle weiter.

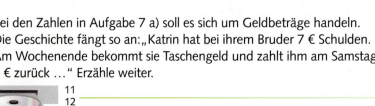

5 Rationale Zahlen

9. a) In welchem Stockwerk hält der Aufzug gerade?
b) Herr Meier hat seinen Wagen im Parkdeck U3 geparkt. Wie viele Stockwerke muss er hinunterfahren?
c) Frau Müller steigt im Erdgeschoss ein. Sie fährt zuerst 3 Stockwerke abwärts, dann sieben Stockwerke aufwärts. Wo steigt Frau Müller aus?

10. Ein Taucher steht auf der Kaimauer, deren Oberkante 3 m über der Wasseroberfläche liegt. Er soll zu einem Wrack hinuntertauchen, das 9 m tief unter der Wasseroberfläche liegt. Welchen Höhenunterschied muss er insgesamt überwinden?

11. Der Wasserstandsmesser (Pegel) einer Talsperre zeigte am 1. August einen Wasserstand von 50 cm über „Normal". Wegen großer Trockenheit fiel der Wasserstand im August um 120 cm. Was war der neue Pegelstand?

12. Die Schülerinnen und Schüler der Klasse 7a haben im Januar eine Woche lang um 12 Uhr die Temperaturen auf dem Schulhof gemessen.

Tag	Mo	Di	Mi	Do	Fr
Temp.	4°C	3°C	−2°C	−6°C	−5°C

a) An welchem Tag war es am kältesten?
b) Um wie viel Grad ist das Thermometer von Dienstag auf Mittwoch gefallen?
c) Um wie viel Grad ist es am Donnerstag kälter als am Freitag?
d) Berechne den Temperaturunterschied zwischen dem kältesten und dem wärmsten Tag der Woche.

13. Wie alt wurden diese berühmten Persönlichkeiten?

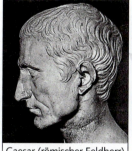
Caesar (römischer Feldherr)
100 v. Chr. – 44 v. Chr.

Arminius (Cheruskerfürst)
18 v. Chr. – 19 n. Chr.

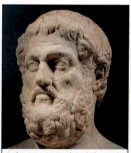
Sokrates (griech. Philosoph)
469 v. Chr. – 399 v. Chr.

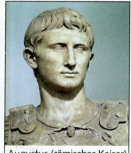
Augustus (römischer Kaiser)
63 v. Chr. – 14 n. Chr.

LVL 14. Schreibe die Aufgabe und das Ergebnis dazu auf. Erfinde auch eine passende Sachgeschichte.

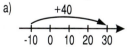
a) +40

b) +35

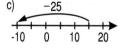
c) −25

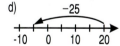
d) −25

15. Rechne aus. Vielleicht hilft dir ein Operatorbild (Pfeilbild).
a) 15 − 18
b) 20 − 27
c) 25 − 36
d) 38 − 40
e) 100 − 120
f) 137 − 150

16. a) −11 + 15
b) −17 + 27
c) −34 + 60
d) −16 + 26
e) −39 + 50
f) −147 + 188

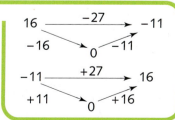

5 Rationale Zahlen

Vervielfachen und Teilen

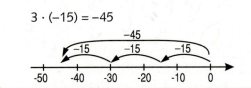

3 · (−15) = −45

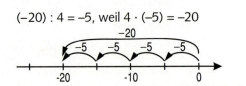

(−20) : 4 = −5, weil 4 · (−5) = −20

LVL 1. Jedes der obigen Beispiele besteht aus drei Teilen: Textaufgabe, Multiplikation oder Division, Darstellung an der Zahlengeraden. Arbeitet mit einer Mitschülerin oder einem Mitschüler zusammen und stellt euch gegenseitig Textaufgaben, die mit einer Rechnung und Darstellung an der Zahlengeraden zu lösen sind.

2. a) 5 · (−4)   b) 3 · (−50)   c) 30 · (−6)   d) 20 · (−30)   e) 25 · (−8)
    f) 8 · (−5)   g) 4 · (−25)   h) 40 · (−7)   i) 60 · (−80)   j) 125 · (−6)

3. a) (−28) : 4   b) (−400) : 5   c) (−120) : 30   d) (−270) : 90   e) (−369) : 3
    f) (−64) : 8   g) (−660) : 3   h) (−490) : 70   i) (−540) : 60   j) (−246) : 6

4. Schreibe eine Aufgabe mit negativen Zahlen und berechne die Lösung.
    a) Kati macht bei ihrem Vater 5 Wochen lang jeweils 3,50 € Schulden.
    b) Martin will seine Schulden von 30 € in 6 Monatsraten zurückzahlen.

5. a) 4 · 5   b) 11 · 7   c) 3 · 8   d) 7 · 6   e) 8 · 9
    40 · (−5)   7 · (−11)   8 · (−30)   70 · (−60)   80 · (−0,9)
    4 · (−0,5)   7 · (−1,1)   30 · (−0,8)   7 · (−0,6)   90 · (−0,8)

6. a) 24 : 6   b) 72 : 9   c) 56 : 7   d) 81 : 9   e) 490 : 70
    (−240) : 6   (−720) : 90   (−5,6) : 7   (−810) : 9   (−4,9) : 7
    (−2,4) : 6   (−7,2) : 9   (−560) : 70   (−8,1) : 9   (−4 900) : 7

7. Berechne   a) das Doppelte von −12; 4,8; −0,96;   b) ein Drittel von 12; −21; −18,6.

LVL 8. Stelle Fragen und berechne die Antworten.
    a) Patrik hat bei seinem Vater 80 € Schulden. Jeden Monat will er 15 € zurückzahlen.
    b) Mona hat zu Beginn ihres 14-tägigen Urlaubs 50 €. Danach hat sie 26 € Schulden.

9. a) 3 · ■ = −333   b) ■ : 4 = 111   c) ■ : 4 = −222   d) (−1,2) : ■ = −1,2   e) ■ : 1 = −1

10. a) $12 \cdot \left(-\frac{1}{2}\right)$ b) $7 \cdot \left(-\frac{2}{3}\right)$ c) $4 \cdot \left(-\frac{14}{15}\right)$ d) $\left(-\frac{4}{9}\right) : 4$ e) $\left(-\frac{2}{5}\right) : 9$ f) $\left(-\frac{1}{4}\right) : 10$

5 Rationale Zahlen

Wetterwerte vom Feldberg/Schwarzwald

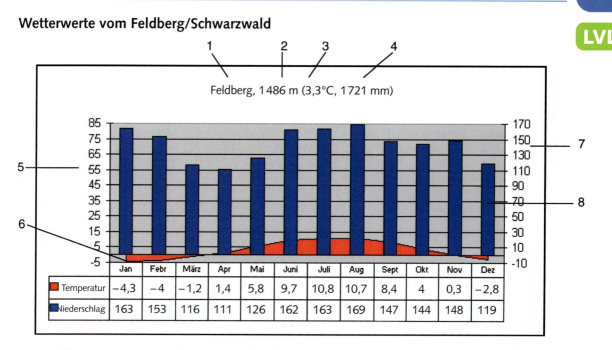

Das Klima eines Ortes wird mit einem Klimadiagramm veranschaulicht. Es zeigt die Mittelwerte von Temperatur und Niederschlag in einer Zeichnung.

Die Abbildung zeigt das Klimadiagramm für den Feldberg im Schwarzwald. Für jeden Monat ist die durchschnittliche Niederschlagsmenge in einer Säule dargestellt. Die Höhe der Niederschläge ist an der rechten Seite abzulesen. Dabei bedeutet z. B. „90": Es sind durchschnittlich 90 l Regenwasser pro Quadratmeter gefallen. Das heißt, das Regenwasser würde ohne Einsickern 90 mm hoch auf dem Boden stehen.

An der linken Seite lässt sich die Höhe der Temperatur in °C für jeden Monat ablesen. Die Temperaturkurve (rot) zeigt den Verlauf der Temperaturen im Jahr.

1. Ordne den Ziffern ①–⑧ aus dem obigen Diagramm die richtigen Begriffe zu. Schreibe ins Heft.

   | Temperaturkurve | Niederschläge in mm | Niederschlagssäule | Höhe über Meeresspiegel in m |

   | Durchschnittsjahrestemperatur | Temperaturskala in Grad Celsius | Ort | Jahresniederschlag |

2. Angenommen, du müsstest keine Rücksicht auf Ferien oder Urlaubszeiten nehmen.
   a) Wann würdest du am Feldberg Sommerurlaub machen?
   b) Wann würdest du zum Wintersport auf den Feldberg fahren?

3. a) Berechne die Durchschnittstemperatur der Monate Mai bis September.
   b) Berechne die Durchschnittstemperatur der Monate Dezember bis März.

4. Stimmt der angegebene Jahresniederschlag auf dem Feldberg mit dem Klimadiagramm überein?

5. Denke dir selbst 3 Fragen aus, die du mit dem Klimadiagramm beantworten kannst.

6. Zeichne nach der Tabelle das Klimadiagramm von Freiburg im Breisgau in dein Heft.

	Jan	Febr	März	Apr	Mai	Juni	Juli	Aug	Sept	Okt	Nov	Dez
Temp. (°C)	1,8	3,2	6,6	10,2	14,4	17,7	19,9	19,2	16,2	11,3	6,0	2,7
Nied. (mm)	60	54	54	81	106	117	96	102	71	66	73	66

5 Rationale Zahlen

Ordnen von rationalen Zahlen

1. Gruppenarbeit: Wählt eines der unten genannten Modelle und versucht mit dessen Hilfe, die rechts stehende Frage zu beantworten. Stellt euer Ergebnis in der Klasse vor.

Welche Zahl ist größer?
① 26 oder 18   ② –10 oder 2
③ –7 oder 15   ④ –31 oder –17

Modell 1: Kontostand
„ist größer als" bedeutet:
„ist besser als"

Modell 2: Tordifferenz
„ist größer als" bedeutet:
„ist besser als"

Modell 3: Temperatur
„ist größer als" bedeutet:
„ist wärmer als"

2. Erkläre die Regel im Merkkasten mit jedem der drei Modelle aus Aufgabe 1.

> Von zwei Zahlen liegt die kleinere auf der Zahlengeraden stets links von der größeren.
>
> $-3 < -1\frac{1}{2}$ $-1 < 1$ $-3 < 1$

3. Kleiner oder größer? Setze ein < oder >.
a) –2 ■ 3   b) –2,3 ■ –3,2   c) –0,9 ■ –1,9   d) 12,34 ■ 13,24
e) 5 ■ –5   f) 23 ■ –32   g) 9,1 ■ –91   h) –14,23 ■ –12,34

4. Ordne die Zahlen. Schreibe eine Kette mit dem Kleinerzeichen (<).
a) –10 3 –8 / –5 6
b) 2 3 –2 / 0 –3
c) 1,3 –3,1 / 3,1 –1,3 –31
d) –0,12 12 / –1,2 1,2 –2,1

5. Ermittle die Geburtsjahre der genannten Personen und ordne sie; beginne mit dem frühesten Jahr.

Kleopatra, Richard Löwenherz, Marie Curie, Euklid, Caesar, Alexander der Große, Maria Stuart, Adenauer, Katharina die Große

6. Übertrage ins Heft und setze ein: < oder >.
a) 3 ■ –2   b) –7,6 ■ –7,8   c) –6,3 ■ $-6\frac{1}{2}$
d) –129 ■ 0,5 e) –41,4 ■ –4,14   f) $-2\frac{1}{2}$ ■ $-2\frac{2}{5}$

7. Besprecht im Team: Wie ist die Leistung von Frank beim Mathetest für Schnelldenker zu beurteilen?

5 Rationale Zahlen

Betrag – Zahl und Gegenzahl

LVL 1. Überlege und begründe: Wie sollte die Siegerliste des Schildkrötenrennens aussehen?

Der Abstand vom Nullpunkt gibt den **Betrag** einer Zahl an.

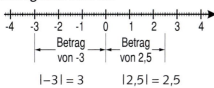

$|-3| = 3 \qquad |2{,}5| = 2{,}5$

Zahl und **Gegenzahl** haben denselben Betrag, sie unterscheiden sich nur durch das Vorzeichen.

−3 ist Gegenzahl zu 3; 3 ist Gegenzahl zu −3
Der Betrag ist von beiden Zahlen gleich: $|-3| = |3| = 3$
Null ist Gegenzahl zu sich selbst: $|-0| = |0| = 0$

---

2. a) Welche beiden Zahlen haben den Betrag 10? Wie groß ist der Abstand zwischen beiden?
   b) Welche beiden Zahlen haben den Betrag 7,5? Wie groß ist der Abstand zwischen beiden?

3. Notiere Zahl, Gegenzahl und Betrag der beiden Zahlen.
   a) 4   b) −17,8   c) $-3\tfrac{1}{2}$ d) 6,1   e) 14,9   f) −204
   g) $-6\tfrac{3}{8}$ h) −121,4   i) 0   j) $27\tfrac{3}{4}$ k) $-10\tfrac{3}{4}$ l) 0,55

   Zahl: −5,7
   Gegenzahl: 5,7
   Betrag: $|-5{,}7| = |5{,}7| = 5{,}7$

4. Suche zu jeder Zahl die Gegenzahl. Die Buchstaben in Reihenfolge der Beträge der Zahlen (bei gleichem Betrag negativ vor positiv) ergeben das Lösungswort.

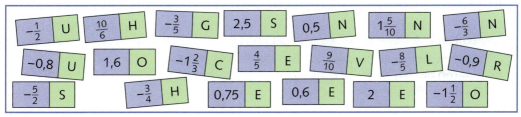

5. Was bedeutet die Gegenzahl? Schreibe wie im Beispiel.
   a) 195 € Schulden   b) 360 J. vor Christus   c) 15 °C unter Null
   d) 650 m unter NN   e) 54 € Guthaben   f) 1550 m über NN
   g) 20 °C über Null   h) 67 Jahre nach Chr.   i) 1050 € Guthaben

   15 € Guthaben: 15 €
   15 € Schulden: −15 €

6. a) Notiere alle ganzen Zahlen, deren Beträge kleiner als 10 und gerade sind.
   b) Der Betrag einer Zahl ist 16,5. Welchen Abstand haben Zahl und Gegenzahl voneinander?
   c) Verdopple den Betrag einer Zahl und du erhältst 27. Welche Zahlen können es sein?

7. <, > oder =?   a) $|6{,}5|\ \blacksquare\ |-6\tfrac{3}{5}|$ b) $|-15{,}4|\ \blacksquare\ |15\tfrac{2}{5}|$ c) $|2\tfrac{1}{4}|\ \blacksquare\ |-2{,}4|$ d) $|-3\tfrac{1}{5}|\ \blacksquare\ |3{,}5|$

Entdeckungen im Koordinatensystem

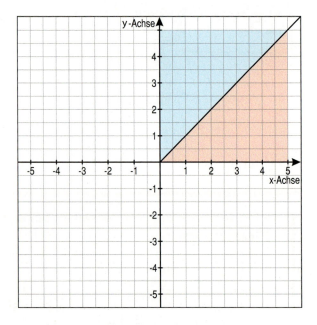

1. a) Welche Eigenschaft gilt für die Koordinaten (x|y) der Punkte auf dem schwarzen Strahl?
   b) Welche Eigenschaft gilt für die Koordinaten (x|y) der Punkte in dem blauen Feld, welche für die Punkte im roten Feld?

2. Auch für die Koordinaten der Punkte in den anderen, noch nicht gefärbten Bereichen des Koordinatensystems gilt jeweils eine der in Aufgabe 1 entdeckten Eigenschaften. Zeichnet ein Koordinatensystem und färbt alle Bereiche so, dass Punkte mit gleichen Eigenschaften gleich gefärbt sind. Stellt euer Ergebnis in der Klasse vor und begründet eure Färbung.

3. Für die Punkte des Koordinatensystems gibt es folgende drei Möglichkeiten:
   (I) Die x-Koordinate und die y-Koordinate haben denselben Betrag.
   (II) Der Betrag der x-Koordinate ist kleiner als der Betrag der y-Koordinate.
   (III) Der Betrag der x-Koordinate ist größer als der Betrag der y-Koordinate.
   a) Zeichnet ein Koordinatensystem und färbt alle Punkte mit der
   Eigenschaft (I) – gelb   Eigenschaft (II) – blau   Eigenschaft (III) – rot.
   b) Stellt das Ergebnis in der Klasse vor. Vergleicht es alle zusammen mit dem Ergebnis von Aufgabe 2, erklärt eventuelle Gemeinsamkeiten und Unterschiede.

4. Zeichnet ein Koordinatensystem auf Karopapier mit 1 cm Einheit auf beiden Achsen, die von –8 bis 8 reichen. Zeichnet außerdem den Punkt P(3|5) ein.
   a) Spiegelt den Punkt P an den Koordinatenachsen und am Nullpunkt und bestimmt die Koordinaten des Bildpunkts. Spiegeln:
   an der x-Achse: A(■|■),   an der y-Achse: B(■|■),   am Nullpunkt: C(■|■).
   b) Könnt ihr jetzt für einen beliebigen Punkt P(x|y) die Koordinaten der Spiegelbilder angeben beim Spiegeln an der x-Achse, an der y-Achse und am Nullpunkt?
   c) Gebt ohne zu zeichnen vier Punkte A, B, C, D an, so dass das Viereck ABCD
   (1) symmetrisch zur x-Achse ist, aber nicht zur y-Achse
   (2) symmetrisch zur y-Achse, aber nicht zur x-Achse
   (3) symmetrisch zu beiden Koordinatenachsen ist
   (4) symmetrisch zum Nullpunkt ist, aber zu keiner Koordinatenachse
   d) Stellt eure Ergebnisse in der Klasse vor und begründet sie.

5. Zeichnet ein Koordinatensystem auf Karopapier. Wählt als Einheit 1 cm auf beiden Achsen, und beide sollen von –8 bis 8 reichen. Tragt zusätzlich den Punkt P(–2|–1) ein.
   a) Zeichnet den Punkt A(2|2) ein und messt die Strecke AP, ihre Länge ist ganzzahlig.
   b) *Das ist leicht:* Zeichnet vier Punkte B, C, D, E ein, die genau so weit von P entfernt sind wie A.
   c) *Das ist schwieriger:* Zeichnet ohne zu messen drei weitere Punkte F, G, H ein, die von P dieselbe Entfernung wie A haben, die Koordinaten von F, G und H sollen ganzzahlig sein.
   d) Stellt eure Ergebnisse in der Klasse vor und erklärt sie.

BLEIB FIT!

Die Ergebnisse der Aufgaben ergeben Spezialitäten aus der Schweiz.

1. Wie viel Prozent des Rechtecks sind gefärbt?

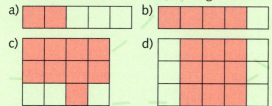

2. Berechne.
   a) $(64{,}4 + 9{,}85) \cdot 2{,}4$ b) $11{,}71 + 21{,}435 : 1{,}5$
   c) $156{,}2 : (6{,}13 + 4{,}87)$ d) $8{,}8 - 1{,}05 \cdot 3{,}6$

3. a) Uwe fährt mit seinem Rad eine Strecke von 45 km in $2\frac{1}{2}$ h. Wie viel Kilometer schafft er durchschnittlich jede Stunde?
   b) Wenn Uwe mit einer Durchschnittsgeschwindigkeit von 15 $\frac{km}{h}$ fährt, braucht er für eine Strecke 4 Stunden. Wie viel Stunden braucht er, wenn er diese Strecke mit 20 $\frac{km}{h}$ im Durchschnitt zurücklegt?

4. a) $\frac{1}{5}$ von 1,6 m = ■ cm   b) $\frac{2}{3}$ von 2,4 m² = ■ dm²
   c) $\frac{3}{4}$ von 0,6 km = ■ m   d) $\frac{5}{6}$ von 1,2 l = ■ cm³

5. Zeichne das Dreieck mit den Koordinaten A (1|2), B (9|2) und C (5|7) in ein Koordinatensystem. Welche Eigenschaft hat es?
nur rechtwinklig (10), nur gleichschenklig (20), rechtwinklig und gleichschenklig (30), gleichseitig (40)

6. a) Wie heißt das kleinste gemeinsame Vielfache der Zahlen 12 und 16?
   b) Wie heißt der größte gemeinsame Teiler der Zahlen 12 und 16?

7. Wandle um in eine Dezimalzahl. Ordne die Zahlen, die kleinste zuerst.
   $\frac{144}{100}$ $\frac{2}{5}$ $\frac{11}{25}$

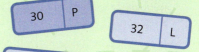

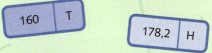

Wissen · Anwenden · Vernetzen

1. Schwimmbad
Nach langer Bauzeit wird pünktlich zu Beginn der Sommerferien das neue Schwimmbad eröffnet.

a) Alex braucht für 50 m (also einmal hin und zurück) 50 Sekunden. Sein Freund Tom braucht für die gleiche Strecke 80 Sekunden. Beide Freunde schwimmen gleichzeitig los. Nach welcher Zeit kommen sie rein rechnerisch wieder gemeinsam am Startpunkt an?

b) Im Bild kannst du sehen, wie lang, wie breit und wie tief das große Becken ist.

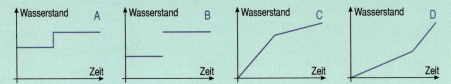

Maße in m

- Für die Bundesjugendspiele soll das Becken in acht gleich breite Bahnen unterteilt werden. Berechne die Breite so einer Bahn.
- Wie viele Bahnen muss man schwimmen, um eine Strecke von 1 km zurückzulegen?
- Wie viel m³ Wasser passen in das Becken, wenn es bis zum Rand gefüllt ist? Wie viel Liter sind das?

c) Schon eine Woche vor der Eröffnung wurde das Becken gleichmäßig mit Wasser gefüllt. Welches Schaubild stellt diesen Vorgang am besten dar? Skizziere das entsprechende Schaubild und begründe, warum die anderen Graphen nicht „passen".

A   B   C   D

2. Gärtnerei

a) Im Frühjahr wird ein Becken für Teichpflanzen angelegt. Das Becken fasst 900 l Wasser. Mit 2 Pumpen wird das Becken in 30 Minuten gefüllt.
In welcher Zeit würden 3 Pumpen das Becken mit Wasser füllen?

b) Die jährlichen Wasserkosten der Gärtnerei betragen 7 920 €. Das sind 22 % ihrer Betriebskosten. Wie hoch sind die jährlichen Betriebskosten der Gärtnerei?

c) Die Gärtnerei nimmt an verschiedenen Stellen Bodenproben, um die Qualität des Gartenbodens zu bestimmen. Die Tabelle zeigt die Ergebnisse der Bodenanalysen. Berechne den durchschnittlichen Säuregehalt des Bodens. Notiere deine Rechnung

Bodenprobe	1	2	3	4	5
Säuregehalt	5,8	7,4	8,1	4,9	6,3

d) Im Frühjahr werden 200 Rosen mit einer neuen Düngersorte gedüngt. Zur Blütezeit wird festgehalten, wie viele Knospen jeder Rosenstock gebildet hat. Zum Beispiel haben 20 der 200 Rosen eine, zwei oder drei Knospen gebildet. 52 % der Rosen weisen 6 oder 7 Knospen auf. Bei 42 Rosen werden sogar mehr als 7 Knospen gezählt.
Die Ergebnisse sind in der folgenden Tabelle nur teilweise eingetragen. Ergänze.

	Anzahl	Anteil
eine bis drei Knospen	20	
4 oder 5 Knospen		
6 oder 7 Knospen		52 %
mehr als 7 Knospen	42	

3. Bäume

Die Tabelle gibt das durchschnittliche jährliche Längenwachstum (in cm) einiger Baumarten an.

Jahr	1.–20.	21.–40.	41.–60.	61.–80.	80.–100.
Tanne	12,5	54,0	48,0	27,5	20,5
Fichte	30,5	48,0	38,0	25,0	16,0
Kiefer	44,5	40,0	27,0	19,0	19,0
Buche	27,5	40,5	34,0	27,0	14,0
Eiche	46,5	45,0	29,5	19,5	17,0

Danach wächst zum Beispiel eine Buche in den ersten 20 Jahren jährlich um 27,5 cm.

a) Prüfe anhand der Tabelle, ob folgende Aussagen zutreffen können.
   (1) Eine Kiefer wächst zwischen dem 81. und 100. Lebensjahr pro Jahr durchschnittlich 17 cm.
   (2) Je älter eine Fichte wird, desto langsamer wächst sie.
   (3) Zwischen dem 41. und 60. Jahr ist das jährliche Längenwachstum einer Tanne am größten.
   (4) Nach 10 Jahren kann eine Eiche eine Höhe von über 4 m erreichen.
   (5) Eine über 80 Jahre alte Eiche wächst langsamer als eine Buche gleichen Alters.

b) Bei welcher Baumart ist nach der Tabelle nach 40 Jahren die größte Höhe zu erwarten?

c) Das Balkendiagramm zeigt das durchschnittliche Längenwachstum von drei Baumarten in den ersten 20 Jahren. Zu welchen Baumarten gehören die beiden unbeschrifteten Säulen?

d) Veranschauliche in einem Diagramm das durchschnittliche Längenwachstum zwischen dem 21. und 40. Lebensjahr für alle fünf Baumarten.

4. Rote Grütze mit Himbeeren

Wenn sich Luca Rote Grütze mit Himbeeren zubereitet, liest er sich natürlich die Kochanleitung auf der Packung genau durch. Heute aber ist die Sache aus zwei Gründen verzwickt: Zum einen hat er nur 350 g tiefgefrorene Himbeeren zur Verfügung, zum anderen will er wie üblich als Flüssigkeit eine Mischung aus $\frac{4}{5}$ Himbeersaft und $\frac{1}{5}$ Wasser verwenden.

a) Wie viel Zucker werden für 100 g Früchte benötigt?
   Wie viel Zucker braucht Luca?
b) Luca hat ausgerechnet, wie viel Prozent des Pulvers in der Rote-Grütze-Packung er verwenden muss und meint: „Jetzt ist alles klar!" Was ist Luca aufgefallen?
c) Wie viel Flüssigkeit benötigt Luca? Wie viel ml davon bestehen aus Wasser?
d) Wie lange muss Luca die Grütze kalt stellen?
e) Schreibe eine Anleitung für Luca, nach der er seine Rote Grütze zubereiten kann.

Grundzubereitung:
① Pulver mit 75 g Zucker mischen. Nach und nach mit mindestens 6 EL (90 ml) von $\frac{1}{2}$ l kalter Flüssigkeit glatt rühren.
② Übrige Flüssigkeit aufkochen, von der Kochstelle nehmen, angerührtes Pulver einrühren.
③ Rote Grütze kurz aufkochen, in eine Glasschale füllen und 3 Stunden kalt stellen.

Rezeptvariante Beeren-Grütze:
Rote Grütze mit 500 ml ($\frac{1}{2}$ l) Flüssigkeit nach Packungsanleitung, **aber mit** 200 g Zucker, zubereiten. Topf von der Kochstelle nehmen und 500 g frische oder tiefgefrorene Früchte unterheben. 3 Stunden kalt stellen und vor dem Servieren nochmals durchrühren.

5 Rationale Zahlen

Addition mit Hilfe von Modellen

1. Setzt euch in Gruppen mit drei oder vier Schülerinnen und Schülern zusammen. Wählt euch eines der drei nachfolgenden Modelle in den Kästen aus und löst damit die Aufgaben rechts an der Tafel. Achtet darauf, dass jedes Modell ungefähr gleich oft gewählt wird.

2. Warum ist zwischen den Aufgabengruppen an der Tafel einmal eine Doppellinie und zweimal eine gestrichelte Linie?

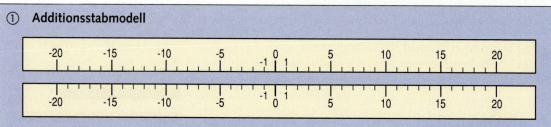

5 + 8	−9 + (−4)	−7 + 17	16 + (−7)
7 + 2	−3 + (−13)	−11 + 5	9 + (−10)
6 + 6	−7 + (−5)	−8 + 6	8 + (−5)
	−6 + (−2)	−9 + 12	7 + (−18)
	−11 + (−8)	−4 + 15	13 + (−4)
		−16 + 9	12 + (−18)

① Additionsstabmodell

Stellt euch aus Papier zwei solche Streifen her, die von −20 bis 20 reichen.
– Überlegt euch, wie man dieses Modell als Rechenmaschine zur Lösung von Additionsaufgaben nutzen kann (Hinweis: Verschieben des oberen Streifens). Prüft die Brauchbarkeit eurer „Gebrauchsanweisung" an den drei Aufgaben ganz links auf der Tafel, deren Ergebnis ihr kennt.

② Buchungsmodell

– Bei einem Bankkonto können Zubuchungen und Abbuchungen vorgenommen werden.
– Positive Zahlen sind Zubuchungen, negative Zahlen Abbuchungen.
– Die Summe zweier Zahlen ist im Modell die Nacheinanderausführung der entsprechenden Buchungen.
– Das Ergebnis ist die Buchung, die alleine dasselbe bewirkt wie beide Buchungen nacheinander.

③ Fahrstuhlmodell

Ein Haus mit je 20 Stockwerken über und unter der Erde hat einen Fahrstuhl.
– Der erste Summand ist ein Stockwerk (positiv: über der Erde, negativ: unter der Erde).
– Der zweite Summand ist eine Hochfahrt (positiv) oder eine Runterfahrt (negativ).
– Das Ergebnis ist das Stockwerk, in dem die Fahrt endet.
Fertigt von diesem Modell eine Skizze an.

3. Die Gruppen, die dasselbe Modell gewählt haben, kommen zusammen und bereiten eine Vorstellung der Aufgabenlösung mit dem Modell vor. Anschließend finden die drei Präsentationen statt.

4. Es gibt eine Additionsregel für Summanden mit gleichem Vorzeichen und eine weitere für Summanden mit verschiedenen Vorzeichen. Überlegt gemeinsam, wie diese Regeln heißen.

5. Berechnet mit den Regeln aus Aufgabe 4:
   a) −568 + 712 b) −57 + (−143) c) 316 + (−288)

5 Rationale Zahlen

Addition

Addition von rationalen Zahlen

mit gleichem Vorzeichen:
① Addiere die Beträge.
② Gib dann dem Ergebnis das gemeinsame Vorzeichen.

mit verschiedenen Vorzeichen:
① Subtrahiere den kleineren vom größeren Betrag.
② Gib dann dem Ergebnis das Vorzeichen der Zahl mit dem größeren Betrag.

$16 + 7 = 23 \quad -16 + (-7) = -23 \quad 16 + (-7) = 9 \quad -16 + 7 = -9$

Ach ja: $4 = +4$

1. a) $12 + 8$ b) $-37 + (-14)$ c) $-48 + (-37)$ d) $-24 + 18$ e) $63 + (-95)$
    f) $-26 + (-32)$ g) $-19 + 19$ h) $-53 + 23$ i) $67 + (-34)$ j) $-76 + 44$

2. Fülle die Additionstabelle im Heft aus.

a)
+	68	−81	−105
−7			
93			
−55			

b)
+	2,63	−5,44	3,7
6,5			
−3,7			
−7,25			

$2,63 + (-8,9) = -6,27$
Nebenrechnung:
 8,9
−2,63
 6,27

3. a) $\frac{1}{2} + \frac{1}{4}$ b) $\frac{1}{2} + (-\frac{3}{4})$ c) $-1\frac{1}{2} + (-\frac{3}{8})$ d) $-4\frac{3}{4} + \frac{3}{8}$
    e) $-\frac{5}{8} + \frac{7}{8}$ f) $-\frac{3}{4} + (-\frac{3}{8})$ g) $2\frac{3}{4} + (-\frac{1}{2})$ h) $1\frac{1}{2} + (-3\frac{5}{6})$

TIPP Zuerst gleichnamig machen, dann addieren.

LVL 4. Partnerarbeit: Wie ist Kais finanzielle Lage?

Susi: Kai hat bei mir 2,50 € Schulden.
Svenja: Ich bekomme von Kai noch 3,20 €.
Ute: Von mir hat Kai sich 6,50 € geliehen. Er hat mir davon 4,50 € wiedergegeben.
Oliver: Kai hat mir zwar 3 € gegeben, aber er schuldet mir immer noch 1,60 €.

5. Susann, Ole und Martin haben bei einem Kartenspiel folgende Spielpunkte erzielt. Wie ist jeweils der Punktestand nach dem 5. Spiel?

	1. Spiel	2. Spiel	3. Spiel	4. Spiel	5. Spiel	Summe
Susann	+16	−9	−27	+12	+8	
Ole	−8	+5	+13	+24	−39	
Martin	−19	+9	+15	−11	+14	

6. a) $625 + (-837) = \blacksquare$ b) $\blacksquare + (-364) = -1092$ c) $839 + \blacksquare = -209$

LVL 7. Senkrecht, waagerecht und diagonal immer dieselbe Summe. Ergänze im Heft und erkläre.

a)
1	−4	3
		−2
	4	

b)
−7	−20	
2		
−19		−9

c)
−9		
−38	−10	18
		−11

d)
		13
2		−30
	24	−25

Subtraktion

LVL 1. Partnerarbeit:
a) Erkläre anderen, wie die „Aufgabenfolgen" im Bild oben angelegt worden sind.
b) Stellt eine Aufgabenfolge zusammen, die „$-4 - 5 = -4 + (-5)$" verdeutlicht.

> Eine rationale Zahl wird **subtrahiert**, indem **ihre Gegenzahl addiert** wird.
>
> $8 - (-5) = 8 + 5 = 13$ $-8 - 5 = -8 + (-5) = -13$ $-8 - (-5) = -8 + 5 = -3$

2. Schreibe zuerst als Additionsaufgabe.
a) $-16 - 9$ b) $36 - 48$ c) $-65 - (-78)$ d) $32 - (-86)$
e) $8 - (-11)$ f) $-42 - (-67)$ g) $-72 - 49$ h) $-96 - (-89)$

3. a) $2{,}9 - 1{,}6$ b) $-34{,}6 - (-48{,}7)$ c) $72{,}8 - (-28{,}6)$ d) $-11{,}3 - 17{,}9$
   e) $4{,}3 - (-5{,}7)$ f) $26{,}9 - (-58{,}2)$ g) $-63{,}3 - (-32{,}9)$ h) $-32{,}9 - (-24{,}1)$

4. a) $1 - 2\tfrac{1}{2}$ b) $-\tfrac{1}{4} - (-\tfrac{3}{4})$ c) $-\tfrac{2}{3} - \tfrac{5}{6}$ d) $-\tfrac{3}{4} - \tfrac{2}{5}$
   e) $-3\tfrac{1}{2} - 6\tfrac{1}{2}$ f) $4 - 5\tfrac{1}{3}$ g) $-2\tfrac{1}{4} - (-3\tfrac{5}{8})$ h) $3\tfrac{1}{2} - 5\tfrac{1}{4}$

5. Führe zuerst auf eine Additionsaufgabe zurück.
a) $-38 + 17 - (-31)$ b) $-9 - 6 - (-15) - 7 - (-5)$ c) $-27 - (-15) - 38 - 43 - (-99)$
d) $-14 - (-37) - 18$ e) $16 - 14 - (-7) - (-3) - (-8)$ f) $-46 - 28 - (-63) - (-59) - 84$

LVL 6. Jede Aufgabe enthält einen Fehler. Was ist falsch? Erkläre und rechne anschließend richtig.
a) $-27 - 18 = -27 - (-18) = 45$ f
b) $9 - (-38) = 9 + (-38) = -29$ f
c) $34 - (-17) = 34 - 17 = 17$ f
d) $-86 - 73 = -86 + 73 = -13$ f
e) $-12 - (-56) = 12 + 56 = 68$ f
f) $-45 - (-68) = -45 + 68 = -23$ f
g) $42 - 52 = -42 + (-52) = -94$ f
h) $-57 - 32 = -57 + (-32) = 89$ f

7. a) ■ $- 49 = -86$ b) $-36 - ■ = 42$ c) $-64 - ■ = 18$ d) ■ $- 69 = -40$

LVL 8. Partnerarbeit: Auf der vorletzten Seite wurde ein Additionsstabmodell vorgestellt. Überlegt, wie man mit den beiden Streifen subtrahieren kann, überprüft die Eignung eures Modells an den folgenden Aufgaben und stellt das Modell in der Klasse vor.
① $5 - 5$ ② $5 - (-5)$ ③ $-5 - (-5)$ ④ $-5 - 5$ ⑤ $-8 - (-4)$ ⑥ $-8 - 4$
⑦ $8 - (-4)$ ⑧ $8 - 4$ ⑨ $-7 - 5$ ⑩ $-5 - 7$ ⑪ $-7 - (-5)$ ⑫ $-5 - (-7)$

5 Rationale Zahlen

Vermischte Aufgaben

1. Ordne die Rechenausdrücke richtig zu. Berechne das Ergebnis und formuliere einen Antwortsatz.
① Herr Schmidt hat 9219 € auf dem Konto. Hinzu kommt eine Abbuchung über 1803 €.
② Wie groß ist der Unterschied zwischen 9219 € Guthaben und 1803 € Schulden?
③ Die größte Meerestiefe im Atlantik beträgt 9219 m. Im Pazifik kann man noch 1803 m tiefer tauchen.
④ In welcher Tiefe befindet sich eine Tauchkapsel, wenn die Tauchtiefe von 9219 m um 1803 m verringert wird?

A	−9219 − 1803
B	9219 + (−1803)
C	−9219 − (−1803)
D	9219 − (−1803)

2. Formuliere Sachsituationen wie in der vorigen Aufgabe und berechne die fehlenden Werte.
a) (−55) + (−55) = ____
b) (−80) + ____ = 15
c) 3000 + ____ = −1500

3. Rechne aus. Schreibe dazu die Subtraktionsaufgaben zuerst als Additionsaufgaben.
a) −12 + 18
b) −23 − 13
c) −48 − (−36)
d) −56 + 39
e) 84 − (−79)
f) 27 + 29
g) 16 − 22
h) 32 + (−17)
i) −72 − (−26)
j) 68 + 57

4. Schreibe so, dass du keine Klammern brauchst, und rechne aus.
a) −11 + (−6)
b) −9 − (−17)
c) 15 − (−7)
d) −18 + (−11)
e) 26 − (−48)
f) 7 + (−19)
g) 13 − (−7)
h) −7 + (−14)
i) −12 − (−9)
j) −32 − (−18)

5.
a) −5 − 12
   −9 + 6
   −11 − 7
b) 18 − 12
   6 + 23
   14 − 13
c) −29 + 9
   −32 − 13
   −16 + 28
d) 46 − 69
   −58 + 27
   −35 − 71
e) −83 − 63
   52 − 48
   −76 + 34

6. Berechne alle möglichen Höhendifferenzen auf dem Bild. Notiere dazu die jeweilige Aufgabe.

a)

b)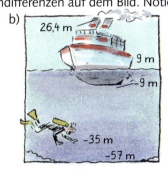

c)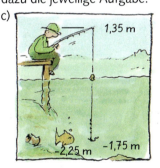

7. Auf der Halbinsel Kola wurde das bisher tiefste Loch der Erde gebohrt, es reicht bis ca. −12 000 m. Die tiefste natürliche vorkommende Stelle der Erdoberfläche ist das Witjastief im Marianengraben mit ca. −11 000 m. Die höchste Stelle der Erde ist der Gipfel des Mt. Everest mit ca. 8 800 m. Notiere drei Fragen und beantworte sie.

8. Übertrage die Tabelle in dein Heft und berechne. Ergänze weitere Zeilen.

a)

+	2	−7	−16	−25	−34	−43	−52
9							
11							

b)

−	0	−5	−10	−15	−20	−25	−30
10							
13							

12
38

5 Rationale Zahlen

Klammerregeln für Addition und Subtraktion

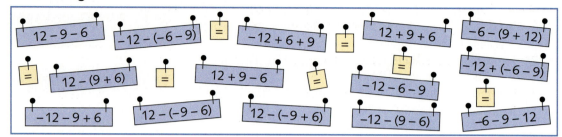

LVL 1. Sortiere die Karten nach gleichen Ergebnissen und begründe mit weiteren Beispielen die Regeln im nachfolgenden Kasten.

> Man **addiert** eine Summe, indem man jeden *einzelnen* Summanden addiert.
>
> Man **subtrahiert** eine Summe, indem man die *Gegenzahlen* der einzelnen Summanden addiert.

Ausführlich: … − 6 = … + (−6)

−2 + (−8 + 6) = −2 − 8 + 6 = −4   −2 − (−8 + 6) = −2 + 8 − 6 = 0
−12 + (6 − 5) = −12 + 6 − 5 = −11   −12 − (6 − 5) = −12 − 6 + 5 = −13

2. Schreibe zuerst ohne Klammer und rechne dann aus.
a) 14 + (7 − 9)
b) −16 − (19 − 11)
c) 12 + (−16 + 48)
d) 28 + (−16 + 11)
e) 54 − (−36 + 24)
f) −33 − (46 − 53)
g) 43 + (−28 − 12)
h) 13 − (−27 − 49)
i) −56 + (−25 − 38)

3. Schreibe zuerst ohne Klammer und rechne dann von links nach rechts.
a) 9 − (20 + 16) + (−38 − 27) − 8
b) 17 + (−28 + 6) − (−32 + 16) + 5
c) 33 + (18 − 12) − (42 − 24) − 17
d) −16 − (24 − 73) − (−38 + 64)
e) −93 + (−68 + 42) − (−23 − 12)
f) 88 − (−32 − 14) + (−94 − 76)

4. Immer zwei Mauersteine gehören zusammen: Auf einem Stein steht ein Term mit Klammern, auf dem anderen der Term nach Anwendung der Klammerregel. Ordne zu und rechne aus.

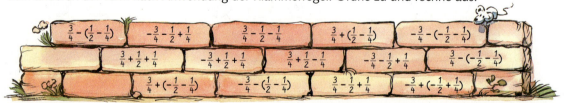

5. Prüfe, ob du vorteilhafter mit oder ohne Klammer rechnest.
a) 358 − (187 + 214)
b) 4,7 − (−3,45 − 8,2)
c) 247 + (−316 − 131)
d) 2,33 + (1,5 − 2,08)
e) 164 − (−236 + 299)
f) 1,4 − (3,45 − 2,05)

126 − (47 + 58)	126 − (47 + 58)
= 126 − 105	= 126 − 47 − 58
= 21	= 79 − 58 = 21

6. a) Subtrahiere von −12 die Summe aus 22 und −16. Schreibe erst mit Klammern.
b) Addiere die Summe aus −79 und −42 zu 100.
c) Subtrahiere die Summe aus 29 und −68 von der Summe aus −34 und 57.

5 Rationale Zahlen

7. Setze die Klammern wie im Beispiel und rechne dann aus.
a) 67 − 84 − 26 b) 31 − 27 − 23 c) 55 − 43 + 63 d) 81 − 44 − 66
e) 92 − 81 − 9 f) 43 − 64 + 24 g) 29 − 25 + 15 h) −79 + 49 + 54

> 15 − 37 − 13
> = 15 − (37 + 13)
> = 15 − 50 = …

8. Rechne vorteilhaft. Beende zuerst das Beispiel.
a) 52 + 36 − 76 b) −24 + 64 − 76 c) −8,3 − 1,7 − 5,9
d) −72 + 18 + 22 e) −2,8 − 4,2 + 6,8 f) 5,1 − 2,7 − 4,3
g) −37 − 23 + 61 h) 3,2 + 4,9 − 9,9 i) −4,7 + 7,4 − 8,5

> −78 + 64 − 104
> = −78 + (64 − 104)
> = −78 + (−40) = …

9. Rechne vorteilhaft, du kannst Klammern setzen und vertauschen.
a) 48 − 69 + 22 b) −36 − 29 + 66 c) 83 − 96 + 47
d) −67 + 24 − 54 e) −59 + 85 − 31 f) 62 + 75 − 82
g) 33 − 73 − 48 h) 25 − 62 − 45 i) 14 − 67 + 36

> −73 + 55 − 27
> = (−73 − 27) + 55
> = −100 + 55 = −45

TIPP
−5 + 3 = 3 − 5

10. Schreibe zuerst ohne Klammern, dann rechne vorteilhaft. Die Ergebnisse, vom kleinsten zum größten, liefern einen Gegenstand, den es nicht immer gibt.

E	−17 − (38 − 13) − (22 + 33)
B	34 − (18 + 24) − (−48 + 7) − 63
N	−(48 + 73) − 62 − (32 − 23 − 18)
C	23 − (67 + 32) − (78 − 22) − 88
S	−(85 − 27) + (−47 − 34) − (66 + 18)

H	−9 + (−24 − 81) − 36 − (−44 + 78)
L	93 − (−72 + 43) + (−26 + 68) − 12
A	−31 + 39 − (64 − 71) − (−46 + 62)
L	−(75 − 87) − (−43 + 61) − 27 + 54
E	68 + (−91 − 13) − (−52 + 33) − 47

11. Senkrecht, waagerecht und diagonal immer dieselbe Summe. Ergänze im Heft.

a)  b) 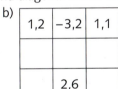 c) 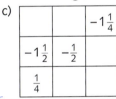 d)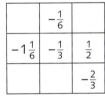

LVL 12. Die Summe der Zahlen auf einer Geraden ist die Zahl in der Mitte. Präsentiere deine Ergebnisse in der Klasse.

a) 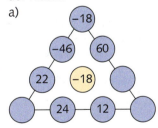 b) 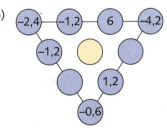 c)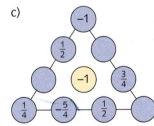

13. Schreibe ohne Klammern und berechne dann vorteilhaft.
a) −[16 − (37 + 34)] b) 26 + [−38 − (14 − 9)]
c) 17 + [−8 + (46 − 19)] d) [−25 + (−43 − 27)] − 66
e) −[44 − (16 − 49)] f) −72 − [6 − (−28 + 7)]

> 68 − [−(53 − 13) − 24]
> = 68 − [−53 + 13 − 24]
> = 68 + 53 − 13 + 24
> = 68 + 40 + 24 = 132

TIPP
Bei Doppelklammern von innen nach außen.

LVL 14. a) Ergänze im Heft plus oder minus so, dass die Gleichung stimmt.
1 ● (−1) ● 2 ● (−2) ● 3 ● (−3) ● 4 ● (−4) ● 5 ● (−5) = 30
b) Lässt sich so auch eine Gleichung mit −30 statt 30 auf der rechten Seite erreichen? Überlege mit anderen.

5 Rationale Zahlen

Multiplikation

1. Gruppenarbeit: Hinter den Maschinen in den beiden Bildern verbergen sich „Aufgabenfolgen". Notiert die Aufgabenfolgen und erklärt, welche Regeln damit begründet werden.

2. Der deutsche Mathematiker David Hilbert hat ein Verfahren entwickelt, wie man Multiplikationsaufgaben im Koordinatensystem zeichnerisch lösen kann. Man nennt das Verfahren die Hilbert'sche Streckenmultiplikation.
   a) Partnerarbeit: Findet über das Internet oder ein Lexikon heraus, wann und wo David Hilbert gelebt hat.
   b) Gruppenarbeit: Ermittelt in einem Koordinatensystem auf Karopapier (x-Achse und y-Achse bis 15 und −15) nach der nebenstehenden Anweisung die Produkte $3 \cdot (-4)$, $-3 \cdot 4$ und $-3 \cdot (-4)$. Erklärt der ganzen Klasse, welche Regeln für das Multiplizieren von positiven und negativen Zahlen daraus abgeleitet werden können.

> **Hilbert'sche Streckenmultiplikation für das Produkt a · b**
> ① Markiere a auf der x-Achse: A(a|0).
> ② Verbinde A mit dem Punkt (0|1) auf der y-Achse. Die Strecke heißt s.
> ③ Markiere b auf der y-Achse: B(0|b).
> ④ Zeichne durch B die Parallele g zu s.
> ⑤ g schneidet die x-Achse an der Stelle a · b.

> + mal +
> und
> − mal −
> gibt +.

Multiplikation von rationalen Zahlen
mit *gleichen Vorzeichen*:
① Multipliziere die Beträge.
② Das Ergebnis ist *positiv*.

mit *verschiedenen Vorzeichen*:
① Multipliziere die Beträge.
② Das Ergebnis ist *negativ*.

> + mal −
> und
> − mal +
> gibt −.

(1) $12 \cdot 5 = 60$ (2) $-12 \cdot (-5) = 60$ (3) $-12 \cdot 5 = -60$ (4) $12 \cdot (-5) = -60$

3. a) $-9 \cdot (-7)$ b) $8 \cdot (-6)$ c) $-4 \cdot 9$ d) $-9 \cdot 3$ e) $-6 \cdot (-7)$
   f) $8 \cdot 5$ g) $-5 \cdot 7$ h) $8 \cdot 6$ i) $-8 \cdot (-9)$ j) $-9 \cdot 9$

4. a) $\frac{2}{5} \cdot (-\frac{1}{2})$ b) $-\frac{3}{2} \cdot (-\frac{1}{4})$ c) $-\frac{2}{3} \cdot (-\frac{4}{5})$ d) $-\frac{5}{6} \cdot \frac{3}{2}$ e) $\frac{8}{9} \cdot (-\frac{3}{4})$
   f) $-\frac{8}{9} \cdot \frac{1}{4}$ g) $-\frac{3}{7} \cdot \frac{1}{3}$ h) $\frac{6}{7} \cdot (-\frac{5}{8})$ i) $\frac{3}{4} \cdot (-\frac{6}{7})$ j) $-\frac{5}{6} \cdot (-\frac{2}{9})$

5. Arbeite mit deiner Nachbarin oder deinem Nachbarn zusammen: Hier ist jeweils das Produkt zweier ganzer Zahlen notiert. Schreibt zu jedem alle möglichen Multiplikationsaufgaben auf, die dieses Produkt als Ergebnis haben. Verwendet dabei weder 1 noch −1.

```
−72      −100
−40   56  −12   75
48   −18   36   −64
```

Division

LVL 1. Partnerarbeit: Löst die Aufgaben an der Tafel oben rechts mit Hilfe der Probe über die Multiplikation und begründet damit die Regel im Kasten.

Division von rationalen Zahlen

mit *gleichen Vorzeichen*:
① Dividiere Betrag durch Betrag.
② Das Ergebnis ist *positiv*.

mit *verschiedenen Vorzeichen*:
① Dividiere Betrag durch Betrag.
② Das Ergebnis ist *negativ*.

+ durch −
und
− durch +
gibt −.

$20 : 4 = 5 \qquad -20 : (-4) = 5 \qquad -20 : 4 = -5 \qquad 20 : (-4) = -5$

LVL 2. Gruppenarbeit: Auf der vorigen Seite ist die Hilbert'sche Streckenmultiplikation erklärt. Bei „umgekehrtem" Ablauf kann man im Koordinatensystem auch dividieren. Stellt die Aufgaben 15 : 3; 15 : (−3); −15 : 3 und −15 : (−3) dar und erläutert eure Zeichnungen in der Klasse.

3. a) −102 : (−17)   b) −210 : 14   c) 264 : (−22)   d) −728 : (−26)
   e) 120 : (−15)   f) 221 : 17   g) −456 : 24   h) −832 : 32
   i) −112 : 16   j) −216 : (−18)   k) −364 : (−28)   l) 1 189 : 29

4. a) $\frac{2}{3} : (-\frac{2}{3})$ b) $-\frac{7}{9} : \frac{1}{3}$ c) $-\frac{2}{3} : (-\frac{8}{9})$ d) $1\frac{1}{2} : (-\frac{9}{12})$
   e) $-\frac{3}{4} : \frac{3}{2}$ f) $\frac{5}{8} : (-\frac{4}{15})$ g) $-\frac{5}{8} : \frac{1}{2}$ h) $-\frac{3}{4} : 1\frac{1}{3}$
   i) $\frac{9}{10} : \frac{4}{3}$ j) $-\frac{3}{4} : (-\frac{3}{10})$ k) $\frac{5}{6} : \frac{2}{3}$ l) $-2\frac{3}{8} : (-\frac{4}{19})$

TIPP
Mit dem Kehrbruch multiplizieren. Kehrbruch von $-\frac{2}{3}$ ist $-\frac{3}{2}$.

5. a) 2,1 : 3   b) −2,7 : 9   c) −1,4 : 0,7   d) 2,4 : 1,2
   e) 1,6 : (−4)   f) −6,4 : (−8)   g) 1,5 : (−0,3)   h) −4,5 : (−1,5)
   i) −0,8 : (−2)   j) 2,4 : (−4)   k) −1,8 : (−0,6)   l) −6,4 : 1,6

6. Ergänze im Heft die fehlenden Zahlen.
   a) −36 : 9 = ▪   b) −72 : ▪ = 9   c) ▪ : (−4) = 32   d) 312 : (−104) = ▪
   e) 40 : ▪ = −2   f) ▪ : (−6) = −11   g) −48 : ▪ = −16   h) −105 : ▪ = −5
   i) ▪ : (−3) = 13   j) 75 : ▪ = −3   k) 156 : 3 = ▪   l) ▪ : 25 = 6

7. Hier wurde immer wieder durch dieselbe Zahl geteilt.
   a) Wie heißt jeweils die Zahl?
   LVL b) Erfinde eigene Zahlenfolgen. Gib sie deinem Nachbarn.

   Susann: −64; 32; −16; 8; −4
   Sebastian: 13; −13; 13; −13
   Britta: −2; 4; −8; 16

LVL 8. Setze Ziffernkärtchen und Vorzeichen so ein, dass
   a) der Wert des Quotienten möglichst groß wird,
   b) der Wert des Quotienten möglichst klein wird,
   c) der Wert des Quotienten nahe bei 0 liegt.

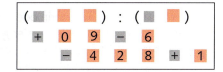

5 Rationale Zahlen

Vermischte Aufgaben

1.

a) In Paris ist es im Januar im Durchschnitt −3 °C kalt. Auf dem Mars kann es 46-mal so kalt sein.

b) David taucht im Meer bis −3,80 m. Ein Perlentaucher kann ohne Tauchgerät 7-mal so tief tauchen.

2. Berechne. Achte auf das Komma.
a) 3,2 · (−8)
b) 3 · 4,9
c) −4,2 · (−8,4)
d) 2,9 · 7
e) −8 · 7,6
f) 2,7 · (−9,6)
g) −8,6 · (−9)
h) 9 · 5,3
i) −3,1 · (−4,5)
j) −2,5 · 6
k) −6 · 9,7
l) 6,6 · 7,2

```
−3,2 · (−5,8) = 18,56
Nebenrechnung:   3,2 · 5,8
                 16 0
                  2 56
                 18,56
```

3. Für das Lösungswort ordne die Ergebnisse vom kleinsten zum größten.

P	12,9 · (−6,4)	E	−0,4 · 20,6	O	18,9 · (−3,4)	O	−11,1 · 8,4
P	−3,8 · 24,6	E	−8,3 · (−1,7)	T	−1,6 · 10,9	C	3,4 · (−15,3)
L	8,5 · 19,3	A	2,5 · (−16,9)	P	12,9 · 0,5	T	−19,7 · (−1,5)

4. Ordne die Aufgaben den richtigen Ergebnissen zu. Überschläge und Vorzeichenregeln helfen dir.

5.

Einer von uns hat immer das richtige Ergebnis.

6.
a) 62,8 : (−16)
b) −78,39 : 9
c) 47,69 : 19
d) −72,16 : (−11)
e) −59,55 : 15
f) −81,06 : (−7)
g) 38,88 : 6
h) 28,7 : (−14)
i) −0,99 : 3
j) −13,104 : 12
k) −93,48 : (−8)
l) 18,4 : 16

7.
a) 47,45 : (−6,5)
b) −20,8 : 3,2
c) −25,5 : 7,5
d) −10,26 : 2,7
e) 20,79 : (−2,1)
f) −15,5 : (−6,2)

8.
a) 43,44 : (−7,24)
b) −192,5 : 17,5
c) −138,4 : (−8,65)
d) 38,24 : 9,56
e) 44,92 : (−11,23)
f) 173,67 : 24,81

```
Aufgabe: −78,9 : (−12)
Nebenrechnung:
78,9 : 12 = 6,575
72
 69
 60        Überschlag:
 90        −80 : (−10) = 8
 84
 60        Ergebnis:
 60        −78,9 : (−12)
           = 6,575
```

5 Rationale Zahlen

Weitere Entdeckungen im Koordinatensystem

1. Setzt euch in Gruppen von jeweils 4 Schülerinnen und Schülern zusammen und wählt einen der Aufgabenbögen A bis D. Jeder Aufgabenbogen muss wenigstens einmal gewählt werden. Anschließend stellt jede Gruppe ihr Arbeitsergebnis in der Klasse vor.
Die Aufgaben 2 und 3 werden anschließend von allen Gruppen bearbeitet.

A

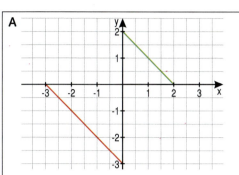

- Welche Eigenschaft ist den Koordinaten der Punkte auf der grünen Strecke gemeinsam? Schreibt als Gleichung. Es gibt noch mehr Punkte mit dieser Eigenschaft – färbt alle grün.
- Untersucht und ergänzt in gleicher Weise die rote Strecke.
- Beschreibt so allgemein wie möglich eure Beobachtungen.

B

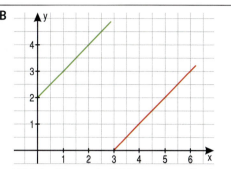

- Welche Eigenschaft ist den Koordinaten der Punkte auf dem grünen Strahl gemeinsam? Schreibt als Gleichung. Es gibt noch mehr Punkte mit dieser Eigenschaft – färbt alle grün.
- Untersucht und ergänzt in gleicher Weise den roten Strahl.
- Beschreibt so allgemein wie möglich eure Beobachtungen.

C
Zeichnet ein Koordinatensystem und tragt jeweils mindestens 10 Punkte mit folgenden Eigenschaften ihrer Koordinaten ein. Wählt auch Punkte mit nicht ganzzahligen oder negativen x-Koordinaten.
(I) $y : x = 2$ (II) $\frac{y}{x} = -\frac{1}{3}$
(III) $y = 0{,}6 \cdot x$ (IV) $y = -\frac{7}{5} \cdot x$
Könnt ihr jeweils *alle* Punkte mit der genannten Eigenschaft darstellen?
Beschreibt so allgemein wie möglich eure Beobachtungen.

D
Zeichnet ein Koordinatensystem und tragt mindestens 25 Punkte mit der folgenden Eigenschaft ihrer Koordinaten ein. Wählt auch Punkte mit nicht ganzzahligen oder negativen x-Koordinaten.
Eigenschaft: $x \cdot y = 10$
Könnt ihr jeweils *alle* Punkte mit der genannten Eigenschaft zeichnerisch darstellen? Untersucht auch die Lage von Punkten mit der Koordinaten-Eigenschaft $x \cdot y = 6$
Beschreibt eure Beobachtungen.

2. Im Koordinatensystem gibt es unendlich viele Punkte, bei denen der Zusammenhang zwischen der x-Koordinate und der y-Koordinate durch die Gleichung $y = 2 \cdot x - 5$ beschrieben wird.
   a) Welche der Punkte A(−4|−13), B(5|15), C(68,5|132), D(−48,5|−92) und E($\frac{1}{4}$|−4,5) haben diese Eigenschaft?
   b) Schreibt 10 Punkte auf, deren Koordinaten die genannte Eigenschaft aufweisen.
   c) Stellt im Koordinatensystem *alle* Punkte zeichnerisch dar, deren Koordinaten die genannte Eigenschaft haben.

3. In einem Mathematikbuch für die 9. Klasse ist folgende Aufgabe zu finden: *Zeichne die Gerade mit der Gleichung $y = -3 \cdot x + 4{,}5$.* Könnt ihr dies schon jetzt auch?

5 Rationale Zahlen

Multiplikation von Summen

LVL 1. Erkläre und begründe, welchen der beiden Rechenwege du bevorzugst.

Man kann eine Summe mit einer Zahl multiplizieren, indem man gliedweise jeden Summanden mit der Zahl multipliziert und die Ergebnisse dann addiert (*Distributivgesetz*).

Summe mal Zahl gleich
1. Summand mal Zahl plus
2. Summand mal Zahl.

$4 - 3 = 4 + (-3)$

$8 \cdot (4 + 3)$	$-8 \cdot (4 + 3)$	$8 \cdot (4 - 3)$	$8 \cdot (-4 + 3)$	$-8 \cdot (-4 + 3)$
$= 8 \cdot 4 + 8 \cdot 3$	$= -8 \cdot 4 - 8 \cdot 3$	$= 8 \cdot 4 + 8 \cdot (-3)$	$= 8 \cdot (-4) + 8 \cdot 3$	$= -8 \cdot (-4) - 8 \cdot 3$
$= 32 + 24$	$= -32 - 24$	$= 32 - 24$	$= -32 + 24$	$= 32 - 24$

2. Rechne auf zwei Arten.
a) $-6 \cdot (8 - 5)$
b) $-50 \cdot (10 - 0{,}2)$
c) $-12 \cdot (3 + 4)$
d) $-8 \cdot (-9{,}9 + 0{,}1)$
e) $9 \cdot (-6 - 6)$
f) $2{,}5 \cdot (-4 + 10)$

$-5 \cdot (-3 + 8)$ $\quad\quad -5 \cdot (-3 + 8)$
$= -5 \cdot (-3) - 5 \cdot 8 \quad\quad = -5 \cdot (5)$
$= \;\;15 \;\;-\;\; 40 = -25 \quad = -25$

3. Rechne vorteilhaft.
a) $-12 \cdot (-9) + 6 \cdot (-9)$
b) $8 \cdot (-1{,}47) + 8 \cdot 0{,}22$
c) $28 \cdot 12 - 24 \cdot 12$
d) $-12{,}3 \cdot (-1{,}7) + 2{,}3 \cdot (-1{,}7)$
e) $-19 \cdot 23 + 18 \cdot 23$
f) $1{,}5 \cdot (-29) + 1{,}5 \cdot 26$

$-1{,}6 \cdot (-4) + 0{,}6 \cdot (-4)$
$= (-1{,}6 + 0{,}6) \cdot (-4)$
$= \;\;\;\;-1\;\;\;\; \cdot (-4) = 4$

4. a) $-7 \cdot (-8) - 9 \cdot (-8)$
b) $48 \cdot (-16) - 52 \cdot (-16)$
c) $1{,}7 \cdot (-4) + 0{,}8 \cdot (-4)$
d) $16 \cdot 18 - 18 \cdot 18$
e) $15 \cdot (-49) + 15 \cdot 57$
f) $20 \cdot (-1{,}22) + 20 \cdot 0{,}72$
g) $-37 \cdot (-7) + 48 \cdot (-7)$
h) $25 \cdot 8 + 25 \cdot (-16)$
i) $2{,}83 \cdot (-8) - 1{,}58 \cdot (-8)$

5. Rechne wie im Beispiel, indem du das Distributivgesetz anwendest.
a) $3 \cdot (-196)$
$\quad\; -9 \cdot 27$
b) $-5 \cdot (-96)$
$\quad\; 4 \cdot 298$
c) $-6 \cdot 32$
$\quad\; 4 \cdot (-198)$
d) $-12 \cdot 302$
$\quad\; 15 \cdot 97$
e) $-8 \cdot 996$
$\quad\; 7 \cdot (-31)$
f) $-11 \cdot (-99)$
$\quad\; -13 \cdot 103$
g) $-17 \cdot 22$
$\quad\; 16 \cdot (-202)$
h) $-15 \cdot (-499)$
$\quad\; 18 \cdot 999$

$193 \cdot (-8)$
$= (200 - 7) \cdot (-8)$
$= 200 \cdot (-8) - 7 \cdot (-8)$
$= -1600 + 56$

LVL 6. Die richtige Kugel ist bestimmt dabei.

Verwende vorteilhaft das Distributivgesetz und stelle deine Lösung vor.
a) $-6 \cdot 8 + 11 \cdot 8$
b) $25 \cdot (0{,}4 - 4)$
c) $-6 \cdot (-7) + 12 \cdot (-7)$
d) $-15 \cdot (4 + 5)$
e) $-38 \cdot 0{,}5 - 62 \cdot 0{,}5$
f) $-1{,}25 \cdot (0{,}8 - 8)$
g) $19 \cdot (-12) - 22 \cdot (-12)$
h) $-9 \cdot (30 - 3)$
i) $23 \cdot (-3 - 10)$

7. Welche Papierschnipsel gehören zusammen? Schreibe mit Gleichheitszeichen untereinander.

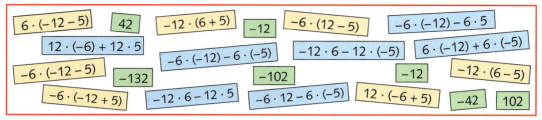

8. Rechne vorteilhaft. Beachte auch Punkt- vor Strichrechnung.
a) −16 · 27 − 16 · (−25)
b) −54 · (17 − 12)
c) −2 · (−83 + 33) · 69
d) −60 · (−0,5 − 5)
e) 4 · (−12) + 4 · (−25)
f) −3 · 6 − 3 · 4 − 3 · (−10)
g) 62 − 9 · 7 − 82
h) −3 · 15 + 84 − 5 · 9
i) −125 · (−0,4 − 0,4) · 3,8

9.

Addiere 6 und −9 und multipliziere das Ergebnis mit −12.

Multipliziere −6 und −7 und addiere zum Ergebnis −26.

Subtrahiere von 8 die Zahl −12 und addiere dazu das Produkt aus −5 und 5.

Bilde die Produkte aus −12 und −5 sowie 15 und −4. Subtrahiere das 2. Ergebnis vom 1.

10. Notiere das Distributivgesetz mit den Variablen a, b und c und den Rechenzeichen + und ·.

11. Übertrage die Tabelle in dein Heft und fülle sie aus. Was fällt dir auf?

a	b	c	a + b	(a + b) : c	a : c	b : c	a : c + b : c
8	−4	−2	8 + (−4) = 4	4 : (−2) =			
−6	12	−3					
−5	−7	−0,5					

12. Nicht immer ist es günstig, zuerst die Klammer auszurechnen.
a) −169 · (18 + 6 − 9 − 13) · (−$\frac{2}{13}$)
b) (−297 + 128) : (−13) − (−137 + 143) · (−4)
c) $\frac{4}{3}$ · (−0,25 − 2) + 17
d) [(37 − 5) : (45 − 53)] · (−9) − 6
e) (178 − 182) · (−4) − 15
f) [(−$\frac{6}{11}$ + $\frac{24}{3}$) · (−11) + 622] : 30
g) −111 + (−1,25 + 12,5) · (−8)
h) [−$\frac{7}{12}$ · ($\frac{3}{5}$ − $\frac{19}{35}$)] : (−$\frac{4}{30}$) + $\frac{3}{4}$

Die Lösungen sind hier im Sack.

LVL 13. Vorsicht Fehler! Hier fehlen Klammern. Setze sie an die richtige Stelle, und das Ergebnis stimmt wieder. Vergleiche deine Entscheidung mit der deiner Mitschülerinnen und Mitschüler.
a) 25 − 30 · 7 = −35
   3 − 4 − 6 : 7 = −1
b) 20 − 33 + 12 · (−5) = 5
   −9 · 47 − 45 − 2 = −20
c) −3 − 12 : (−5) + 12 = 15
   4 + 7 − 8 · 4 − 6 + 5 = −11
d) −9 + 8 − 10 : 2 = −10
   4 − 8 · 4 − 4 = −20
e) −51 − 12 : (−7) − 4 = 5
   −2 + 5 · (−5) + 2 = 21
f) 2 · (−9) − 3 : 10 − 4 · 4 = −16
   4 + 4 · (−4) − 4 : 4 = −1

LVL 14. Setze Rechenzeichen und Klammern zwischen die Ziffern, sodass die Gleichung stimmt. Präsentiere dein Vorgehen.

1 2 3 4 5 6 7 8 9 = 100

5 Rationale Zahlen

Vermischte Aufgaben

1. Dennis führt gewissenhaft Buch über die Einnahmen und Ausgaben der Klassenkasse der 7d.
   a) Berechne den Stand der Klassenkasse für jeden Monat einzeln.
   b) Wie sieht die finanzielle Lage der 7d zur Zeit aus?

Klassenkasse 7d		März:	
Bestand:	+8,50 €	Beiträge im März:	+20 €
Januar:		Blumen für Fr. Cohrs:	−15,60 €
Beiträge im Jan.:	+22 €	Buch für Fr. Cohrs:	−10,90 €
Geschenk für Sabine:	−7,90 €	**April:**	
Februar:		Beiträge im April:	+19 €
Beiträge im Febr.:	+26 €	**Mai:**	
Brötchen, Frühstück:	−20,50 €	Beiträge im Mai:	+26 €
Kleber, Reißzwecken:	−6,80 €	eine Runde Eis:	−35,90 €

2. Berechne. Denke dir die zugehörige Additionsaufgabe, schreibe sie aber nicht mehr auf. $2,66 + (-3,4)$
   a) $2,66 - 3,4$ b) $-1,5 + 2,55$ c) $12,7 + 24,9$ d) $44,3 - 22,9$
   e) $12,9 + 6,4$ f) $3,7 - 6,23$ g) $-16,4 - 32,1$ h) $-51,9 - 42,8$
   i) $-7,61 - 2,4$ j) $-4,46 - 4,64$ k) $-48,9 + 12,1$ l) $13,7 + 83,3$
   m) $-2,3 + 14,6$ n) $-2,9 + 1,65$ o) $38,8 - 47,7$ p) $-28,1 + 61,8$

3. a) $-1\frac{1}{2} + 3$ b) $\frac{3}{2} + \frac{6}{4}$ c) $-\frac{5}{8} + \frac{7}{8}$ d) $1\frac{1}{2} + \frac{2}{3}$
   e) $-\frac{4}{7} + \frac{6}{7}$ f) $-\frac{3}{8} + \frac{1}{2}$ g) $-\frac{7}{9} - \frac{2}{3}$ h) $-\frac{5}{8} + 2\frac{3}{4}$

4. Arbeitet in Gruppen. Rechnet vorteilhaft. *Vom Kleinsten zum Größten ein Baum.*

L	$-8 \cdot 25 \cdot (-30)$	P	$0,25 \cdot (-3) \cdot (-8)$	E	$2 \cdot (-125) \cdot 2,7 \cdot (-0,8)$
Z	$2,3 \cdot 0,4 \cdot (-250)$	I	$10 \cdot (-12) \cdot 0,55$	T	$(-0,01) \cdot (-0,5) \cdot 100 \cdot (-6)$
A	$-\frac{5}{7} \cdot (-\frac{14}{5}) \cdot \frac{8}{8}$	R	$-\frac{1}{8} \cdot \frac{13}{14} \cdot (-\frac{16}{2})$	E	$\frac{9}{4} \cdot (-3) \cdot (-\frac{40}{27}) \cdot (-0,1)$
T	$9 \cdot (-\frac{17}{18}) \cdot \frac{1}{2}$	P	$\frac{7}{9} \cdot (-\frac{10}{13}) \cdot (-\frac{27}{14})$	P	$-\frac{7}{9} \cdot (-\frac{4}{5}) \cdot 18 \cdot \frac{65}{28}$

5. Bestimme zuerst das Vorzeichen, kürze, wenn es geht, und rechne.
   a) $\frac{-4 \cdot (-7)}{-14}$ b) $\frac{3 \cdot (-2) \cdot 4}{-12}$ c) $\frac{-3 \cdot (-4)}{-6}$ d) $\frac{-9 \cdot 5}{15}$
   e) $\frac{-6 \cdot 2 \cdot 8}{-48}$ f) $\frac{-7 \cdot (-6)}{21}$ g) $\frac{-24 \cdot (-7)}{14 \cdot (-6)}$ h) $\frac{-75 \cdot (-108)}{18 \cdot 25}$
   i) $\frac{72 \cdot 132}{(-11) \cdot (-8)}$ j) $\frac{-121 \cdot (-5)}{-110 \cdot 11}$ k) $\frac{-36 \cdot (-80)}{-48 \cdot 45}$ l) $\frac{-126 \cdot (-35)}{189 \cdot (-28)}$

$$\frac{\overset{6}{84} \cdot \overset{-1}{(-9)}}{-135 \cdot (-14)} = -\frac{6}{15} = -\frac{2}{5}$$

6. a) Addiere die Zahlen -12 und 8, multipliziere die Summe mit $-\frac{1}{2}$.
   b) Multipliziere die Summe aus -9 und -16 mit -4.
   c) Multipliziere die Zahl -3 mit -5 und addiere zum Produkt die Zahl -27.

7. Beachte die Klammern und die Regel Punkt- vor Strichrechnung.
   a) $(24 - 19) \cdot (-18 - 2)$ b) $-36 : (-9) + 28 : (-4)$ c) $-42 - 5 \cdot (-8) - 78$
   d) $(-38 - 42) \cdot (-14 + 9)$ e) $(-14 - 25) \cdot (-6 + 16)$ f) $63 : (-9) - 24 : (-4)$

8. Wie lautet das Ergebnis? Notiere zuerst die zugehörige Aufgabe.

a) *Dividiere −36 durch −9 und multipliziere das Ergebnis mit −12.*

b) *Dividiere 28 durch −4 und 96 durch −12. Addiere anschließend die beiden Ergebnisse.*

c) *Dividiere die Summe aus 47 und −98 durch −3.*

d) *Multipliziere −8 und 24 und dividiere das Produkt durch 16.*

5 Rationale Zahlen

1. Zeichne eine Zahlengerade und trage ein:
   $3\frac{1}{2}$ $-6{,}5$ $-2\frac{1}{4}$ $0{,}4$ $4\frac{5}{10}$ $1{,}7$

2. Lies die Zahlen ab und notiere in deinem Heft.

3. Gib den Betrag und die Gegenzahl an.
   -7 $5\frac{1}{4}$ $0{,}6$ $-2{,}54$ $-6\frac{5}{10}$

4. Welche Zahlen haben den Betrag 8,5?

5. a) $4 - 7$ b) $-3 + 8$ c) $2{,}5 - 6$
   d) $14 - 29$ e) $-12 + 26$ f) $-1{,}3 + 9$

6. Ergänze drei weitere Zahlen:
   a) $-5; -10; -15; \ldots$ b) $10; 6; 2; \ldots$
   c) $9{,}5; 6; 2{,}5; \ldots$ d) $-25; -18; -11; \ldots$

7. Berechne von 18, -24, $-4{,}2$ und $-0{,}6$
   a) das Doppelte,   b) die Hälfte,   c) ein Drittel.

8. a) $7 + (-9)$ b) $24 + 63$
   $-12 + (-48)$ $-46 + (-78)$
   $-18 + 77$ $36 + (-64)$

9. a) $-14{,}4 + (-17{,}3)$ b) $16{,}9 + 34{,}6$
   $-3\frac{3}{4} + 7\frac{5}{8}$ $-2\frac{2}{5} + (-\frac{9}{4})$

10. Schreibe zuerst als Summe und berechne.
    a) $-17 - 8$ b) $14{,}9 - 36{,}7$
    $28 - (-42)$ $-28{,}7 - (-62{,}8)$
    $-26 - (-37)$ $12{,}3 - (-16{,}5)$

11. a) $-9 - 24$ b) $-9 + 4 - 8 + 12 - 16$
    $12 - 48$ $13 - 38 - 9 + 63 - 22$

12. a) $26 \cdot (-2)$ b) $18 \cdot (-4)$ c) $9 \cdot (-15)$
    d) $8 \cdot 17$ e) $-6 \cdot 12$ f) $-3 \cdot (-19)$
    g) $-5 \cdot (-15)$ h) $-11 \cdot (-12)$ i) $-10 \cdot 24$

13. a) $-100 : (-4)$ b) $120 : (-5)$ c) $-1{,}44 : (-1{,}2)$
    d) $-77 : 11$ e) $-126 : 14$ f) $-12{,}5 : 2{,}5$

14. Rechne vorteilhaft.
    a) $-7 \cdot (-137 + 243)$ b) $0{,}25 \cdot (-7) \cdot (-8)$
    c) $-56 \cdot 1{,}5 - 14 \cdot 1{,}5$ d) $-10 \cdot (-3{,}8 - 6{,}2)$
    e) $28 \cdot (-5) + 72 \cdot (-5)$ f) $7 \cdot (-48) + 7 \cdot 38$

Ganze Zahlen: 0, 1, -1, 2, -2, 3, -3, ...
Rationale Zahlen:

negative Zahlen   Null   positive Zahlen

Die kleinere Zahl liegt links von der größeren.
Beispiele: $-3{,}3 < -2$ $-0{,}1 < 0$ $-4 < 1$

Der Abstand von Null auf der Zahlengeraden ist der **Betrag** der Zahl: $|-2| = 2$

Zahl und **Gegenzahl** unterscheiden sich nur durch das Vorzeichen, der Betrag ist gleich.

Addieren und Subtrahieren

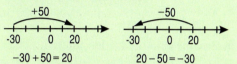

$-30 + 50 = 20$ $20 - 50 = -30$

Vervielfachen und Teilen

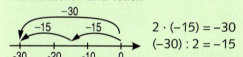

$2 \cdot (-15) = -30$
$(-30) : 2 = -15$

Addition von zwei Zahlen
– mit *gleichen* Vorzeichen:
① Addiere die Beträge.
② Das Ergebnis erhält das gemeinsame Vorzeichen.
$-5 + (-2) = -7;$ $5 + 2 = 7$

– mit *verschiedenen* Vorzeichen:
① Subtrahiere den kleineren Betrag vom größeren.
② Das Ergebnis erhält das Vorzeichen der Zahl mit dem größeren Betrag.
$-5 + 2 = -3;$ $5 + (-2) = 3$

Eine rationale Zahl wird **subtrahiert**, indem ihre Gegenzahl addiert wird.
$-5 - (-2) = -5 + 2 = -3$

Multiplikation bzw. **Division** von Zahlen
– mit *gleichen* Vorzeichen:
① Multipliziere bzw. dividiere die Beträge.
② Das Ergebnis ist positiv.
$-5 \cdot (-2) = 10$ $50 : 2 = 25$

– mit *verschiedenen* Vorzeichen:
① Multipliziere bzw. dividiere die Beträge.
② Das Ergebnis ist negativ.
$-5 \cdot 2 = -10$ $50 : (-2) = -25$

TESTEN · ÜBEN · VERGLEICHEN

TÜV

5 Rationale Zahlen

Grundaufgaben

1. Die Temperatur steigt oder fällt von A nach B. Notiere jeweils als Aufgabe und gib dabei an, um wie viel °C die Temperatur gestiegen oder gefallen ist.

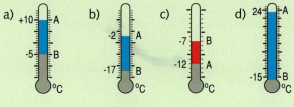

2. Berechne.
   a) −27 + 28
   b) −38 − 124
   c) 64 − 128
   d) −52 + 33

3. a) Welche negative Zahl hat einen doppelt so großen Betrag wie 38?
   b) Der Abstand von Zahl und Gegenzahl auf der Zahlengeraden ist 12,8. Wie heißen sie?

4. a) 4 · (−12)
   b) −126 : 18
   c) 13 · (−8)
   d) −120 : 15

5. Zeichne ein Koordinatensystem und trage die Punkte ein. Du erhältst eine Figur, wenn du die Punkte der Reihe nach verbindest. Wie heißt die Figur?
   A (0|2)   B (3,5|−1,5)   C (0|−5)   D (−3,5|−1,5)   E = A

Erweiterungsaufgaben

1. Es sind zwei Buchungen hintereinander ausgeführt. Gib die fehlenden Angaben an.

1. Buchung (€)			635	−295
2. Buchung (€)	−130	325	−378	
Insgesamt (€)	−265	−470		−38

2. Ordne die Zahlen, beginne mit der kleinsten.
   0,13   −1,3   −0,31   13   −31 $\frac{1}{2}$ $-\frac{1}{2}$ −1,5

3. Die Eckpunkte eines Dreiecks im Koordinatensystem sind A (1|2), B (5|0,5) und C (4|4). Verschiebe alle Punkte um 5 Einheiten nach unten und 6 Einheiten nach links und gib die Koordinaten der neuen Eckpunkte an.

4. a) 40 − ■ = −12
   b) −3 + ■ = −0,5
   c) ■ · (−6) = −4,2
   d) ■ : 3 = −21

5. Berechne das Produkt der Zahlen 12 und −6 und subtrahiere vom Ergebnis 48.

6. Franzi sagt: „In den letzten 10 Runden hatte ich Pech. Ich bin 3-mal auf Tinas Schlossallee geraten und 4-mal auf Tims Opernplatz und musste jedesmal Miete zahlen. Zum Glück sind Tina 2-mal und Tim 3-mal auf meiner Parkstraße gelandet."
   a) Wie viel Geld hat Franzi in diesen 10 Runden gewonnen, wie viel verloren?
   b) Zu Beginn dieser 10 Runden hatte Franzi noch 2 700 €. Wie viel hat sie jetzt?

7. Auf dem einen Würfel sind die Zahlen 1, 2, 3, −4, −5, −6, auf dem anderen die Zahlen −1, −2, −3, 4, 5, 6. Bei einem Wurf mit beiden Würfeln werden die oben liegenden Zahlen multipliziert. Wie viele Möglichkeiten gibt es, dass das Ergebnis kleiner als 5 ist?

Flächeninhalt und Volumen

6

6 Flächeninhalt und Volumen

Flächeninhalt und Umfang von Rechteck und Quadrat

LVL 1. Gruppenarbeit: Hier sind zwei Lernplakate zum Thema „Berechnung von Rechtecken".
  a) Untersucht beide Plakate auf Fehler. Auf einem Plakat sind grobe Fehler!
  b) Vergleicht die Plakate und diskutiert Vor- und Nachteile.
  c) Erstellt gruppenweise je ein Lernplakat zu demselben Thema, das besser ist als die Plakate der Gruppen „Sandra" und „Thorsten" und das auch den Sonderfall des Quadrats zeigt.

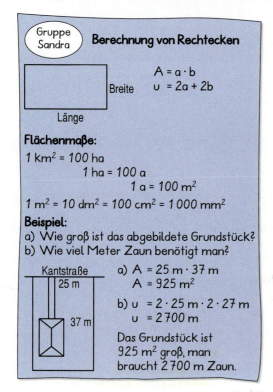

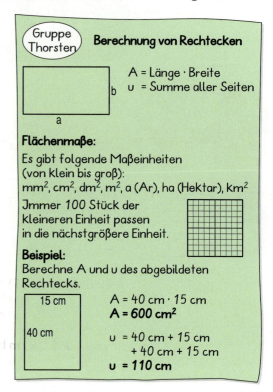

2. a) Wer hat die größere Holzplatte für die Modelleisenbahn?
  Jan: Länge 2,60 m, Breite 2,30 m   Tim: Länge 2,80 m, Breite 2,10 m
  b) Wer braucht mehr Holzleisten für eine Leiste rings um die Platte?

3. Berechne Flächeninhalt und Umfang des Quadrats mit der angegebenen Seitenlänge.
  a) 15 m   b) 36 cm   c) 2,5 m   d) 18,6 m   e) 0,5 cm   f) 0,75 m

4. Was hat den größeren Flächeninhalt, was den größeren Umfang? Vermute zuerst, dann rechne: Ein Rechteck mit den Seitenlängen 4 cm und 6 cm oder ein Quadrat mit 5 cm Seitenlänge?

LVL 5. Auf dem Schulhof wurde eine neue Tischtennisplatte aufgestellt. Stelle zwei Fragen und beantworte sie.

6. Eine Firma bietet rechteckige Markisen in drei Fertiggrößen an. Aus wie viel m² Stoff besteht jede Markise?

Größe	I	II	III
Länge	3,5 m	3,0 m	3,5 m
Breite	4,0 m	4,7 m	5,5 m

6 Flächeninhalt und Volumen   131

7. Wie viele quadratische Platten mit der folgenden Seitenlänge passen auf 1 m²?
   a) 25 cm Seitenlänge   b) 10 cm Seitenlänge

LVL 8. Stefan möchte ein CD-Regal mit 20 Fächern bauen. Er hat alle rechteckigen Bauteile skizziert mit Maßangaben und Stückzahl. Präsentiere deine Lösungen von a) bis c) in der Klasse.
   a) Skizziere das Regal von vorne und von oben.
   b) Die Außenwände sind 0,5 cm dick. Genügt dafür eine Platte von $\frac{1}{4}$ m²?
   c) Die Fachböden sind 3 mm dick. Benötigt man dafür mehr als 0,3 m²?

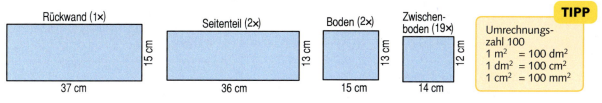

TIPP
Umrechnungszahl 100
1 m² = 100 dm²
1 dm² = 100 cm²
1 cm² = 100 mm²

9. Ein Quadrat hat 1 m Seitenlänge. Wie ändert sich sein Flächeninhalt, wenn man die Seitenlänge verdoppelt, verdreifacht?

LVL 10. Ein Rechteck hat 2 cm und 3 cm Seitenlänge. Wie ändert sich sein Flächeninhalt,
   a) wenn man eine der Seitenlängen verdoppelt, verdreifacht?
   b) wenn man beide Seitenlängen verdoppelt, verdreifacht?
   c) Präsentiere deine Lösungen den anderen.

Notiere alle Längen mit derselben Einheit.

11. Berechne Flächeninhalt und Umfang des Rechtecks.
   a) a = 250 mm   b) a = 6 m   c) a = 13 cm
      b = 20 cm   b = 110 cm   b = 1,5 m

a = 5 m, b = 40 cm
in m   oder   in cm
a = 5 m   a = 500 cm
b = 0,4 m   b = 40 cm
A = 5 m · 0,4 m   A = 500 cm · 40 cm
  = 2,0 m²   = 20 000 cm²

12. Ein Fensterrollo ist 82 cm breit und 1,80 m lang. Berechne den Flächeninhalt bei voller Öffnung.

13. Von einer rechteckigen Terrasse sind der Flächeninhalt und eine Seite bekannt. Wie lang ist die andere Seite?
   a) A = 20 m²   b) A = 16 m²   c) A = 19 m²
      a = 5 m   b = 4 m   b = 3,8 m

A = 60 m², a = 12 m, b
A = a · b
60 = 12 · b
b = ...

14. Bestimme die Seitenlänge des Quadrats und dann seinen Umfang.
   a) A = 25 m²   b) A = 121 m²   c) A = 0,25 m²   d) A = 1,44 m²

gesucht:
a mit a · a = 25

15. Wie groß ist die fehlende Seitenlänge des Rechtecks?
   a) A = 56 cm², a = 7 cm   b) A = 600 m², b = 30 m   c) A = 12,5 m², b = 2,5 m
   d) A = 64 m², b = 8 m   e) A = 800 cm², a = 20 cm   f) A = 32,2 cm², a = 4,6 cm

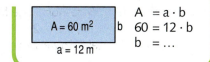

Ergebnisse: 8, 5, 7, 20, 50, 8, 40

LVL 16. Familie Grün besitzt einen rechteckigen Garten, der 12 m lang und 8 m breit ist. Im Zug einer Flächenumlegung sollen sie diesen gegen einen anderen Garten mit gleichem Flächeninhalt tauschen.
   a) Nenne verschiedene Maße für den neuen Garten.
   b) Ist die Zaunlänge für verschiedene Lösungen immer gleich?

LVL 17. Auf der Kapiteleinstiegsseite sollte überlegt werden, wie oft die Fläche von Deutschland in die Fläche der USA hineinpasst. Vergleicht eure Ergebnisse und überprüft sie rechnerisch mit Daten über die Flächengrößen von Deutschland und der USA, die ihr z. B. im Internet finden könnt.

6 Flächeninhalt und Volumen

Nordrhein-Westfalen

1. Wie groß ist der Flächeninhalt des Landes?
   a) Einige Stellen des Landes sind nicht von Rechtecken bedeckt, an anderen Stellen ragen Rechtecke über das Land hinaus. Beurteile nach Augenmaß, ob sich das ungefähr ausgleicht.
   b) Berechne die von Rechtecken bedeckte Fläche. Beachte den Maßstab.

2. Bestimme die ungefähre Größe eines der angegebenen Regierungsbezirke. Kopiere dazu die Grenzen und lege Rechtecke so über die Fläche, dass sich „zu viel" und „zu wenig" etwa ausgleichen. Überlege, diskutiere mit anderen, begründe deine Lösung.

3. Beurteile, ob der Umfang der aus Rechtecken zusammengesetzten Figur ungefähr beschreibt, wie lang die Grenze des Landes ist.

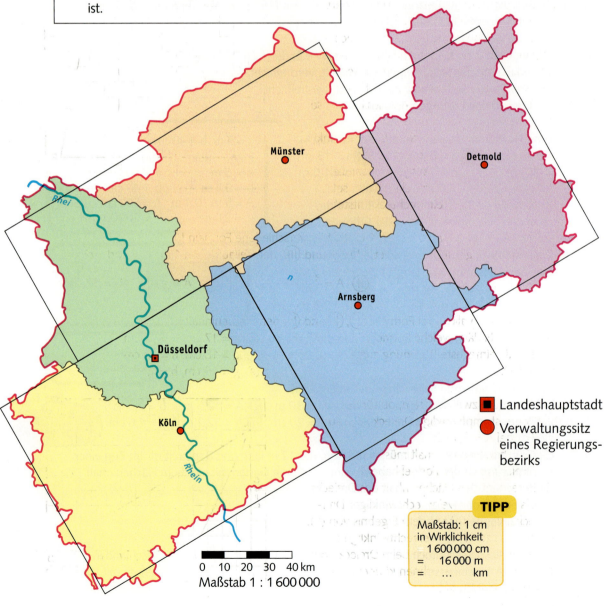

■ Landeshauptstadt
● Verwaltungssitz eines Regierungsbezirks

0 10 20 30 40 km
Maßstab 1 : 1 600 000

TIPP
Maßstab: 1 cm in Wirklichkeit
 1 600 000 cm
= 16 000 m
= … km

6 Flächeninhalt und Volumen

Herleitung der Flächeninhaltsformel für Dreiecke

Bearbeitet die folgenden Aufgaben in Gruppen von je 3 Schülerinnen und Schülern.

1. Für das abgebildete Dreieck ABC soll eine Formel für den Flächeninhalt A angegeben werden.
   Zeichnet das Dreieck ABC viermal und schneidet alle Dreiecke aus.
   Haltet die Ergebnisse von a), b) und c) auf einem Plakat fest.
   a) Nehmt zwei der ausgeschnittenen Dreiecke. Zerschneidet ein Dreieck längs der Höhe h und legt die Teile beim anderen Dreieck so an, dass ein Rechteck entsteht.
   b) Nehmt ein weiteres Dreieck und markiert auf halber Höhe der Strecke $\overline{CH}$ den Punkt D. Zeichnet durch D die Parallele zu g. Schneidet dann längs dieser Parallele den oberen Teil des Dreiecks ab und schneidet diesen längs h noch einmal in zwei Teile. Setzt die Teile am unteren Rest des Dreicks so an, dass ein Rechteck entsteht.
   c) Markiert im vierten Dreieck E als Mittelpunkt von $\overline{AH}$ und F als Mittelpunkt von $\overline{HB}$. Schneidet von E und F aus jeweils parallel zu h links und rechts Dreiecke ab und setzt sie oben so an, dass ein Rechteck entsteht.

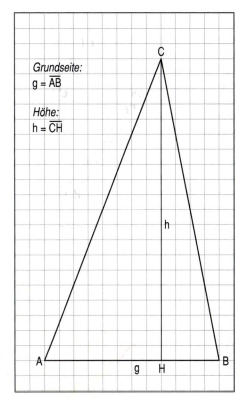

Grundseite:
g = $\overline{AB}$

Höhe:
h = $\overline{CH}$

2. a) Bei den Aufgaben 1 a), 1 b) und 1 c) habt ihr verschiedene Formeln für die Berechnung des Flächeninhalts gefunden. Ordnet ①, ② und ③ den Teilaufgaben 1 a), 1 b) und 1 c) zu.

   ① $A = \frac{g}{2} \cdot h$ ② $A = \frac{g \cdot h}{2}$ ③ $A = g \cdot \frac{h}{2}$

   b) Berechnet nach allen drei Formeln ①, ② und ③ den Flächeninhalt für die Maßangaben ①, ② und ③. Erklärt, welche Formel jeweils die einfachste Rechnung zur Folge hat.

   ① g = 17 cm, h = 14 cm
   ② g = 18 cm, h = 13 cm
   ③ g = 9 cm, h = 7 cm

3. a) Untersucht in zwei Schritten, ob für das abgebildete stumpfwinklige Dreieck ABC auch die Formel $A = \frac{g \cdot h}{2}$ gilt:
   (1) Welchen Flächeninhalt müsste das Dreieck nach der Formel haben?
   (2) Berechnet den Flächeninhalt des Dreiecks als Differenz zweier rechtwinkliger Dreiecke, vergleicht mit dem Ergebnis von (1).
   b) Thorsten sagt: „Mit zwei rechtwinkligen Dreiecken hätte man auch beim Dreieck oben den Flächeninhalt berechnen können."
   Erklärt diese Aussage.

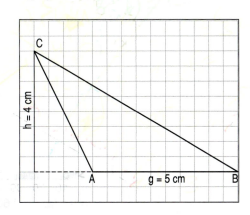

6 Flächeninhalt und Volumen

Flächeninhalt des Dreiecks

Flächeninhalt des Dreiecks:
Grundseite mal zugehörige Höhe, geteilt durch 2
$$A = \frac{g \cdot h}{2}$$

Beispiel:
Welchen Flächeninhalt hat ein Dreieck mit 4 cm langer Grundseite und 3 cm Höhe?
$$A = \frac{4\text{ cm} \cdot 3\text{ cm}}{2} = \frac{12}{2}\text{ cm}^2 = 6\text{ cm}^2$$

1. Miss die Grundseite g und die zugehörige Höhe h. Berechne dann den Flächeninhalt des Dreiecks.

a) b) c) d)

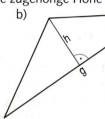 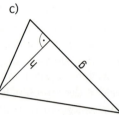 

2. Zeichne das Dreieck ABC. Wähle eine Seite, die auf einer Gitterlinie (senkrecht oder waagerecht) liegt, als Grundseite und zeichne die zugehörige Höhe.
Bestimme beide Längen und berechne den Flächeninhalt.
 a) A(1|6) B(3|6) C(2|8) b) A(1|2) B(6|2) C(2,5|4)
 c) A(2|0,5) B(10|0,5) C(7|5,5) d) A(4|11) B(4|4) C(7,5|9)
 e) A(1,5|10) B(4|12) C(0|12) f) A(9|6) B(9|12) C(4,5|10)

LVL 3. Ein Dreieck, aber drei Rechenwege für den Flächeninhalt:
 a) Führe alle drei Rechenwege aus und vergleiche sie.
 b) Erkläre die Unterschiede und miss selbst die benutzten Längenmaße.

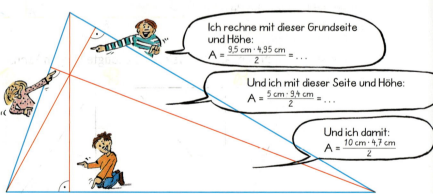

4. Übertrage das Dreieck ins Heft. Wähle eine Seite als Grundseite und zeichne die zugehörige Höhe. Miss beide Längen und berechne den Flächeninhalt des Dreiecks.

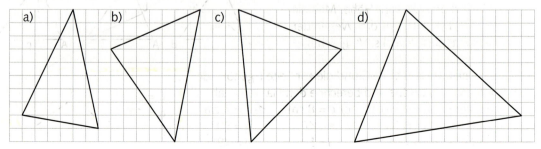

6 Flächeninhalt und Volumen

5. Bestimme den Flächeninhalt und außerdem den Umfang des Dreiecks.

a) b) c) d)

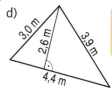

TIPP
Umfang = Summe aller Seitenlängen

6. Zeichne das Dreieck ABC und bestimme seinen Flächeninhalt und seinen Umfang. Die benötigten Seitenlängen und die Höhe entnimmst du deiner Zeichnung.
a) A(0|0) B(9|0) C(5|7)   b) A(5,5|6,5) B(16,5|6,5) C(11,5|13,5)   c) A(0|8,5) B(7|3,5) C(7|8,5)
d) A(1|1) B(9|1) C(1|7)   e) A(10|0) B(15|3,5) C(9|6)   f) A(1|9) B(5,5|9) C(4,5|15)

LVL 7. Zeichne mit einer dynamischen Geometriesoftware verschiedene Dreiecke gleicher Grundseite (g = 8 cm) und Höhe (h = 5 cm). Beginne mit der Strecke g = $\overline{AB}$, zeichne dann einen Punkt P im Abstand h zu g und durch P die Parallele zu $\overline{AB}$. Zeichne mit der Polygonfunktion ein Dreieck ABC mit einem Punkt C auf der Parallelen. Lasse die Punkte A, B fest und verschiebe nur den Punkt C auf der Parallelen. Worin stimmen alle Dreiecke, die du so erhältst, überein? Begründe.

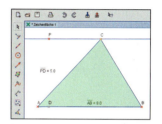

8. Zeichne zwei verschiedene Dreiecke mit g = 5 cm und dem Flächeninhalt A = 20 cm².

LVL 9. Anja und Paul berechnen den Flächeninhalt des Dreiecks auf verschiedenen Wegen. Anja rechnet mit den roten Strecken und Paul mit den blauen. Erkläre, wie beide rechnen, und überprüfe.

a) 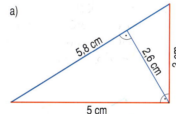 b)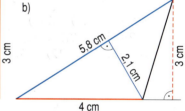

10. Bestimme den Flächeninhalt des Dreiecks. Benötigte Längen kannst du im Bild ablesen.

a) b) c) d)

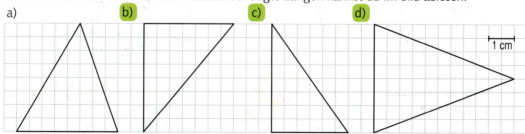

11. Konstruiere ein Dreieck ABC mit den Seiten a = 8 cm, b = 10 cm, c = 12 cm und dann zu jeder Seite die zugehörige Höhe. Miss die Höhen und berechne auf drei Wegen den Flächeninhalt des Dreiecks. Vergleiche.

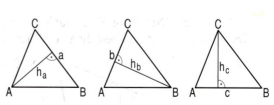

12. Konstruiere das Dreieck ABC und die zur Seite c gehörende Höhe h_c. Miss die Höhe und berechne den Flächeninhalt.

a) c = 7 cm   b) c = 6 cm   c) c = 8 cm   d) c = 7 cm
   α = 60°   α = 75°   α = 40°   α = 30°
   β = 42°   β = 50°   β = 59°   β = 49°

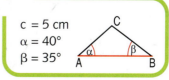

c = 5 cm
α = 40°
β = 35°

TIPP
Zuerst eine Planfigur zeichnen.

6 Flächeninhalt und Volumen

13. Konstruiere ein gleichschenkliges Dreieck ABC und eine seiner Höhen.
Miss die Höhe und berechne den Flächeninhalt des Dreiecks.
 a) Basis: c = 4 cm   b) Basis: c = 7 cm   c) Basis: c = 8 cm
    α = β = 40°   α = β = 55°   γ = 120°

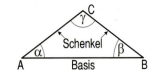

14. a) Konstruiere ein gleichseitiges Dreieck mit 4 cm Seitenlänge und eine seiner Höhen. Berechne Flächeninhalt und Umfang des Dreiecks.
LVL b) Wie ändern sich Flächeninhalt und Umfang bei doppelter Seitenlänge? Präsentiere und erkläre dein Ergebnis den anderen.

15. a) Ein Dreieck mit der Höhe h = 3 cm hat 12 cm² Flächeninhalt. Wie lang ist seine Grundseite?
b) Ein Dreieck mit der Grundseite g = 4,5 m hat 13,5 m² Flächeninhalt. Wie lang ist seine Höhe?
c) Wie hoch muss ein Dreieck mit 7,4 cm Grundseite sein, damit es einen Flächeninhalt von 20,72 cm² hat?

gegeben: $A = 10\ m^2$, $g = 5\ m$
gesucht: Höhe h des Dreiecks
Rechnung: $10 = \frac{5 \cdot h}{2}$
$20 = 5 \cdot h$
$h = 4$
$A = \frac{g \cdot h}{2}$
Antwort: Die Höhe ist h = 4 m.

16. Jens hat den Flächeninhalt eines Dreiecks berechnet: 9,6 cm². Die Grundseite war 6 cm lang. Leider weiß er nicht mehr, wie lang die Höhe war.

17. Berechne den Flächeninhalt.

a) 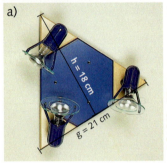   b) 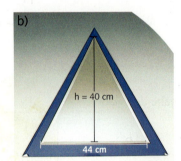   c)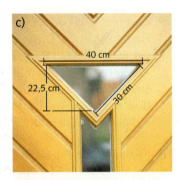

18. Ein Möbelhaus bietet Tische mit dreieckiger Holzplatte an.
 a) Wie viel m² ist der Flächeninhalt einer Platte groß?
 b) Ein Konditor kauft für sein neues Café 25 Tische mit so einer Tischplatte. Wie viel m² Holz werden für die Tischplatten gebraucht?
LVL c) Erkundige dich in einem Möbelgeschäft, wie teuer ein solcher Tisch sein könnte. Berechne damit die Kosten für die Tische aus Teilaufgabe b).

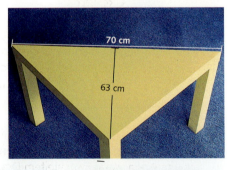

LVL 19. Stelle zu dem Verkehrsschild mit den vorgeschriebenen Maßen mindestens zwei Fragen und beantworte sie.

LVL 20. Wähle selbst ein anderes Verkehrsschild, zeichne es und beantworte eigene Fragen.

a) 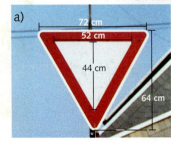   b)

6 Flächeninhalt und Volumen

Zusammengesetzte Flächen

Zerlegen und Addieren:

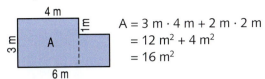

$A = 3\,m \cdot 4\,m + 2\,m \cdot 2\,m$
$ = 12\,m^2 + 4\,m^2$
$ = 16\,m^2$

Ergänzen und Subtrahieren:

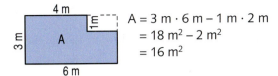

$A = 3\,m \cdot 6\,m - 1\,m \cdot 2\,m$
$ = 18\,m^2 - 2\,m^2$
$ = 16\,m^2$

LVL 1. Partnerarbeit:
a) Erklärt euch die beiden Rechnungen zur Bestimmung des Flächeninhalts A.
b) Findet gemeinsam einen weiteren Weg, wie der Flächeninhalt A berechnet werden kann, und stellt diesen Weg in der Klasse vor.
c) Stellt euch abwechselnd Aufgaben zur Berechnung von Flächen, die aus Rechtecken zusammengesetzt sind. Prüft die Ergebnisse gegenseitig nach.

LVL 2. Berechne den Flächeninhalt. Wähle selbst deinen Lösungsweg. Alle Längen sind in cm angegeben.

a) 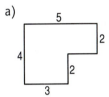 b) 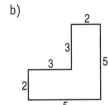 c) 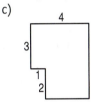 d)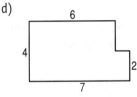

3. Frau Zenz will für ihre Küche ein kleines Eckregal aus Holz bauen. Sie hat die einzelnen Bauteile skizziert mit Angabe der Maße und der benötigten Anzahl.
a) Aus wie viel cm² Holz wird das Regal bestehen?
b) Wie viel € kostet das Holz, wenn 1 m² Holz 6,95 € kostet?

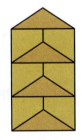
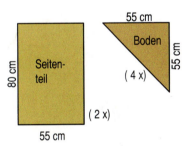

LVL 4. Partnerarbeit: Das Dach einer Kirchturmspitze wird neu eingedeckt. Die Ziegel für die Dachfläche kosten 59 € pro m². Für die Seitenkanten braucht man spezielle Ziegel, die pro Meter 11,50 € kosten. Die quadratische Grundfläche wird mit einer Dachrinne versehen (1 m kostet 15,50 €). Stellt die Materialkosten in einer Liste zusammen und präsentiert sie in der Klasse.

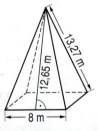

5. Berechne den Flächeninhalt und den Umfang
a) von Annas selbstgebasteltem Drachen.
b) der Sandfläche im Inneren des Spielkastens.

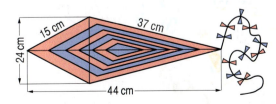

6 Flächeninhalt und Volumen

Ein Hausbau wird geplant

Frau Winkelmann und ihre drei Kinder Lisa, Michael und Nadine besichtigen das Baugrundstück an der Bachstraße, das sie von Onkel Hans geerbt haben.

Während Frau Winkelmann, Lisa, Nadine und Michael noch auf die Antwort des Maklers warten, überlegen sie gemeinsam, ob sie nicht auch selbst ein Haus bauen wollen und sich das auch leisten können.

Sie besuchen mehrere Fertighausfirmen. Ein Haus gefällt ihnen besonders gut:

Haus Konsul für die ganze Familie:

Erdgeschoss: Wohnzimmer, Schlafzimmer, Küche, Bad, Gäste-WC
Obergeschoss: 3 Schlafzimmer, Bad

Schlüsselfertiger Endpreis mit Keller:
238 000 Euro

Maklerbüro
G. Wenzko

Schillerstraße 48
78628 Rottweil
Tel. 07865 318
Fax 07865 319

Ihre Anfrage vom 17. 11. 2009
Grundstückswert

Sehr geehrte Frau Winkelmann,

Ihr Grundstück in der Bachstraße hat die Baustufe II/2; Sie dürfen also nicht mehr als zwei Zehntel der Grundstücksfläche mit einem Haus bebauen. Außerdem darf ein Haus nur Erdgeschoss und Obergeschoss haben. Und schließlich muss der Abstand zwischen den Hauswänden und den jeweiligen Grundstücksgrenzen mindestens 3 m betragen. Ansonsten liegt das Grundstück in einer guten Wohngegend. Ich hätte Käufer für Sie, die 80 Euro pro Quadratmeter bezahlen würden – sowohl für das gesamte Grundstück als auch für Teile davon, wenn sie ein Stück selbst behalten wollen.
Bitte geben Sie mir Bescheid.

Mit freundlichen Grüßen
Gerhard Wenzko

6 Flächeninhalt und Volumen 139

LVL

1. Übertrage die Grundrisse von Erd- und Obergeschoss mit doppelten Längen in dein Heft.

2. Die Grundrisse von Erd- und Obergeschoss sind im Maßstab 1:200 abgebildet. Welchen Maßstab hat deine Zeichnung der Grundrisse im Heft?

3. Wie viel Quadratmeter sind die vier Schlafräume und das Wohnzimmer in Wirklichkeit groß?

Erdgeschoss und Obergeschoss

4. Überlegt mit anderen. Begründet gegenseitig eure Antworten.
Kann sich Familie Winkelmann das Haus Konsul leisten? Wie viel vom geerbten Grundstück sollte verkauft werden? Gibt es Kosten im Zusammenhang mit dem Hausbau, an die keiner der vier gedacht hat? Kann man so viel vom geerbten Grundstück verkaufen, dass auch für zusätzliche Kosten noch Geld übrig ist?

6 Flächeninhalt und Volumen

Ein neues Wartehäuschen

1. Für das Dach wurden vier gleich große rechteckige Glasplatten eingesetzt. Berechne zuerst die Fläche einer Glasplatte, dann die gesamte Fläche.

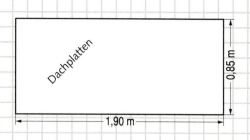

2. a) Wie groß ist ein rechteckiges Seitenteil?
   b) Berechne die Fläche der beiden Seitenteile zusammen.

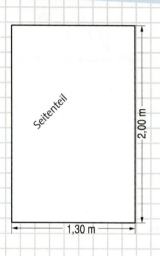

3. Wie groß ist die Fläche der Glaseinsätze auf der Rückwand?
   a) Berechne die rechteckige Teilfläche.
   b) Berechne die dreieckige Teilfläche.
   c) Gib die gesamte Fläche der beiden Glaseinsätze an.

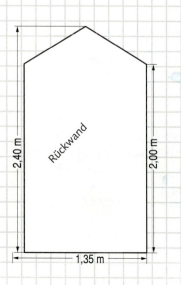

4. Gib die gesamte Fläche der Verglasung des Wartehäuschens in m² an.

5. Wie groß ist die überdachte rechteckige Bodenfläche ungefähr?

BLEIB FIT!

Die Lösungen ergeben drei Spezialitäten aus Italien.

1. Berechne.
 a) ■ · 0,01 = 1,14
 b) ■ : 100 = 0,16
 c) ■ : 0,001 = 9000
 d) ■ : 1000 = 0,017

2. Runde.
 a) 2,45 (auf Zehntel)
 b) 56,755 (auf Hundertstel)
 c) 367,599 (auf Ganze)

3. Berechne.
 a) $3\frac{1}{2} + 5\frac{1}{4}$
 b) $6\frac{2}{3} + 7\frac{1}{2}$
 c) $9\frac{5}{6} - 3\frac{2}{3}$
 d) $8\frac{5}{8} - 3\frac{1}{2}$

4. Berechne den fehlenden Wert.
 a) Wie viel € sind 15 % von 120 €?
 b) Wie viel Prozent sind 45 m von 150 m?
 c) 60 € sind 25 %. Wie viel € sind das Ganze?

5. Wandle um.
 a) 125 mm = ■ cm
 b) 297 cm = ■ m
 c) 1 km 39 m = ■ m

6. Berechne.
 a) 2,35 + 27,58 + 19,03
 b) 97,26 − 23,39 − 15,92
 c) 41,75 · 5
 d) 117,6 : 12

7. Benenne den Winkel.
 a) α b) β

 gestreckter Winkel (10) stumpfer Winkel (20)
 rechter Winkel (30) spitzer Winkel (40)

8. a) $1\frac{3}{5} : 4$ b) $\frac{2}{7} \cdot 3$

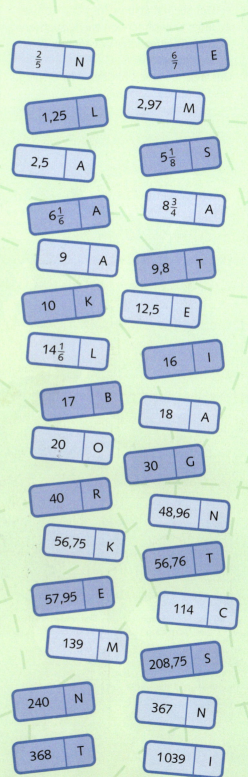

6 Flächeninhalt und Volumen

Ein Schluck aus dem Steinhuder Meer

Aufgabe: In der Nähe von Hannover liegt der See „Steinhuder Meer". Stell dir vor:
1. Der See hat keinen Zu- oder Abfluss.
2. Jeder Einwohner von Niedersachsen schöpft einen Liter Wasser aus dem Steinhuder Meer.

Um welche Höhe sinkt der Wasserspiegel des Steinhuder Meers?

Schätzung
Der Wasserspiegel sinkt um …
- 2 m (Lena)
- 1,20 m (Fahrid)
- 50 cm (Sebastian)
- 80 cm (Nicole)
- 20 cm (Yvonne)
- 40 cm (Yasmin)

144 6 Flächeninhalt und Volumen

Volumen des Quaders

LVL 1. Gruppenarbeit: Erstellt Lernplakate zum Thema „Volumen des Quaders und des Würfels", präsentiert die Plakate in der Klasse und hängt das beste von ihnen an der Klassenwand auf.

2. Berechne das Volumen des Quaders (Längenmaße in cm).

   a) b) c) d)

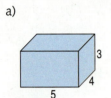 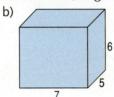 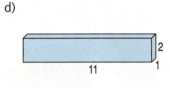

3. Berechne das Volumen eines Quaders mit den angegebenen Kantenlängen.

   a) a = 5 cm   b) a = 9 cm   c) a = 12 cm   d) a = 20 cm   e) a = 35,1 cm   f) a = 24,5 cm
   b = 8 cm   b = 11 cm   b = 7 cm   b = 40 cm   b = 20 cm   b = 20 cm
   c = 7 cm   c = 4 cm   c = 10 cm   c = 55 cm   c = 11 cm   c = 28 cm

4. Berechne das Volumen eines Würfels mit   a) a = 8 m,   b) a = 20 m,   c) a = 0,7 cm.

5. Wie viele Würfel mit $\frac{1}{2}$ m Kantenlänge passen in einen 1-m³-Würfel? Welches Volumen in Liter hat jeder?

TIPP

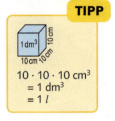

$10 \cdot 10 \cdot 10$ cm³
= 1 dm³
= 1 l

6. Eine Blechdose ist 18,5 cm hoch und hat eine quadratische Grundfläche mit 12 cm Kantenlänge. Berechne ihren Rauminhalt in cm³ und verwandle dann in dm³ und l.

LVL 7. Eine Autozeitschrift testet die Kofferraumgröße mit Hilfe von genormten Koffern. In den Kofferraum passen 2 Koffer der Größe A (Länge 70 cm, Breite 40 cm, Höhe 25 cm) und drei Koffer der Größe B (Länge 60 cm, Breite 35 cm, Höhe 20 cm).
Eine andere Zeitschrift testet mit Normwürfeln (Kantenlänge 10 cm). Sie gibt das Volumen mit 300 Litern an. Erkläre die Messvorgänge und begründe die Unterschiede.

LVL 8. a) Wenn bei einem Würfel die Kantenlänge um 50% vergrößert wird, vergrößert sich auch das Volumen. Mit welchem Faktor ■ muss man V_1 multiplizieren, um V_2 zu erhalten? Es ist einer der folgenden Werte: 1,5 | 2,45 | 3,375 | 4,555 | 5 | 5,55 | 50. Überlege gemeinsam mit einer Partnerin oder einem Partner und stelle die Überlegungen der Klasse vor.

b) Thorsten: „Ich rechne 1,5 · 1,5 · 1,5." Wie kommt er darauf? $V_1 \cdot ■ = V_2$

a um 50% vergrößert

44
45

6 Flächeninhalt und Volumen

9. Sven hat mit Holzwürfeln der Kantenlänge 2 cm ein „Hochhaus" gebaut. Aus wie vielen Würfeln besteht es? Wie groß ist sein Rauminhalt?

a)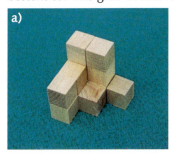
b)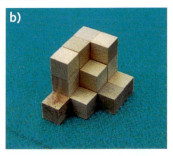
c)

10. Janina hat mit Schachteln (5,2 cm × 3,6 cm × 1,6 cm) gebaut. Welches Volumen hat ihr „Haus"?

a)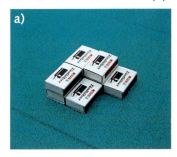
b)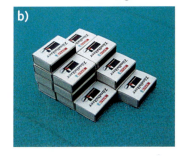
c)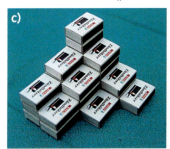

11. a) Berechne das Volumen eines Leimholzbretts mit 80 cm Länge, 20 cm Breite und 1,8 cm Dicke in cm³ und verwandle in dm³.
b) Wie schwer ist eine Ladung von 38 solchen Brettern in g und kg?

12. a) Eine Tür aus Leimholz ist 215 cm hoch, 60 cm breit und 2,8 cm dick. Berechne den Rauminhalt der Tür in cm³ und in dm³.
b) Wie schwer ist eine solche Tür? Berechne in g und kg.

13. Bestimme die fehlende Kantenlänge des Quaders.
a) V = 36 cm³ b) V = 78 cm³ c) V = 120 m³ d) V = 605 m³
   a = 2 cm   a = 13 cm   b = 12 m   a = 11 m
   b = 3 cm   c = 3 cm   c = 5 m   b = 11 m

> V = 30 cm³, a = 4 cm, b = 5 cm
> V = a · b · c
> 30 = 4 · 5 · c

14. Ein Quader hat ein Volumen von 480 cm³. Beurteile, welche Angaben stimmen könnten.
① a = 10 cm, b = 12 cm, c = 4 cm ② a = 48 cm, b = 5 cm, c = 5 cm ③ a = b = 4 cm, c = 30 cm
④ a = b = c = 8 cm   ⑤ a = 4 cm, b = 2 · a, c = 15 cm ⑥ a = 4 cm, b = 6 cm, c = 5 · a

15. Schätze zuerst: In welchen Behälter passt mehr hinein? Berechne dann von beiden das Volumen in cm³. Verwandle in dm³ (= Liter) und runde ganzzahlig.

6 Flächeninhalt und Volumen

Oberfläche des Quaders

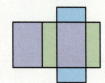

Oberfläche = Summe aller Seitenflächen

Beispiel: a = 25 cm   b = 10 cm   c = 5 cm
$$O = 2 \cdot 25\,\text{cm} \cdot 10\,\text{cm}$$
$$+\; 2 \cdot 25\,\text{cm} \cdot 5\,\text{cm}$$
$$+\; 2 \cdot 10\,\text{cm} \cdot 5\,\text{cm}$$
$$= 500\,\text{cm}^2 + 250\,\text{cm}^2 + 100\,\text{cm}^2$$
$$= 850\,\text{cm}^2$$

LVL 1. Schneide einen quaderförmigen Karton auf, zeige der Klasse die Oberfläche des Kartons und erkläre die Berechnung des Oberflächeninhalts.

2. Welche Oberfläche hat der Quader? (Längen in cm)

a)   b)   c)   d)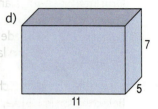

3. Berechne die Oberfläche und das Volumen des Quaders.

a) a = 4 cm	b) a = 12 cm	c) a = 20 cm	d) a = 9 m	e) a = 8 mm	f) a = 12 m
b = 7 cm	b = 5 cm	b = 10 cm	b = 9 m	b = 10 mm	b = 7 m
c = 6 cm	c = 2 cm	c = 35 cm	c = 11 m	c = 6 mm	c = 4,5 m

4. Berechne Oberfläche und Volumen eines Würfels.   a) a = 7 cm   b) a = 16 cm   c) a = 30,5 cm

5. Ein quaderförmiger Briefkasten aus Blech ist 40 cm hoch, 45 cm breit und 11,5 cm tief.

   a) Wie viel cm³ Volumen hat er? Wie viel Liter sind das?
   b) Wie viel cm² Blech braucht man für ihn mindestens?

   TIPP
   Umrechnungszahl 1 000
   1 m³ = 1 000 dm³
   1 dm³ = 1 000 cm³ = 1 *l*

6. Ein Geschäft verschenkt Pappwürfel mit 14 cm Kantenlänge.

   a) Wie groß ist das Volumen eines Würfels?   b) Wie groß ist die Oberfläche eines Würfels?
   c) Reichen 2 m² Pappe zur Herstellung von 20 Würfeln?

7. Familie Marten besitzt einen großen Reisekoffer.

   a) Wie viel Liter Gepäck passen in den Koffer?
   b) Auf die Seitenflächen möchten die Kinder Aufkleber (einen pro dm²) der verschiedenen Reiseziele anbringen.

LVL 8. Ein Tennisball hat einen Durchmesser von 6 cm. Es sollen 4 Tennisbälle in einen quaderförmigen Karton verpackt werden.

   a) Es gibt verschiedene Möglichkeiten. Bei welcher Form braucht man am wenigsten Karton?
   b) Welche Möglichkeiten gibt es, wenn man 6 Tennisbälle in einen Karton packen möchte?

LVL 9. Die Seitenflächen eines Quaders haben drei Flächengrößen: 24 cm², 40 cm² und 60 cm². Überlege zusammen mit anderen, ob sich daraus das Volumen des Quaders bestimmen lässt.

6 Flächeninhalt und Volumen 147

10. a) Wie viel m³ Gerste fasst der Erntewagen, wenn er bis zum Rand gefüllt wird?
    b) 1 m³ Gerste wiegt etwa 700 kg. Wie viel t wiegt die Ladung des vollen Wagens?
    c) Gelagert wird die Gerste in einem quaderförmigen Raum: 3 m hoch, 5 m breit und 6 m lang. Wie viel m³ passen hinein? Wie viel t sind das etwa?
    d) Wie viele Wagenladungen passen hinein?

11. Eine Tiefkühltruhe mit den Innenmaßen 85 cm × 50 cm × 50 cm fasst 200 l. So steht es jedenfalls im Prospekt. Ein Innenmaß stimmt jedoch nicht. Anke und Tanja prüfen nach und rufen die Firma an, die einen einzelnen kleinen Druckfehler im Prospekt zugibt. Erkläre der Klasse, um welchen Druckfehler es sich handelt.

12. Berechne das fehlende Innenmaß der Tiefkühltruhe.
    a) V = 240 l; 100 cm lang, 40 cm breit
    b) V = 540 l; 150 cm lang, 60 cm breit

13. Ein quaderförmiges Schwimmbecken kann mit 210 m³ Wasser gefüllt werden, bis es randvoll ist. Berechne seine Länge, wenn es 7 m breit und 2 m tief ist.

14. a) Die Oberfläche eines Würfels ist 600 cm² groß. Berechne zuerst die Größe einer Seitenfläche, dann die Kantenlänge und zuletzt das Volumen des Würfels.
    b) Löse die entsprechende Aufgabe für einen Würfel mit 864 cm² Oberfläche.

LVL 15. Ein quaderförmiges Schwimmbecken (Maße: 25 m × 15 m × 2 m) soll renoviert werden. Die Fliesen für 1 m² kosten 9,95 €. 1 m³ Wasser kostet 2,50 €. In einer Stunde können 25 m³ Wasser eingefüllt werden. Nach Abschluss der Renovierung schreibt die ausführende Firma eine Rechnung über 7 918 €. Stelle drei Fragen und beantworte sie.

LVL 16. Martin will seiner Mutter eine oben offene Kiste für die Waschmittel bauen. Seine Mutter zeigt, welche Pakete stehend hineinpassen sollen (Längen in cm).
    a) Skizziere eine rechteckige Grundfläche, auf der alle Pakete stehen können. Wie lang und breit ist sie?
    b) Das Holz für die Kiste ist 1 cm dick. Welches sind die Außenmaße der Kiste, wenn sie 15 cm hoch sein soll? Wie viel cm² Holz braucht Martin?

LVL 17. Das Holzgestell ist bis 5 cm unter den Rand mit Kompost gefüllt und soll geleert werden. Die Schubkarre fasst bis zum Rand gefüllt 85 l. Bei einer Gartengröße von 100 m² benötigt man einen Komposter mit ungefähr 1 200 l Fassungsvermögen. Stelle drei Fragen und beantworte sie zusammen mit deinem Nachbarn.

6 Flächeninhalt und Volumen

Zusammengesetzte Körper

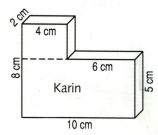
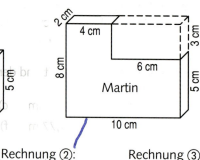

1. Karin, Raja und Martin haben das Volumen des aus Quadern zusammengesetzten Körpers auf unterschiedliche Weise durch *Zerlegen und Addieren* oder *Ergänzen und Subtrahieren* berechnet. Jeder hat skizziert, wie er den Körper zerlegt oder ergänzt hat. Ordne zu: Welches ist Karins Rechenweg, welcher ist der von Raja und der von Martin?

   Rechnung ①:
   $4 \cdot 2 \cdot 8 = 64$
   $6 \cdot 2 \cdot 5 = 60$
   $64 + 60 = 124$
   $V = 124 \text{ cm}^3$

   Rechnung ②:
   $10 \cdot 2 \cdot 8 = 160$
   $6 \cdot 2 \cdot 3 = 36$
   $160 - 36 = 124$
   $V = 124 \text{ cm}^3$

   Rechnung ③:
   $4 \cdot 3 \cdot 2 = 24$
   $10 \cdot 5 \cdot 2 = 100$
   $100 + 24 = 124$
   $V = 124 \text{ cm}^3$

LVL 2. Berechne den Rauminhalt. Vergleiche deinen Lösungsweg mit anderen.

a) 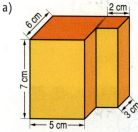   b) 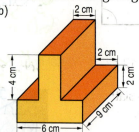   c)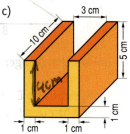

3. Bestimme den Rauminhalt des zusammengesetzten Körpers.

a) 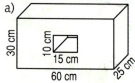   b) 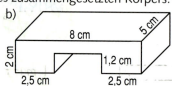   c)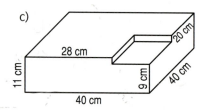

LVL 4. Dieses Kreuz soll aus einer 2,5 cm dicken Silberplatte zugesägt werden. Um die Kosten zu ermitteln, muss das Volumen berechnet werden.
Susanne benötigt für die Rechnung 10 Minuten, Adrian rechnet nach 30 Minuten immer noch und Timo war nach 1 Minute fertig. Wie geht man am geschicktesten vor?
Überlege zusammen mit anderen, begründe.

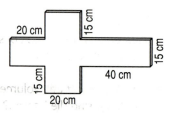

5. Von einem Würfel mit 6 cm Kantenlänge wird an jeder Ecke ein Würfel mit 1 cm Kantenlänge ausgeschnitten. Zeichne eine Seitenfläche des neuen Körpers und berechne seinen Rauminhalt.

6. Vier Würfel mit je 4 cm Kantenlänge werden auf verschiedene Weise zusammengelegt. Auf- oder aneinander liegende Würfel berühren sich dabei auf der ganzen Würfelseite. Wie viele verschiedene Körper findest du? Zeichne die Seitenflächen dieser neuen Körper. Berechne für zwei der Körper den Rauminhalt.

6 Flächeninhalt und Volumen

1. Berechne den Flächeninhalt und den Umfang des Rechtecks.
   a) a = 28 cm   b) a = 16 cm   c) a = 50 mm
      b = 35 cm   b = 5,5 cm   b = 7,7 cm

2. Berechne den Flächeninhalt und den Umfang des Quadrats.
   a) a = 12 cm   b) a = 55 mm   c) a = 5,6 dm
   d) a = 0,8 m   e) a = 0,77 m f) a = $\frac{1}{2}$ m

3. Bestimme die Seitenlänge des Quadrats.
   a) A = 4 cm²   b) A = 64 cm²   c) A = 900 m²
   d) A = 169 cm² e) A = 6 400 m² f) A = $\frac{1}{4}$ km²

4. Bestimme den Flächeninhalt des Dreiecks.

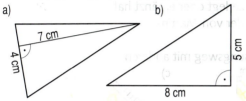

5. Ein Dreieck hat die Seitenlängen a = 13 cm, b = 12 cm, c = 5 cm.
   Zeichne das Dreieck auf ein DIN-A4-Blatt und berechne Flächeninhalt und Umfang.

6. Berechne das Volumen des Quaders.

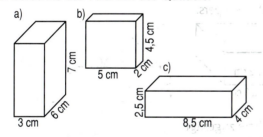

7. Berechne das Volumen des Würfels mit der Kantenlänge 5,5 cm.

8. Ein Würfel hat das Volumen V = 125 000 cm³. Wie lang sind die Kanten?

9. Berechne die Oberfläche des Quaders.
   a) a = 15 cm   b) a = 13 cm   c) a = 7 dm
      b = 6,5 cm   b = 12 cm   b = 9 dm
      c = 14 cm   c = 4,5 cm   c = 3,8 dm

10. Berechne die Oberfläche des Würfels mit der Kantenlänge 13 cm.

Flächeninhalt und Umfang

des Rechtecks 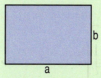   des Quadrats

$A = a \cdot b$ $A = a \cdot a = a^2$
$u = 2 \cdot a + 2 \cdot b$ $u = 4 \cdot a$

Flächeninhalt und Umfang des Dreiecks

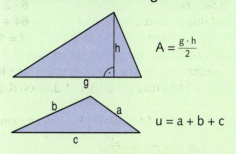

$A = \frac{g \cdot h}{2}$

$u = a + b + c$

Volumen des Quaders

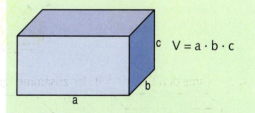

$V = a \cdot b \cdot c$

Volumen des Würfels

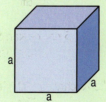

$V = a \cdot a \cdot a = a^3$

Oberfläche des Quaders

„Summe der Flächeninhalte aller Seitenflächen"
$O = 2ab + 2bc + 2ac$

6 Flächeninhalt und Volumen

Grundaufgaben

1. Wandle in die angegebene Einheit um.
  a) $135\ cm^2 = \blacksquare\ mm^2$
  b) $2\,350\ dm^2 = \blacksquare\ m^2$
  c) $1\,250\ mm^2 = \blacksquare\ cm^2$
  d) $255\ dm^3 = \blacksquare\ l$

2. Berechne den Flächeninhalt und den Umfang des Rechtecks.

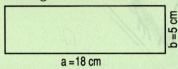

3. Berechne den Flächeninhalt des Dreiecks.

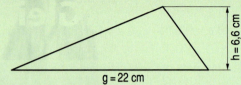

4. Berechne das Volumen und die Oberfläche eines Quaders mit a = 4 cm, b = 3,5 cm, c = 6 cm.

5. Abgebildet ist ein offener Würfel aus Metall und ein Messbecher. Wie oft muss man den Messbecher füllen und den Inhalt in den Würfel gießen, bis der Würfel gefüllt ist?

Erweiterungsaufgaben

1. Herr Pütz möchte den dreieckigen Balkon mit Estrich versehen, um ihn anschließend fliesen zu können.
  a) Zur Isolierung wird ringsum ein Band gelegt. Wie viel Meter Band muss Herr Pütz kaufen?
  b) Wie viel Estrich braucht Herr Pütz, wenn er für einen Quadratmeter 18 kg benötigt?

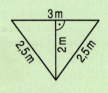

2. Zeichne die Punkte in ein Koordinatensystem (Einheit 1 cm). Verbinde sie und berechne den Flächeninhalt des entstandenen Dreiecks ABC.
  a) A(–7,5|1) B(–2|1) C(–2|7)
  b) A(3,5|2) B(8|2) C(10,5|6)

3. Markus und Tina machen zusammen Hausaufgaben und berechnen die Flächeninhalte von Dreiecken. Die Fläche eines Dreiecks ist 10,5 cm², seine Grundseite 7 cm lang. Markus behauptet, die Höhe sei 3 cm lang, Tina meint, sie sei 3,5 cm lang. Wer von ihnen hat Recht?

4. Berechne den Flächeninhalt der Figur (Länge in cm).

5. Ein Würfel hat eine Oberfläche von 150 cm². Berechne
  a) seine Kantenlänge, b) sein Volumen.

6. Ein Bauhaus bietet 25 cm hohe Pflanzsteine an. Sie sind innen 40 cm und 60 cm lang. Wie viel Liter Blumenerde kann man einfüllen, wenn sie bis 5 cm unter dem Rand gefüllt werden?

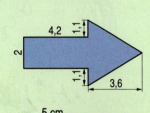

7. Eine Plätzchendose hat eine rechteckige Grundfläche mit den Seitenlängen 25 cm und 18 cm. Wie hoch ist die Dose, wenn sie einen Rauminhalt von 3,6 l aufweist?

8. Eine Milchtüte mit quadratischer Grundfläche hat folgende Maße: a = 7 cm, h = 20,5 cm. Wie viel Liter Milch passen hinein?

Terme und Gleichungen

Anja löst eine Gleichung mit ihrer „Gleichungsprüfmaschine". Wie macht sie das?

7 Terme und Gleichungen

Spiel mit x

Spiel mit x (für 2 oder mehr Spieler)
Ihr benötigt einen Würfel und für jeden Spieler eine Spielfigur.
Es wird der Reihe nach gewürfelt.
In der ersten Runde setzt jeder Spieler seine Figur auf das Startfeld, würfelt und rückt um die gewürfelte Augenzahl vor.
Beim nächsten Mal geht man um so viele Felder vor oder zurück, wie der Rechenausdruck auf dem aktuellen Feld angibt.

x steht für die gewürfelte Augenzahl.

7 Terme und Gleichungen

Rechenwege aufschreiben

7 Terme und Gleichungen

Terme mit Variablen

LVL 1. a) Schreibe zu den Bildern oben jeweils den passenden Rechenweg auf.
b) Überlege dir einen Rechenbefehl, ein Zahlenrätsel oder einen Sachtext, zu dem eine Mitschülerin oder ein Mitschüler einen Rechenweg aufschreiben soll.

Terme beschreiben Rechenwege. Sie können Buchstaben als **Variablen** enthalten.
Wenn man für die Variablen Zahlen einsetzt, erhält man eine Zahl als Ergebnis.
Beispiele: Berechne den Term $3 \cdot x + 7$ für $x = 4$.   Berechne den Term $5 \cdot (x - 2)$ für $x = 8$.
$\qquad\qquad\qquad 3 \cdot 4 + 7 = 12 + 7 = 19 \qquad\qquad\qquad\qquad 5 \cdot (8 - 2) = 5 \cdot 6 = 30$

---

2. Eine Ferienwohnung kostet pro Tag 40 € plus 30 € für die Reinigung am Ende des Aufenthalts. Lege eine Tabelle an und berechne den Preis für 7, 10, 14 und 21 Tage Aufenthalt.

Tage	Preis (€)
x	x · 40 + 30
7	7 · 40 + 30 = …

3. Im Getränkemarkt zahlt man Pfand: 0,15 € für jede Flasche und 1,50 € für den Kasten. Berechne das Pfand für einen Kasten mit 6, 10, 12, 24 oder 30 Flaschen.

Flaschen	Pfand (€)
x	x · 0,15 + 1,50

4. Berechne für die x-Werte 1, 2, 3, 4 und 5. Ist das Ergebnis um so größer, je größer x ist?
a) $5 + x$ b) $2 + 3 \cdot x$ c) $20 - 4 \cdot x$ d) $5 \cdot (x - 2)$ e) $60 : x$

5. Berechne den Umfang eines Rechteckes mit den Seitenlängen a und b mit dem Term $2 \cdot a + 2 \cdot b$ für die Längen:
a) a = 5 m und b = 3 m   b) a = 7,5 m und b = 2,5 m

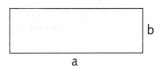

LVL 6. a) Zu dem Term $x + y$ hat sich Anne folgende Rechengeschichte ausgedacht:
Ein Zirkus hat x Löwen und y Tiger. Wie viele Raubtiere sind es insgesamt?
Schreibe selbst zwei Rechengeschichten, die ebenfalls zu diesem Term passen.
b) Schreibe je eine Rechengeschichte zu den Termen $x - y$ und $x : y$.

LVL 7. Daniel und seine Eltern bewohnen eine 3-Zimmer-Wohnung mit Flur, Bad und Küche. Das Zimmer von Daniel ist x m² groß, das Elternschlafzimmer 8 m² größer, das Wohnzimmer doppelt so groß wie Daniels Zimmer. Flur, Bad und Küche sind zusammen 9 m² kleiner als das Wohnzimmer. Welcher Term beschreibt die Größe der Wohnung? Beurteile die angegebenen Lösungen.
① $x + 8 \cdot 2 - 9$ ② $3 \cdot x + 8 - 9$ ③ $x + x + 8 + 2 \cdot x + 2 \cdot x - 9$ ④ $(3 \cdot x + 8) \cdot 2 - 9$ ⑤ $6 \cdot x - 1$

8. Berechne den Term für die Zahlen $x = 2$ und $x = -2$.
a) $x + 3$ b) $20 \cdot x + 1$ c) $3 \cdot x - 5$ d) $3 + 4 \cdot x$ e) $5 \cdot (x + 2)$ f) $(x - 2) \cdot 4$
g) $(x - 2) \cdot (-3)$ h) $19 - 6 \cdot x$ i) $15 + 5 \cdot x$ j) $(-2) \cdot (x + 2)$ k) $8 + 2 \cdot x$ l) $(-1) \cdot (x + 4)$

7 Terme und Gleichungen

9. Eine Schachtel wiegt leer 25 g. Sie wird mit 4-g-Pralinen gefüllt. Der Term 4 · x + 25 beschreibt das Gesamtgewicht einer Schachtel mit x Pralinen. Lege eine Tabelle an und berechne das Gewicht mit 12, 20, 32 und 45 Pralinen.

Anzahl x	Gesamtgewicht 4 · x + 25
12	4 · 12 + 25 = 73

10. Der Eintritt in den Zoo kostet für Kinder 4 €. Dazu kommen 20 € für eine Führung der Gruppe.
   a) Welcher Term beschreibt den Gesamtpreis für x Kinder?
   b) Lege eine Tabelle an und berechne den Gesamtpreis für 23, 25, 28 und 30 Kinder.

| 20 · x + 4 | 4 · x – 20 |
| 20 · x – 4 | 4 · x + 20 |

11. In einem Gefäß befinden sich 150 cm³ Wasser. Pro Minute tropfen 15 cm³ hinein.
   a) Welcher Term beschreibt die Wassermenge nach x Minuten?
   b) Lege eine Tabelle an. Berechne die Wassermenge nach 15, 20, 25 und 45 Minuten.

| 150 · x + 15 | 150 · x – 15 |
| 150 + 15 · x | 150 – 15 · x |

12. Ein Wohnmobil kostet für ein Wochenende 180 €. Darin enthalten sind 100 Freikilometer. Für jeden weiteren Kilometer sind 0,30 € zu zahlen. Berechne den Preis für 280 km, 350 km, 490 km und 620 km. Nenne die gefahrenen Kilometer x. Stelle einen Term auf, setze ein und rechne.

13. In einem Drogeriemarkt kann man seine digitalen Fotos selbst ausdrucken. Die Grundgebühr pro Auftrag beträgt 1 €, der Preis für ein Foto 0,13 €. Berechne mit Hilfe eines Terms den Preis für 35, 80, 125 und 200 Fotos.

14. Gib einen Term an:
   a) vermindert man eine Zahl um 7
   b) das 10-Fache der gesuchten Zahl
   c) subtrahiert man eine Zahl von 100
   d) dividiert man eine Zahl durch 5
   e) vermehrt man eine Zahl um 19
   f) vermindert man 19 um eine Zahl
   g) addiert man zur gesuchten Zahl 5
   h) ein Drittel der gesuchten Zahl
   i) eine ausgedachte Zahl multipliziert mit 7

Termlexikon

x	gesuchte Zahl / ich denke mir eine Zahl
x + 7	addiert man 7 zu einer Zahl / vermehrt man eine Zahl um 7
x – 3	subtrahiere 3 von einer Zahl / vermindert man eine Zahl um 3
9 – x	subtrahiert man eine Zahl von 9 / vermindert man 9 um eine Zahl
3 · x	das Dreifache einer Zahl / multipliziert man eine Zahl mit 3
x : 4	ein Viertel einer Zahl / dividiert man eine Zahl durch 4

15. Ordne den richtigen Term zu. In der Reihenfolge der Aufgaben erhältst du ein Lösungswort.

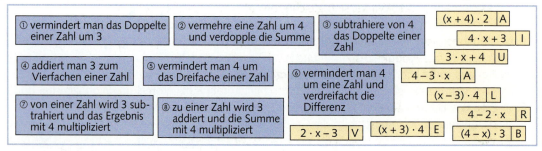

① vermindert man das Doppelte einer Zahl um 3
② vermehre eine Zahl um 4 und verdopple die Summe
③ subtrahiere von 4 das Doppelte einer Zahl
④ addiert man 3 zum Vierfachen einer Zahl
⑤ vermindert man 4 um das Dreifache einer Zahl
⑥ vermindert man 4 um eine Zahl und verdreifacht die Differenz
⑦ von einer Zahl wird 3 subtrahiert und das Ergebnis mit 4 multipliziert
⑧ zu einer Zahl wird 3 addiert und die Summe mit 4 multipliziert

(x + 4) · 2   A
4 · x + 3   I
3 · x + 4   U
4 – 3 · x   A
(x – 3) · 4 L
4 – 2 · x   R
2 · x – 3   V   (x + 3) · 4   E   (4 – x) · 3   B

16. Schreibe als Term, setze anschließend für die Variable zuerst 8, dann –30 ein und berechne.
   a) Von einer Zahl wird 5 subtrahiert und die Differenz verdreifacht.
   b) Zur Hälfte einer Zahl wird 12 addiert und die Summe mit 4 multipliziert.

BLEIB FIT!

Die Ergebnisse der Aufgaben ergeben drei Spezialitäten aus Südost-Europa.

1. a) $\frac{1}{2} + \frac{1}{5}$ b) $1\frac{1}{2} + 2\frac{3}{4}$ c) $4\frac{2}{5} - 1\frac{1}{6}$ d) $3 - \frac{2}{7}$

2. Wandle in die angegebenen Einheiten um.
   a) $\frac{1}{4}$ hl = ■ l
   b) $\frac{7}{10}$ kg = ■ g
   c) $\frac{3}{5}$ m = ■ cm
   d) $\frac{2}{3}$ h = ■ min

3. Berechne den Winkel γ.
   a)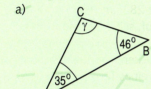
   b)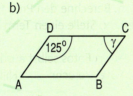

4. a) 2,34 · 10   b) 0,307 · 100
   c) 2,3 : 100   d) 2,34 : 1 000

5. Berechne die fehlende Größe vom Rechteck.
   a) a = 1,6 cm   b = 1,2 cm   u = ■ cm
   b) a = 85 cm   u = 240 cm   b = ■ cm
   c) a = 6,3 cm   b = 4,5 cm   A = ■ cm²
   d) a = 21 cm   A = 399 cm² b = ■ cm

6. Was gilt für jedes Parallelogramm?
   – Gegenüberliegende Seiten sind gleich lang   (1)
   – je zwei Seiten sind zueinander senkrecht   (2)
   – die Diagonalen bilden 4 rechte Winkel   (3)
   – Gegenüberliegende Winkel sind gleich groß   (4)

7. a) Berechne die Summe aus 12,04; 213,8 und 48,13.
   b) Berechne das Produkt aus 72,44 und 32,5.
   c) Addiere 485 und 738, verdopple das Ergebnis.

8. a) 3 Hefte kosten 1,80 €. Wie viel € kosten 5 Hefte derselben Sorte?
   b) Wenn Petra im Urlaub täglich 6 € ausgibt, reicht ihr Taschengeld 15 Tage. Wie viel Tage reicht das Geld, wenn sie 10 € pro Tag ausgibt?

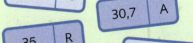

1. Outfit

Bevor es auf Klassenfahrt geht, wollen sich die Schüler der Klasse 7C einheitliche Shirts und Basecaps besorgen.

a) Im Internet stoßen sie auf das folgende Angebot.
- Wie viel Prozent beträgt der Preisnachlass?
- Wie viel musste man vorher für ein gelbes Shirt bezahlen?

% auf alles
Base cap statt 10 € jetzt nur noch 8 €
Shirt blau jetzt nur noch 12,80 €
Shirt gelb sogar nur noch 12 €

b) Alex und Melike sind Klassensprecher. Sie kümmern sich um die Bestellung. Um den Überblick zu behalten, haben sie sich auf dem Computer eine Tabelle angelegt.
- Berechne den Gesamtpreis für die blauen Shirts (Zelle D4).
- Wie viele gelbe Shirts sollen bestellt werden (Zelle B5)?
- Berechne die Zwischensumme (Zelle D7).
- Der Förderverein der Schule will 40 % der Kosten übernehmen. Wie viel € sind das (Zelle D8)?

	A	B	C	D
1		Shirts und Basecaps		
2				
3	Artikel	Menge	Einzelpreis (€)	Gesamtpreis (€)
4	T-Shirt blau	16	12,80	
5	T-Shirt gelb		12,00	144,00
6	Basecap		8,00	224,00
7		Zwischensumme		
8		Förderverein	40 %	
9		Kosten für die Klasse		
10		Kosten pro Schüler		
11				

c) Den Gesamtpreis für die blauen Shirts in der Zelle D4 kann man mit der Formel =B4*C4 berechnen.
- Mit welcher Formel kann man die Zwischensumme in der Zelle D7 berechnen?
- Welche Formel berechnet die anteiligen Kosten für den Förderverein in der Zelle D8?
- Gib jeweils eine Formel für die Zelle D9 bzw. D10 an.

2. Konstruieren und Begründen

a) Führe im Heft die Konstruktion gemäß der nachfolgenden Beschreibung aus.
- Welche der folgenden Aussagen treffen zu? Begründe deine Meinung.

| I. Die Gerade m halbiert die Strecke $\overline{AB}$. |
| II. Die Gerade m und die Strecke $\overline{AB}$ schneiden sich in einem Winkel von 180°. |
| III. Das Viereck APBQ ist eine Raute. |
| IV. Die Strecke $\overline{AS}$ ist doppelt so lang wie die Strecke $\overline{BS}$. |

Konstruktionsprotokoll
1. Zeichne eine Strecke $\overline{AB}$ = 7,5 cm.
2. Zeichne einen **Kreis** k_A mit dem Mittelpunkt **A** und einen **Kreis** k_B mit dem Mittelpunkt **B** mit gleichem Radius. Wähle dabei den Radius so groß, dass sich die Kreise schneiden.
3. Bezeichne die Schnittpunkte von k_A und k_B mit **P** und **Q**.
4. Zeichne die Gerade **m** durch die Punkte **P** und **Q**.
5. Schneide m mit der Strecke $\overline{AB}$. Der Schnittpunkt wird mit **S** bezeichnet.

- Finde zwei weitere Aussagen und begründe mit Hilfe deiner Konstruktion, warum deine Aussagen richtig bzw. falsch sind.

b) Maria und Paul sollen ein gleichschenkliges Dreieck zeichnen, von dem nur folgendes bekannt ist: Eine Seite ist 4 cm lang, ein Winkel ist 100° groß.
- Paul behauptet: „Das gesuchte Dreieck kann weder rechtwinklig noch gleichseitig sein!" Nimm Stellung.
- Maria macht eine Skizze und notiert nebenstehende Überlegungen. Beurteile die Richtigkeit ihrer Überlegungen und begründe dein Urteil!
- Wie könnte das Dreieck aussehen? Zeichne.

| (I) Jeder der beiden anderen Winkel ist 40° groß. |
| (II) Zwei Seiten des Dreiecks sind 4 cm lang. |
| (III) Der Umfang beträgt 16 cm. |
| (IV) Die längste Seite des Dreiecks ist entweder 4 cm lang oder mehr als 8 cm lang. |

Wissen · Anwenden · Vernetzen   159

3. Wann treffen sie sich?

Paul ist ein begeisterter Radfahrer. Jeden Samstag fährt er mit seinem alten Mountainbike einen ca. 48 km langen Rundkurs von Olsberg aus Richtung Elleringhausen, Bruchhausen usw. Die Strecke ist kurvig, aber eben, so dass Paul mit fast gleichmäßiger Geschwindigkeit fährt.

a) Paul startet um 9:00 Uhr. Für den Rundkurs plant er 4 Stunden ein. Mit welcher durchschnittlichen Geschwindigkeit rechnet Paul?

b) Das untenstehende Diagramm beschreibt Pauls Fahrt.
- Wie viel km hat Paul nach 45 Minuten zurückgelegt?
- Wann hat er voraussichtlich $\frac{1}{3}$ der Gesamtstrecke geschafft?

c) Um 10:50 Uhr erhält Pauls Vater die Nachricht, dass Pauls neues Rennrad zu Abholung bereitsteht. 10 Minuten später springt er ins Auto und folgt Paul. Auf der kurvigen Landstraße beträgt die Fahrgeschwindigkeit von Pauls Vater durchschnittlich 48 km/h.
- Zu welcher Uhrzeit startet Pauls Vater?
- Wann könnte er frühestens wieder in Olsberg ankommen?

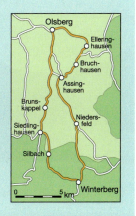

d) Übertrage das Diagramm ins Heft. Trage auch den Graph ein, der die Fahrt von Pauls Vater beschreibt.
- Nach wie viel Minuten Fahrzeit wird er auf Paul treffen?
- Wie viel km des Rundwegs hat Paul dann bereits zurückgelegt?

e) Hätte der Vater Paul früher erreichen können?

4. Spielgeräte

Ein normaler Spielwürfel hat 6 gleiche Flächen, die in der Regel mit den Zahlen von 1 bis 6 beschriftet sind. Ein Ikosaeder ist ein Körper mit 20 gleichen Flächen, deshalb spricht man auch oft von einem „20er-Würfel".

a) Das abgebildete Ikosaeder ist mit unterschiedlichen Farben eingefärbt: 10 Flächen sind blau, 8 Flächen gelb und 2 Flächen rot. Mit diesem 20er-Würfel hat die Klasse 7c Versuche durchgeführt und ihre Ergebnisse in einer Strichliste festgehalten.

blau	͟H͟H͟ ͟H͟H͟ ͟H͟H͟ ͟H͟H͟ ͟H͟H͟ ͟H͟H͟ ͟H͟H͟ ͟H͟H͟ ͟H͟H͟ ͟H͟H͟ ͟H͟H͟ ͟H͟H͟ ͟H͟H͟ ͟H͟H͟ ͟H͟H͟ ͟H͟H͟ ͟H͟H͟ ͟H͟H͟ ͟H͟H͟ I
gelb	͟H͟H͟ ͟H͟H͟ ͟H͟H͟ ͟H͟H͟ ͟H͟H͟ ͟H͟H͟ ͟H͟H͟ ͟H͟H͟ ͟H͟H͟ ͟H͟H͟ ͟H͟H͟ ͟H͟H͟ ͟H͟H͟ ͟H͟H͟
rot	͟H͟H͟ ͟H͟H͟ ͟H͟H͟ ͟H͟H͟ ͟H͟H͟ ͟H͟H͟ IIII

- Wie viele Würfe wurden insgesamt durchgeführt?
- Bestimme sowohl die *relative Häufigkeit* als auch die *Wahrscheinlichkeit* für das Ereignis *rot*.
- Warum weichen *relative Häufigkeit* und *Wahrscheinlichkeit* wohl noch so stark voneinander ab? Formuliere eine Vermutung.

b) Ein Ikosaeder wird auch oft als „Spielwürfel" genutzt. Auf den 20 gleichen Flächen sind dann die Zahlen von 1 bis 20 notiert.

- Regel 1: Man gewinnt, wenn eine Primzahl „gewürfelt" wird. Wie groß ist in diesem Fall die Wahrscheinlichkeit für einen Gewinn?
- Gib eine Regel an, bei der die Wahrscheinlichkeit für einen Gewinn genau 30 % beträgt.

c) Auf dem Schulfest wird eine Tombola veranstaltet. Dort steht: „Jedes 20. Los gewinnt."
- Wie groß ist für diese Tombola die Wahrscheinlichkeit für einen Gewinn? Wähle aus und begründe.

A	B	C	D
2 %	5 %	10 %	20 %

- Im Lostopf sind 760 Nieten. Wie viele Gewinnlose gibt es?
- Beschreibe eine Möglichkeit, diese Tombola mit einem „20er-Würfel" (Ikosaeder) zu „simulieren".

7 Terme und Gleichungen

Lösen von Gleichungen

LVL 1. Erkläre: x = 2 ist eine Lösung der obenstehenden Gleichung, x = 5 ist keine Lösung.

In einer **Gleichung** steht zwischen zwei Termen das Gleichheitszeichen. Wenn man für die Variablen Zahlen einsetzt, erhält man entweder eine wahre (w) oder eine falsche (f) Aussage.
Eine Zahl, die beim Einsetzen eine wahre Aussage liefert, heißt **Lösung**. Oft kann man sie durch Probieren finden.

Gleichung: 2 · x + 1 = 5

x	2 · x + 1	= 5	w/f
0	2 · 0 + 1 = 1	5	f
1	2 · 1 + 1 = 3	5	f
2	2 · 2 + 1 = 5	5	w
3	2 · 3 + 1 = 7	5	f

Lösung: x = 2

---

2. Prüfe, ob die angegebene Zahl Lösung der Gleichung ist.
   a) 5 − x = 1; x = 3
   b) 3 · x + 7 = 10; x = 1
   c) 5 · (x + 1) = 9; x = 2
   d) 4 · x − 8 = 36; x = 11
   e) (x − 8) · 3 = 12; x = 10
   f) 8 − (x − 3) = 6; x = 5

3. Welche Zahl ist Lösung der Gleichung?
   a) 2 · x = 16
   b) x + 3 = 11
   c) 25 − x = 8
   d) x − 7 = 13
   e) x : 8 = 7
   f) 4 · x = 48
   g) x − 17 = 28
   h) 23 + x = 34
   i) x + 13 = 16
   j) 72 : x = 9

LVL 4.

Wie heißt die gesuchte Zahl? Erkläre Maltes und Selinas Lösungsschritte und schreibe sie auf.

5. Löse die Gleichung mit einem Verfahren deiner Wahl.
   a) 3 · x + 2 = 17
   b) 4 · x − 5 = 23
   c) 3 · (2 + x) = 18
   d) (x − 5) · 4 = 16
   e) 7 · x − 30 = 26
   f) 2 · z + 5 = 13
   g) 2 · (y + 9) = 18
   h) 4 · (x + 7) = 56

6. a) 0,4 · x − 5 = 11
   b) 3 · x + $\frac{1}{2}$ = 2
   c) $\frac{1}{3}$ · (z + 4) = 2
   d) (x + 2) · 0,1 = 0,3
   e) $\frac{1}{2}$ · y + 16 = 18
   f) 5 · x − 0,3 = 4,7
   g) 0,2 · (y − 0,5) = 5
   h) $\frac{1}{5}$ · (x − 3) = 2

7 Terme und Gleichungen

Lösen von Gleichungen mit Tabellenkalkulation

1. Ein Tabellenkalkulationsprogramm soll dir helfen, die Gleichung
$3 \cdot x + 7 - 4 \cdot x - 9 + 7 \cdot x = 88$ zu lösen.
a) Lies ab, welche Formel in der Zelle B5 hinterlegt ist, und erkläre sie.
b) Welche Formel ist in Zelle B6 hinterlegt?
c) Lege selbst eine Tabelle für $x = 1$ und $x = 2$ an.
d) Jetzt soll das Programm auch für $x = 3, \ldots$ weiterrechnen. In manchen Programmen geht das so:
① Spalte A: Zellen A5 und A6 markieren – Cursor an die rechte untere Ecke des Zellenblocks – mit gedrückter linker Maustaste nach unten ziehen.
② Spalte B: Zelle B6 markieren – weiter wie vorher.
e) Lies die Lösung der Gleichung ab.

B5		f_x	=3*A5+7-4*A5-9+7*A5
	A	B	C
1			
2	Gleichung:	3*x+7-4*x-9+7*x=88	
3			
4	Einsetzung für x:	Berechnung linke Seite	
5	1	4	
6	2	10	
7	3		
8	4		
9	5		
10	6		
11	7		
12	8		
13	9		
14	10		
15	11		
16	12		
17	13		
18	14		
19	15		

2. Löse die Gleichung durch Probieren mit einer Tabellenkalkulation.
a) $49 + 5 \cdot x + 17 - 13 \cdot x + 6 = 0$
b) $15 + 4 \cdot x - 7 + 13 \cdot x - 8 = 204$
c) $3{,}5 - 7{,}5 \cdot x + 13 + 9 \cdot x - 7{,}8 = 13{,}2$
d) $47{,}5 - (3 \cdot x + 4{,}5) + 2{,}5 \cdot x = 39$
e) $4 \cdot x - 3 \cdot (4 - 7 \cdot x + 6) = 270$
f) $15 \cdot x - 4 \cdot (3 \cdot x + 9) + 36 = 33$

3. Tim hat eine Tabelle angelegt zum Lösen der Gleichung
$13 - 4 \cdot x - 81 + 13 \cdot x + 4 = -100$.
a) In welchem Zahlenbereich vermutest du die Lösung der Gleichung? Begründe.
b) Lege die Tabelle so an, dass du die Lösung der Gleichung ablesen kannst.

	A	B
1		
2	Gleichung:	13 - 4*x - 81 + 13*x + 4 = -100
3		
4	Einsetzung für x	Berechnung linke Seite
5	1	-55
6	2	-46
7	3	-37
8	4	-28
9	5	-19
10	6	-10
11	7	-1
12	8	8
13	9	17
14	10	26

4. Löse die Gleichung durch Probieren mit einer Tabellenkalkulation.
a) $-8 + 5 \cdot x - 71 - 19 \cdot x + 3 = 22$
b) $4 \cdot (3 \cdot x + 9 - 4 \cdot x) - 12 = 68$

5. Vera hat eine Tabelle angelegt zum Lösen der Gleichung
$-2 \cdot x + 17 - 9 \cdot x - 43 + 5 \cdot x = -47$.
a) In welchem Bereich muss die Lösung liegen? Begründe.
b) Lege die Tabelle so an, dass du die Lösung der Gleichung ablesen kannst.

	A	B
1		
2	Gleichung:	-2*x + 17 - 9*x - 43 + 5*x = -47
3		
4	Einsetzung für x	Berechnung linke Seite
5	1	-32
6	2	-38
7	3	-44
8	4	-50
9	5	-56
10	6	-62
11	7	-68
12	8	-74
13	9	-80
14	10	-86

6. Löse die Gleichung durch Probieren mit einer Tabellenkalkulation.
a) $48 - 12 \cdot x + 21 - 7 \cdot x + 32 = 21{,}2$
b) $3{,}5 \cdot x + 7 - 8{,}7 \cdot x + 12{,}3 = -13{,}98$

7 Terme und Gleichungen

Lösen von Gleichungen mit Umkehroperatoren

LVL **1.** Partnerarbeit: Diskutiert den Trick des „Zahlenzauberers".
  a) Welches Ergebnis hätte die Testperson für 100 als gedachte Zahl nennen müssen?
  b) Die Testperson nennt das Ergebnis 88. Wie war die gedachte Zahl?
  c) Überlegt euch selbst ähnliche Zahlentricks.

Viele Gleichungen kann man mit Operatoren darstellen und ihre Lösungen mit Umkehroperatoren berechnen.

Gleichung: $x \cdot 5 + 2 = 62$

Operatoren: $x \xrightarrow{\cdot 5} \blacksquare \xrightarrow{+2} 62$

Umkehroperatoren: $12 \xleftarrow{:5} 60 \xleftarrow{-2} 62$

Probe:
$12 \cdot 5 + 2$
$= 60 + 2$
$= 62$

---

2. Finde die Zahl x mit Hilfe von Umkehroperatoren.
  a) $x \xrightarrow{\cdot 2} \blacksquare \xrightarrow{+8} 22$
  b) $x \xrightarrow{\cdot 8} \blacksquare \xrightarrow{+9} 15$
  c) $x \xrightarrow{\cdot 5} \blacksquare \xrightarrow{+17} 26$
  d) $x \xrightarrow{\cdot 3} \blacksquare \xrightarrow{-7} 17$
  e) $x \xrightarrow{:6} \blacksquare \xrightarrow{+18} 27$
  f) $x \xrightarrow{\cdot 12} \blacksquare \xrightarrow{-35} 25$
  g) $x \xrightarrow{:4} \blacksquare \xrightarrow{+29} 37$
  h) $x \xrightarrow{\cdot 17} \blacksquare \xrightarrow{-28} 40$

3. Schreibe mit Operatoren und löse mit Umkehroperatoren.
  a) $x \cdot 7 = 63$
  b) $y + 19 = 24$
  c) $z - 48 = 60$
  d) $a : 5 = 9$
  e) $b - 17 = 38$
  f) $y \cdot 15 = 30$
  g) $\frac{a}{9} = 7$
  h) $b + 39 = 52$
  i) $\frac{x}{12} = 6$
  j) $z \cdot 5 = 100$

4. a) $x \cdot 4 + 3 = 31$
    b) $y \cdot 5 - 7 = 73$
    c) $a \cdot 3 - 9 = 27$
    d) $x : 2 - 28 = 22$
    e) $b : 6 - 27 = 3$

5. Schreibe als Gleichung und löse sie. Mache eine Probe.
  a) Vermehrt man das Dreifache einer Zahl um 7, so erhält man 31.
  b) Subtrahiert man 17 vom Doppelten einer Zahl, so erhält man 3.
  c) Die Summe aus dem Fünffachen einer Zahl und 45 ist 100.
  d) Vermindert man das Zehnfache einer Zahl um 48, so erhält man 82.

> **Aufgabe:** Vermindert man das Dreifache einer Zahl um 5, so erhält man 7.
> **Gleichung:** $3 \cdot x - 5 = 7$

LVL **6.** Schreibe eine Textaufgabe zur Bildergeschichte und löse sie mit einer Gleichung.

7 Terme und Gleichungen

Terme vereinfachen

Setzt euch in Gruppen zu jeweils 4 Schülerinnen und Schülern zusammen und bearbeitet die folgenden Aufgaben.

1. a) Warum kann sich der Junge im Bild rechts darauf beschränken, an die Zahl für x einfach zwei Nullen anzuhängen?
    b) Wie kann man die folgenden Terme für die angegebenen Einsetzungen leicht im Kopf berechnen?

    ① $97 \cdot x - 95 \cdot x$ für $x = 38$ und $x = 51$

    ② $167 \cdot y + 33 \cdot y$ für $y = 14$ und $y = 32$

    ③ $7 \cdot x + 41 \cdot x - 38 \cdot x$ für $x = 67$ und $x = -19$

2. Ilka sollte die nebenstehende Tabelle zu dem angegebenen Term ausfüllen. Dabei verzichtete Ilka auf einen Taschenrechner und war nach genau 27 Sekunden fertig. Wie hat sie das geschafft? Stellt eure Erklärung in der Klasse vor.

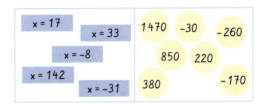

3. Zum Term $16 \cdot x - 37 - 6 \cdot x + 87$ sind fünf Einsetzungen und sieben Rechenergebnisse angegeben.
    Welches Rechenergebnis gehört zu welcher Einsetzung?
    Ordnet ohne TR-Benutzung richtig zu.

4.

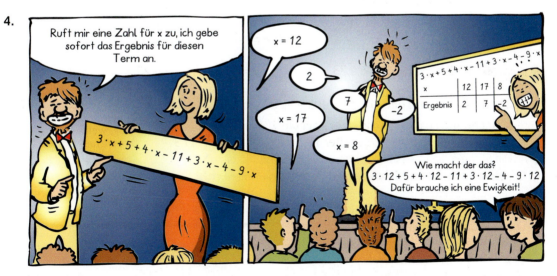

   a) Herr Adam Riesig tritt als Rechenkünstler auf. Natürlich arbeitet er mit einem Trick. Beschreibt diesen Trick.
   b) Wendet den Trick auf den Term an.

   ① $25 + 17 \cdot y - 33 + 80 \cdot y + 3 \cdot y + 9$ ② $28 \cdot x + 34 - 19 \cdot x - 11 - 7 \cdot x + 177$

7 Terme und Gleichungen

Ordnen und Zusammenfassen

> Vielfache **derselben** Variablen darf man zusammenfassen.
> Beispiele:
> (1) $2 \cdot x + 5 \cdot x = 7 \cdot x$
> (2) $7 \cdot x - 5 \cdot x = 2 \cdot x$
> (3) $5 \cdot x + 7 - 2 \cdot x + 13 - 2 \cdot x$ ⎫ ordnen
> $= 5 \cdot x - 2 \cdot x - 2 \cdot x + 7 + 13$ ⎬
> $= x + 20$ ⎭ zusammenfassen
>
> Vereinbarung: $1 \cdot x = x$

1.

Partnerarbeit: Erklärt, wie man die Hausaufgabe in nur 10 Minuten schaffen kann, und berechnet den Term für die angegebenen Einsetzungen.

2. Termwand! Ordne die Buchstaben den richtigen Feldern zu. Du erhältst einen kurzen Satz.

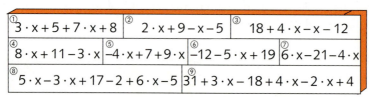

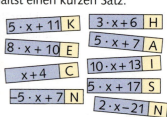

3. Vereinfache den Term durch Ordnen und Zusammenfassen, dann berechne ihn für die angegebenen Einsetzungen.

a)
$6x + 8 + 5x + 4 - 9x - 1$			
$x = 7$	$x = -5$	$x = 18$	$x = 3$

b)
$5 + 7y + 9 - 2y - 11$			
$y = 4$	$y = 9$	$y = -10$	$y = 5$

TIPP
In Termen lässt man das Multiplikationszeichen weg, wenn dadurch kein Irrtum entsteht.
$4 \cdot x$ kurz: $4x$
$x \cdot y$ kurz: xy
$3 \cdot (x + 2)$ kurz: $3(x+2)$

4. Erfinde selbst zwei Terme, die sich zu $2x + 1$ zusammenfassen lassen, und stelle sie vor.

5. Löse die Gleichung wie im Beispiel.
a) $3y - 7 + 8y - 43 = 5$
b) $4x + 6 + 3x + 5 = 18$
c) $18 + 3y - 17 + 5y = 17$
d) $38 - 4x + 7 + 9x = 70$

TIPP
Beim Ordnen immer erst die Variable, dann die Zahlen.

$3x + 7 + 5x - 3 = 28$ ⎫ ordnen
$3x + 5x + 7 - 3 = 28$ ⎬
$8x + 4 = 28$ ⎭ zusammenfassen

$x \xrightarrow{\cdot 8} \boxed{} \xrightarrow{+4} 28$
$3 \xleftarrow{:8} 24 \xleftarrow{-4} 28$

Lösung: $x = 3$

6. a) $38 - 4x + 7 + 9x - 13x = -3$
b) $18 + 19x + 14 - 12x - 1 = -4$
c) $-12y - 7 - 3 + 20y + 29 = -21$

7 Terme und Gleichungen

Vermischte Aufgaben

1. Schreibe die Gleichung mit Operatoren und löse sie.
   a) $(x + 2) \cdot 3 = 30$
   b) $(x - 5) \cdot 4 = 48$
   c) $(x + 7) : 5 = 4$
   d) $(x + 7) \cdot 8 = 16$

2. Schreibe mit Operatoren und löse dann. Manchmal musst du erst vertauschen. Erkläre.
   a) $z \cdot 3 + 2 = 23$
   b) $(x + 2) \cdot 2 = 18$
   c) $4 \cdot x + 7 = 35$
   d) $8 + y \cdot 2 = 26$

3. a) $y \cdot 7 - 18 = 3$
   b) $3(a - 3) = 42$
   c) $y : 5 - 13 = 2$
   d) $8 + 7 \cdot z = 57$
   e) $(x - 4) \cdot 8 - 7 = 25$
   f) $(x + 6) : 4 = 2$
   g) $u : 4 - 8 = 5$
   h) $(y - 7) : 5 + 3 = 8$

4. Wie hoch ist das monatliche Taschengeld? Vergleiche deine Lösung mit den Lösungen anderer.

   a) **Olga:** Wenn ich mein Taschengeld 6 Monate spare und mir einen Walkman für 69 € kaufe, habe ich noch 9 € übrig.

   b) **Jens:** Ich habe mein Taschengeld schon 4 Monate gespart. Jetzt fehlen mir noch 6 €, damit ich mir das Computerspiel zu 54 € kaufen kann.

   c) **Jasmin:** Wenn ich mein Taschengeld 5 Monate spare und die 30 €, die ich zum Geburtstag bekommen habe, dazutue, dann habe ich genau 100 €.

5. Schreibe als Gleichung und löse. Mache die Probe mit dem Aufgabentext.
   a) Verdreifache die Summe aus einer Zahl und 17. Du erhältst 69.
   b) Von einer Zahl wird 8 subtrahiert und das Ergebnis mit 3 multipliziert. Man erhält 36.

6. a) Denke dir ein Zahlenrätsel aus. Stelle es deinen Mitschülern und kontrolliere deren Lösungen.
   b) Erfinde zwei Zahlenrätsel, beide mit der Lösung 8.

7. a) 0,40 €   0,40 €
   Zusammen 2,60 €. Wie viel kostet ein Stift?

   b) 0,90 €   0,90 €
   Zusammen 3,20 €. Wie teuer ist eine Flasche Cola?

   c) 0,90 €
   Zusammen 6,40 €. Wie teuer ist eine Rolle Kekse?

   d) 1,30 €
   Zusammen 6,10 €. Wie teuer ist eine Zahnbürste?

8. Vereinfache den Term so weit wie möglich.
   a) $7z + 16 - 4z + 2z - 20$
   b) $14 + 8x + 9 - 6x + 4$
   c) $3y - 8 + 5y + 8y - 20$
   d) $18 - 4y - 6 - 5y - 8$
   e) $17z + 19 - 4z - 5z + 28$
   f) $7x + 8 - 3 + 9x + 15$

9. Löse mit einer Gleichung: Drei Geschwister haben zusammen 54 Euro gespart. Lara hat dreimal so viel gespart wie Dana. Tobias hat 2 Euro weniger gespart wie Lara. Wie viel Euro hat jedes Kind gespart?

10. Ursprünglich war das Bauland 1 700 m² groß, jetzt haben dort die Familien Altmann, Beier, Cyprian und Dankelmann gebaut. Beiers und Cyprians haben ein Doppelhaus auf gleich großen Grundstücken gebaut. Das Grundstück der Altmanns ist dreimal so groß wie das von Beiers und 140 m² größer als das der Dankelmanns. Wie groß sind die einzelnen Grundstücke?

7 Terme und Gleichungen

Rechengeschichten

1. Der Filmstreifen erzählt euch eine Geschichte mit glücklichem Ende.
   a) Spielt die Bildergeschichte vor der Klasse nach.
   b) Schreibe die Geschichte in kurzen Sätzen auf.
      Beginne so:
      Tom bekommt von seiner Oma 10 Euro.
   c) Bearbeite folgende Aufgaben zusammen mit deinem Nachbarn oder deiner Nachbarin:
      Wie teuer ist ein Apfel?
      Tipp: Nennt den Preis für einen Apfel x, stellt eine Gleichung auf und löst sie.

2. Stelle mindestens drei Fragen und beanworte sie.

3. Herr Müller verkauft auf einer Kirmes Autopolitur. Bei Arbeitsbeginn hat er 100 Euro Wechselgeld in seiner Kasse. Bis zur Frühstückspause verkauft er 9 Flaschen und bis zum Mittag weitere 28 Flaschen. In der Pause nimmt er sich 4,50 € für eine Pizza aus der Kasse. Bis zum Feierabend verkauft er dann noch weitere 54 Flaschen. Als er am Ende des Arbeitstages die Standgebühr von 85 € bezahlt hat, sind noch 1 330 € in seiner Kasse.
   a) Stelle eine Frage und beantworte sie.
   b) Gruppenarbeit: Überlegt euch ein Produkt, das verkauft werden soll, und einen Preis dafür. Schreibt eine Verkaufsgeschichte wie oben und stellt die Aufgabe euren Mitschülerinnen und Mitschülern.

4. Schreibe selbst eine Geschichte oder male eine Bildergeschichte zu der Gleichung und löse sie.
   $50 - 2 \cdot x + 7 - 3 \cdot x = 12$

7 Terme und Gleichungen

Gleichungen mit der Variablen auf beiden Seiten

1. Partnerarbeit: Diskutiert die Lösungsversuche von Paul und Paula.
   a) Warum scheitert der Lösungsversuch mit Operatoren und Umkehroperatoren?
   b) Paul meint: „Die gesuchte Zahl ist auf jeden Fall positiv!" Was sagt ihr dazu?

(1) $8x - 5 = 4x + 19$

x	8x − 5		4x + 19
1	3	<	23
2	11	<	27
10	75	>	59
5	35	<	39
⑥	43	=	43

Lösung: $x = 6$

10 war zu viel, also wieder mit kleinerer Zahl probieren!

(2) $3y + 11 = 5y + 17$

y	3y + 11		5y + 17
1	14	<	22
2	17	<	27
10	41	<	67
−1	8	<	12
−2	5	<	7
⊖3	2	=	2

Lösung: $x = -3$

Falsche Richtung! Die rechte Seite wird noch schneller größer als die linke Seite!

2. Finde die Lösung durch Probieren mit einer Tabelle oder mit einem Tabellenkalkulationsprogramm.
   a) $6x + 5 = 2x + 21$ b) $3y - 3 = 2y + 5$ c) $7z - 6 = 2z - 26$ d) $5y - 7 = 2y + 8$

3. Überlege, ob die Lösung eine positive oder eine negative Zahl ist. Dann löse mit einer Tabelle.
   a) $7x + 8 = 3x - 32$ b) $3x - 6 = 2x + 15$ c) $6z - 15 = 3z + 12$

4. Stelle eine Gleichung auf und löse sie mit Hilfe einer Tabelle.
   a) Wenn man das 6-Fache einer Zahl um 3 verkleinert, erhält man dasselbe, wie wenn man das Doppelte der Zahl um 17 vergrößert.
   b) Wenn man das Dreifache einer Zahl um 5 vergrößert, erhält man dasselbe, wie wenn man das Doppelte der Zahl um 1 verkleinert.

5. Ordne und fasse auf jeder Gleichungsseite zusammen. Löse dann durch Probieren mit einer Tabelle.
   a) $2y + 3 + 5y + 5 = 9y - 17 - 15 - 6y$ b) $5z - 12 + 6z - 7 = 17 + 4z + 13$
   c) $8 + 4x + 5 = -14x + 8 - 15 + 16x$ d) $14y - 8 + 1 - 4y = -12 + 10y - 7 - 3y$

LVL 6. Frau Schmidt und Herr Krause haben Einzelzimmer in derselben Pension. Herr Krause bleibt 4 Nächte und gibt zusätzlich 94 € aus, Frau Schmidt bleibt 6 Nächte und gibt zusätzlich 52 € aus. Am Ende haben beide denselben Betrag ausgegeben. Stelle eine Frage, notiere eine passende Gleichung und löse sie.

7 Terme und Gleichungen

Lösen von Gleichungen durch Umformen

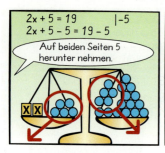

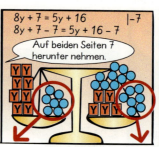
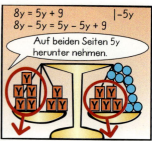

LVL 1. Die obigen Bilder veranschaulichen nicht alle Umformungen im Waagemodell. Wie geht es weiter? Übertrage die Veranschaulichungen in dein Heft und vervollständige sie.

> Man kann Gleichungen durch folgende Umformungen vereinfachen:
> – **auf beiden Seiten** dasselbe addieren oder subtrahieren,
> – **beide Seiten** mit derselben Zahl außer Null multiplizieren oder durch sie dividieren.

(2) $7x + 5 = 3x + 29$ $\quad | -5$
$\;\; 7x + 5 - 5 = 3x + 29 - 5$
$\quad\quad\quad 7x = 3x + 24$ $\quad | -3x$
$\quad 7x - 3x = 3x - 3x + 24$
$\quad\quad\quad 4x = 24$ $\quad\quad | : 4$
$\quad\quad 4x : 4 = 24 : 4$
$\quad\quad\quad\; x = 6$

(1) $8x + 3 = 59$ $\quad | - 3$
$\quad\quad 8x = 59 - 3$
$\quad\quad 8x = 56$ $\quad | : 8$
$\quad\quad\; x = 7$
Probe:
$8 \cdot 7 + 3 = 56 + 3 = 59$

2. Löse die Gleichung und mache die Probe.
a) $6x + 5 = 3x + 26$ \quad b) $4y - 3 = 2y + 9$
c) $6z - 4 = 2z - 20$ \quad d) $9x + 5 = 19 + 7x$
e) $5y + 8 = 3y - 14$ \quad f) $6 + 2z = 41 - 5z$
g) $9 + 8z = 2z - 27$ \quad h) $7 + 5x = 39 - 3x$

Gleichung: $\quad\quad\quad 5y - 3 = 3y + 7$
berechnete Lösung: $\quad y = 5$
Probe:
linke Seite: $\;\; 5 \cdot 5 - 3 = 25 - 3 = 22$
rechte Seite: $3 \cdot 5 + 7 = 15 + 7 = 22$

3. a) Wie lang ist x? Weg von A nach B: 21 cm

b) Wie lang ist x? Weg von A nach B: 3x

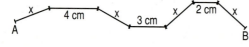

4. Fasse auf beiden Gleichungsseiten wie im Beispiel so weit wie möglich zusammen und löse dann durch Umformen.
a) $6x + 8 + 3x + 5 = 64 + 4x - 5$ \quad b) $4y + 9 + 3y = 8 + 5y + 19$
c) $4z + 8 - z + 3 = 2z + 23$ \quad d) $14 + 3x + 5x - 2 = 49 + 5x - 10$

$3x + 7 + 5x = -6 + 6x + 23$
$3x + 5x + 7 = 6x - 6 + 23$
$\quad\quad 8x + 7 = 6x + 17 \quad | - 6x$
...

5. Löse die Gleichung und führe anschließend eine Probe durch.
a) $5x + 6 = 2x - 15$ \quad b) $7 - 4y = 6y - 23$ \quad c) $5 + 2z + 9z = 7z + 41$
d) $15 - 4y = -7y - 3$ \quad e) $2z + 9 = 14 - 3z$ \quad f) $6x - 11 - 3x = -7x - 71$
g) $13 - 5z = -17 - 7z$ \quad h) $11x - 21 = -4x + 24$ \quad i) $9 - 4y - 6 = -9y - 22$

15
42

7 Terme und Gleichungen

6. Altersrätsel! Stelle die Gleichung wie im Beispiel auf und löse sie. Louis ist drei Jahre älter als seine Schwester Laura. Zusammen sind sie 29 Jahre alt. Wie alt ist Laura?

> Alter von Laura: x
> Alter von Louis: x + 3 (Warum?)
> Gleichung:
> Alter von Louis + Alter von Laura = 29

7. Beim Kuchenverkauf nahm die Klasse 7b am ersten Tag doppelt so viel Geld ein wie am Tag darauf. Insgesamt nahm die Klasse 78 € ein.

> Einnahmen am 2. Tag: y
> Einnahmen am 1. Tag: 2y
> Gleichung: y + 2y = ▩

8. Formuliere zu der Sachaufgabe eine Frage, stelle dann eine Gleichung auf und löse sie.

a) Jan kauft eine Tüte Chips zu 2,40 € und zwei Dosen Cola. Insgesamt bezahlt er 3,38 €.

b) Frau Schneider und ihr Sohn sind zusammen 56 Jahre alt. Sie ist dreimal so alt wie ihr Sohn.

c) Auf dem Trödelmarkt nimmt Lena insgesamt 48 € ein. Dabei verkauft sie am Vormittag nur halb so viel wie am Nachmittag.

9. a) Addiert man zum 5-Fachen einer Zahl 18, so erhält man 63.
b) Subtrahiert man vom Doppelten einer Zahl 26, so erhält man 24.

10. a) Heike und Frank haben sich dieselbe Zahl gedacht. Heike vergrößert das 6-Fache der Zahl um 4. Frank zieht vom 9-Fachen der Zahl 11 ab. Beide kommen zu demselben Ergebnis. Welche Zahl ist es?
b) Wenn man das 4-Fache einer Zahl um 5 vergrößert, so erhält man dasselbe, wie wenn man von 19 das 3-Fache dieser Zahl abzieht. Wie heißt die Zahl?

> 4-Faches der Zahl: $4x$
> vergrößert um 5: $4x + 5$
> 3-Faches der Zahl: $3x$
> von 19 abgezogen: $19 - 3x$
> erhält man
> dasselbe wie: $4x + 5 = 19 - 3x$

LVL 11. Schreibe zu der Gleichung ein Zahlenrätsel und stelle es deinem Nachbarn oder deiner Nachbarin.
a) $5y + 13 = 108$ b) $4x - 7 = 3x - 4$ c) $8x + 2 = 5x + 11$

LVL 12. Die Gleichung an der Tafel ist falsch gelöst. Erkläre deinem Nachbarn, welcher Fehler gemacht wurde, und löse anschließend richtig.

a)
Sabine

b)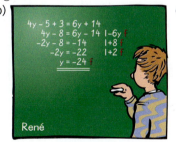
René

c)
Shirley

13. Vereinfache zunächst die Gleichung durch Ordnen und Zusammenfassen. Löse sie dann und führe anschließend die Probe durch. Auf den Luftballons findest du alle richtigen Lösungen.

a) $5x + 8x - 7 - 4x + 5 - 3x - 7 = 8 - 2x + 11x - 20 - 5x - 3$
b) $17 - 6x - 11 + 4x - 2 + 4x - 12 = 2x + 8 + 11x - 6 - 5x - 3x + 5$
c) $5 - 13x - 9 + 17x - 6 - 7x + 1 = 3 - 7x + 5x - 18 + 6 - 6x + 20$
d) $-2x - 7 + 9x - 14 + 20 - 4x + 6 = 14x - 9 - 7 - 12x + 9x + 8 - 7x + 21$
e) $5 - 2x + 3 - 4x + 7 - 8x + 13 = 4x - 8 + 7x - 48 - 3x - 26$

7 Terme und Gleichungen

Lösen von Sachaufgaben durch Gleichungen

Stelle zu jeder Aufgabe mindestens eine Frage und beantworte sie.

1. Das Schullandheim im Westerwald hat 3-Bett-Zimmer, 4-Bett-Zimmer und Einzelzimmer für Lehrkräfte. Insgesamt sind es 31 Zimmer. Es gibt doppelt so viele 3-Bett-Zimmer wie Einzelzimmer. Die Zahl der 4-Bett-Zimmer ist um 1 größer als die Zahl der 3-Bett-Zimmer.

2.

   - Na, können wir jetzt die leckere Erdbeermarmelade kochen?
   - Ich habe doppelt so viel wie Mäxchen gepflückt.
   - Klar, wir haben 11 Kilo gepflückt.
   - Ich habe 1 kg mehr als Tine gepflückt.

3. Herr Strohwasser verdient in seiner Drogerie vor allem durch den Verkauf eines Wundermittels zur Förderung des Haarwuchses. Am Montag verkaufte er 12 Flaschen, die übrigen Einnahmen betrugen 109 €. Am Dienstag verkaufte er 15 Flaschen, die übrigen Einnahmen betrugen 81 €. Am Dienstag waren die Einnahmen 152 € höher als am Montag.

4. Sabrina und Natalie haben auf einer fünftägigen Radtour insgesamt 242 km zurückgelegt. Am 2. Tag sind sie 3 km mehr als am 1. Tag geradelt, am 3. Tag eine doppelt so lange Strecke wie am 1. Tag. Am 4. Tag radelten sie 1 km weniger als am 1. Tag und am 5. Tag haben sie 12 km mehr als am 1. Tag geschafft.

5. Die Rentnerin Martha K. lebte einsam und ohne Kontakt zu Angehörigen in einer kleinen 1-Zimmer-Wohnung. Als sie im Alter von 87 Jahren starb, hinterließ sie ein Vermögen von 750 000 €.
   Bei dem Notar hat sie ein Testament hinterlegt, in dem geregelt wird, was mit dem Vermögen geschehen soll.

   Ihre Tante Martha hat ihr gesamtes Vermögen gemeinnützigen Einrichtungen vermacht. Der Zoo soll 30 000 € erhalten, der Rest soll an die Obdachlosen-Hilfe und an die Einrichtung „Kinder in der Dritten Welt" gehen, die dreimal so viel wie die Obdachlosen-Hilfe erhalten soll.

   Die gute Tante Martha.

7 Terme und Gleichungen

1. Berechne den Term für x = 4 und für x = 8.
   a) x + 5   b) 4 + 2 · x   c) 2 · (x – 4)

2. Ein Mietklavier kostet einmalig 90 € Grundgebühr und dann 20 € pro Monat.
   a) Welcher Term beschreibt die Kosten für x Monate?
   b) Berechne ihn für 6, 10 und 15 Monate.

3. a) 9 · a + 5 = 41   b) 5 + 3 · x = 11
   c) 3 · (b – 4) = 0   d) 4 · (y – 8) = 16
   e) 2 · (z + 1) = 10   f) (x + 6) : 3 = 5
   g) (a – 4) · 2 = 12   h) (z + 4) : 2 = –7

4. Schreibe mit Operatoren und löse.
   a) a · 17 = 51   b) x – 19 = 35
   c) z · 8 + 14 = 86   d) b : 4 + 13 = 20

5. Vereinfache den Term so weit wie möglich.
   a) 27 + 8y – 14 – 3y – y – 2
   b) 25x + 18x – 9 – 9 – 15x
   c) 35y + 48 – 27y – 3y – 19 + 8

6. Schreibe als Gleichung und löse sie.
   a) Subtrahiert man vom Doppelten einer Zahl 8, so erhält man 2.
   b) Die Summe aus dem Sechsfachen einer Zahl und 18 ist 60.

7. Ordne und fasse zusammen, dann löse mit einem Verfahren deiner Wahl.
   a) 8x – 9 – 6x + 14 = 7
   b) 15 – 2y – 7 + 6y = –8
   c) 11z – 18 – 31 + 5z = –1

8. Löse die Gleichung und mache die Probe.
   a) 4y + 6 = 3y + 14   b) 6x – 8 = 2x + 32
   c) 7z – 5 = 4z + 10   d) 11z + 7 = 8z – 8
   e) 5x + 9 = 3x – 3   f) 4y – 3 = 3y + 7

9. Erfinde ein Zahlenrätsel mit der Lösung 5.

10. a) 8x – 9 – 6x + 14 = 11x – 9 – 10x + 13
    b) 15 – 2y – 7 + 6y = 18 – 3y – 5 – 3y
    c) 11z – 18 – 31 + 5z = 14 – 4z + 14z – 3

11. Familie Walger mietet für 14 Tage eine Ferienwohnung. Für die Endreinigung zahlen sie einmalig 35 €. Insgesamt lautet die Rechnung auf 623 €. Wie teuer ist die Ferienwohnung pro Tag?

Terme beschreiben Rechenwege. Sie können Buchstaben als **Variablen** enthalten. Wenn man für die Variablen Zahlen einsetzt, erhält man eine Zahl als Ergebnis.

Beispiel:
Term 3 · x + 7 für x = 4 :   3 · 4 + 7 = 19

Wenn man für die Variable in einer Gleichung Zahlen einsetzt, erhält man entweder eine wahre oder eine falsche Aussage. Eine Zahl, die beim Einsetzen eine wahre Aussage liefert, heißt **Lösung**.

Viele Gleichungen kann man mit **Operatoren** schreiben und dann lösen.

Beispiel: x · 3 + 2 = 11

x —·3→ ■ —+2→ 11   Probe:
3 ←:3— 9 ←–2— 11   3 · 3 + 2
                          = 9 + 2
Lösung: x = 3   = 11

Terme kann man durch **Ordnen** und **Zusammenfassen** vereinfachen. Vielfache derselben Variablen darf man zusammenfassen.

Beispiel:
3x + 7 + 2x – 5 = 3x + 2x + 7 – 5 = 5x + 2

Gleichungen werden **vereinfacht,** indem man
– auf beiden Seiten ordnet und zusammenfasst,
– auf beiden Seiten dasselbe addiert (subtrahiert),
– beide Seiten mit derselben Zahl (außer 0) multipliziert oder durch sie dividiert.

Beispiel:
3x – 7 + 5x + 2 = 9 + 2x + 4 + 4x   ⎫ ordnen,
3x + 5x – 7 + 2 = 2x + 4x + 9 + 4   ⎬ zusammen-
       8x – 5 = 6x + 13 | –6x   ⎭ fassen
       2x – 5 = 13 | + 5
       2x   = 18 | : 2
       x   = 9

Probe an der ursprünglichen Gleichung
linke Seite: 3 · 9 – 7 + 5 · 9 + 2 = 67
rechte Seite: 9 + 2 · 9 + 4 + 4 · 9 = 67

TESTEN · ÜBEN · VERGLEICHEN

TÜV

7 Terme und Gleichungen

Grundaufgaben

1. Gib einen Term für den Gesamtbetrag an:
   Der Eintritt ins Schwimmbad kostet für Erwachsene x Euro und für Kinder y Euro. Frau Tibbe bezahlt für sich und ihre 4 Kinder.

2. Berechne den Term für x = 4 und x = 16.   a) 25 – x   b) 3x + 17

3. Thomas ist x Jahre alt, sein Bruder Till 4 Jahre älter.
   a) Welcher Term beschreibt das Alter von Till?
   b) Lege eine Tabelle für das Alter beider Kinder an, wenn Thomas 2, 4, 9 und 12 Jahre alt ist.

4. Vereinfache den Term so weit wie möglich.
   a) 3x + 27 + 9x – 14 – 6x + 3   b) 9y + 15y + 6 – 7y + 4 + y

5. Löse die Gleichung.   a) 2x + 17 = 29   b) 5y – 11 = 3y + 5

Erweiterungsaufgaben

1. Ein Rechteck ist x Zentimeter lang und y Zentimeter breit. Welcher Term beschreibt
   a) den Umfang,   b) den Flächeninhalt des Rechtecks?

2. Ein Rechteck hat die Breite x. Die Länge ist 5 cm größer. Gib einen Term für den Umfang an.

3. Berechne den Term für x = 7.   a) 85 – 28 : x + 4   b) 17 · (48 – 6x) + 14

4. Eine Schachtel wiegt leer 35 g. Sie wird mit 6 g schweren Pralinen gefüllt. Gib einen Term an für das Gewicht einer Schachtel mit x Pralinen. Lege eine Tabelle an für das Gewicht einer Schachtel mit 20, 24, 30 und 36 Pralinen.

5. Löse die Gleichung.   a) 8y + 12 + 4 + 10y = 3y + 46   b) 20 + 5z – 11 = z + 25 + 2z

6. Verdopple die Summe aus dem Dreifachen einer Zahl und 8, anschließend vermindere das Ergebnis um 7. Welche Terme beschreiben den Rechenvorgang richtig?
   ① 2 · 3 · x + 8 – 7   ② (3 · y + 8) · 2 – 7   ③ 7 – 2 · 3 · x + 8
   ④ 2 · (3 · x + 8) – 7   ⑤ 2 · (3 · x + 8 – 7)   ⑥ (6 · y + 8) – 7

7. Schreibe als Gleichung und löse sie:
   a) Addiert man 9 zum Dreifachen einer Zahl, so erhält man 30.
   b) Zum Fünffachen einer Zahl wird 17 addiert und das Ergebnis mit 3 multipliziert. Man erhält 81.

8. Für 3 Flaschen Limo und 2 Päckchen Erdnüsse zahlt Evin 6,40 €. Eine Flasche Limo kostet 1,20 €. Wie teuer ist ein Päckchen Erdnüsse?

9. Gib einen Term für den Umfang an: a) 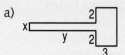   b)

Daten und Zufall

8 Daten und Zufall

Mit dem Zug unterwegs

Frank (16 Jahre) und Jenny (15 Jahre) wohnen in Frankfurt am Main. Sie sind begeisterte Bahnfahrer.

1. Frank und Jenny besuchen die Oma in Saarbrücken. Sie fahren um 14:53 Uhr ab.
a) Wann kommen sie etwa in Saarbrücken an?
b) Mit welcher Durchschnittsgeschwindigkeit fährt der Zug?

8 Daten und Zufall

LVL

2. Zu einem Fußballspiel in Hamburg können sie auch mit ihrem Vater mit dem Auto fahren.
a) Auf der Autobahn kann man mit etwa 90 Kilometer pro Stunde rechnen. Wie lange dauert die Fahrt?
(Entfernung über die Autobahn etwa 540 km).
b) Berechne die Streckenlänge und die Fahrzeit mit dem ICE.
c) Erkundige dich, wie viel die Fahrt für Frank, Jenny und ihren Vater mit dem ICE kostet.
d) Was kostet zum Vergleich die Fahrt mit dem Auto (für 1 km rechnet man 0,30 € bis 0,40 €)?

3. Frank und Jenny wollen in das Deutsche Museum nach München fahren.
Es gibt zwei Fahrmöglichkeiten. Schreibe sie auf und vergleiche.

4. Auf welcher Strecke fährt der Zug schneller?
Mannheim – Basel oder
Stuttgart – Augsburg

5. Suche eine Verbindung zwischen Göttingen und Braunschweig im Internet.
a) Welche Fahrzeiten werden angeboten?
b) Warum sind die Zeiten so unterschiedlich?
c) Wie viel Zeit spart man bei der schnellsten gegenüber der langsamsten Verbindung?

Informationen im Internet unter
www.reiseauskunft.bahn.de

6. Frank und Jenny wollen die Hauptstadt Berlin kennenlernen.
a) Welche Fahrmöglichkeiten haben sie?
b) Suche eine Verbindung, die Zwischenhalte und den Preis im Internet.
c) Suche auch nach Sparpreisen.

8 Daten und Zufall

Merkwürdige Rekorde

Stellt Fragen und berechnet die Lösungen.

1.

In Albi (Frankreich) setzten 350 Schulkinder aus 153 664 Teilen ein riesiges Puzzle zusammen. In fünfstündiger Arbeit entstand auf einer 368 m² großen Fläche ein Bild zum Thema „Eure Stadt im Jahr 2000".

2.

Im Schuhmuseum von Leisnig (Sachsen) ist der größte Stiefel der Welt zu bewundern. Er wurde 1996 von den Schuhmachern G. Berthold und R. Neidhard in 1 200 Stunden aus 10 Rindshäuten gefertigt. Die Sohle ist 2,20 m lang, der Schaft 4,90 m hoch. Der Stiefel wiegt 439 kg.

3.

Im August 2003 stellte Richard Rodriguez aus Chicago auf der Achterbahn „Expedition GeForce" in Hassloch nach den Regeln des Guinness-Buchs der Rekorde mit 192 Stunden einen neuen Weltrekord im Achterbahnfahren auf. In diesen 192 Stunden sind die zulässigen Pausen von 15 Minuten alle acht Stunden enthalten.
Die „Expedition GeForce" hat 1 300 m Streckenlänge. Die Fahrtzeit beträgt je nach Besucherzahl 2 bis 3 Minuten.

4.

Am 15. April 2006 haben in Alanya 285 Bäcker die damals längste Biskuitrolle der Welt gebacken. Mit 2 740 m Länge wurde der alte Rekord um mehr als 150 m übertroffen. Tausende Zuschauer konnten die rund 26 t schwere Riesentorte kostenlos probieren.

Zutaten:

159 000 Eier, 4 452 kg Mehl, 4 452 kg Zucker, 2 650 l Wasser, 270 kg Backpulver, 792 kg Margarine, 2 640 kg Bananen, 5 280 l Milch, 1 400 kg Sahne, sowie andere Zutaten in geringeren Mengen.

8 Daten und Zufall

LVL

Sessellift

1. Herr Izmir Aksakal mit seinen beiden Töchtern Havva und Gülhan sowie Vanessa mit ihren Eltern Christiane und Thomas Geisinger sind gemeinsam in den Skiurlaub gereist.

   a) In der ersten Woche besuchen die drei Mädchen den Snowboard-Kurs. Dabei benutzen sie häufig einen Skilift, wo sie sich zu dritt nebeneinander setzen können. Sie beschließen, bei jeder Fahrt in einer anderen Sitzordnung zu fahren.
   Bildet Vierergruppen, jede Gruppe stellt drei Stühle nebeneinander. Drei in jeder Gruppe spielen die Kinder, die sich in immer anderen Sitzordnungen auf die Stühle setzen. Der oder die vierte in der Gruppe notiert die Sitzordnungen auf Papier. Alle passen auf, dass sich keine Sitzordnung wiederholt. Welche Anzahl von Sitzordnungen erhaltet ihr? Präsentiert euer Ergebnis und vergleicht mit den Ergebnissen anderer Gruppen.

   b) In der zweiten Woche fahren alle sechs Personen gemeinsam zum Skifahren. Ihr Lieblingslift ist einer mit Sechsersesseln. Auch hier wollen sie bei jeder Fahrt eine andere Sitzordnung einnehmen. Wie oft ist das möglich?
   Mydia und Gundi haben für die Beantwortung dieser Frage eine schematische Zeichnung begonnen. Erklärt euch die Zeichnung und setzt sie fort, bis ihr die Frage beantworten könnt.

   c) Angenommen, die sechs Personen fahren täglich von 10 Uhr bis 16 Uhr alle halbe Stunde mit diesem Lift, allerdings mit einer Mittagspause von 12:30 bis 13:30 Uhr. Wie viele Tage würde es dauern, bis sie jede mögliche Sitzordnung mindestens einmal eingenommen hätten?

2. Partnerarbeit: Welche Fragen lassen sich mit derselben Überlegung wie das obige „Sesselliftproblem" beantworten, bei welchen Fragen muss man anders vorgehen?
   a) Vier Personen setzen sich im Kino auf die letzten vier freien Plätze einer Reihe. Wie viele verschiedene Sitzordnungen sind möglich?
   b) Auf wie viele Arten lassen sich die Buchstaben A, E, K, N, T zu einem „Wort" zusammensetzen, bei dem jeder dieser Buchstaben vorkommt?
   c) Wie viele neunstellige Zahlen kann man aus den Ziffern von 1 bis 9 schreiben, wenn jede Ziffer dabei vorkommen soll?
   d) Wie viele neunstellige Zahlen aus den Ziffern von 1 bis 9 gibt es, wenn Ziffern mehrfach vorkommen dürfen und andere dann gar nicht?
   e) Sechs Personen, drei Kinder und drei Erwachsene, stellen sich für ein Foto in zwei Reihen auf, die Kinder vorne, dahinter die Erwachsenen. Wie viele Möglichkeiten gibt es?

8 Daten und Zufall

Mittelwert (Durchschnitt) und Median (Zentralwert)

LVL 1. Partner- oder Gruppenarbeit: Erstellt ein Lernplakat, das die Begriffe „Mittelwert" und „Median" erklärt und folgende Zusatzbedingungen erfüllt:
– Die Begriffe werden durch zwei bildlich dargestellte Beispiele erklärt.
– Es wird dargestellt, wie man den Median bei einer ungeraden und bei einer geraden Anzahl von Größen erhält.

TIPP Schau nach im Lexikon, im Internet oder am Buchende.

LVL 2. Die zwei Besten im Weitsprungtraining fahren zur Meisterschaft. Begründe, welche zwei das sind.

a)
Andy	Boris	Chris	Dany
4,62 m	4,73 m	4,30 m	4,97 m
4,89 m	4,19 m	4,91 m	4,29 m
4,91 m	4,65 m	4,55 m	5,05 m
4,17 m	4,73 m	4,25 m	4,14 m
4,09 m	4,83 m	4,27 m	4,45 m

b)
Erni	Flori	Goran	Heini
4,75 m	4,51 m	4,11 m	4,23 m
4,13 m	4,27 m	4,36 m	4,85 m
5,03 m	4,38 m	4,43 m	4,71 m
4,16 m	4,97 m	4,89 m	4,35 m
4,96 m	4,32 m	5,01 m	4,97 m

3. Beim Skispringen zählt außer der Weite auch die Haltung beim Sprung. Sie wird von 5 Punktrichtern mit 0 bis 20 Punkten bewertet.
Jörg: 14   20   15   13   16
Torben: 8   12   10   13   4
Olaf: 17   2   18   17   14
a) Wer hat den besten Punktedurchschnitt?
b) Bei Wettkämpfen werden der beste und der schlechteste Wert gestrichen und nur vom Rest wird der Mittelwert berechnet. Wer hat jetzt die beste Punktwertung?
LVL c) Warum werden zwei Werte gestrichen?

4. Testergebnisse in einer Klasse:
a) Frank behauptet: „Meine Punktzahl ist der Median oder der Mittelwert aller Ergebnisse." Warum kann das nicht stimmen?
b) Wenn einer eine andere Punktzahl erreicht hätte, wäre Franks Aussage richtig. Es gibt mehrere Möglichkeiten, finde zwei.

0 P	1 P	2 P	3 P	4 P	5 P	6 P	7 P
I	I		II	II		III	

8 P	9 P	10 P	11 P	12 P	13 P	14 P	15 P
III		IIII		II	III	II	

47

8 Daten und Zufall

Vermischte Aufgaben

1. Viola und Valerie waren auf Radtour. Mit dem Zug sind sie nach Hessen gefahren und von dort in Tagesetappen nach Hause geradelt. So viele Kilometer haben sie täglich zurückgelegt:

1. Tag	2. Tag	3. Tag	4. Tag	5. Tag	6. Tag	7. Tag
322 km	47 km	55 km	64 km	58 km	63 km	48 km

Nach der Rückkehr wurden sie gefragt, wie viele Kilometer sie denn täglich so im Durchschnitt zurückgelegt haben. Was könnten wohl Viola und Valerie hierauf antworten?

2. Training der Mädchen zum 100-m-Lauf, die Trainingsbeste soll zur Meisterschaft.
Wen würdest du zur Meisterschaft schicken, die mit dem besten Mittelwert, dem besten Median oder eine andere?

| **Irene:** | 12,3 s | 12,5 s | **Ulla:** | 12,3 s | 12,2 s | **Walburga:** | 12,1 s | 12,3 s |
| 11,2 s | 12,4 s | 12,6 s | | 13,9 s | 12,0 s | 12,1 s | 12,2 s | 12,5 s | 12,4 s |

3. Der See ist durchschnittlich 1,20 m tief. Kann dann ein 1,80 m großer Nichtschwimmer ohne Bedenken hindurchwaten?

4. Frau Wolf hat unregelmäßige Einkünfte, wie du der unteren Tabelle entnehmen kannst. Leider sind die Einnahmen von November und Dezember unleserlich. Von Frau Wolf haben wir zwei Informationen erhalten: Sie hat monatlich im Durchschnitt 694 € verdient, und im Dezember hat sie 201 € mehr verdient als im November.

Januar	Februar	März	April	Mai	Juni
540 €	724 €	645 €	563 €	824 €	715 €
Juli	August	September	Oktober	November	Dezember
774 €	865 €	623 €	568 €	▓ €	▓ €

5.

A	10	10	10	11	11
	13	13	14	14	14

B	5	8	8	10	11
	13	14	16	16	19

Zwei Gruppen haben den gleichen Test geschrieben mit den angegebenen Punktzahlen. Erkläre, warum hier die *Spannweite* zusätzlich zu Mittelwert und Median zur Beschreibung hilfreich ist.

> **TIPP**
> Die **Spannweite** von Daten ist die Differenz zwischen dem größten und dem kleinsten Datenwert.

6. Martin und Manfred sind auf Radtour in den Alpen, abends notieren sie die gefahrenen Tageskilometer. Vergleiche die Daten der ersten Woche mit denen der zweiten Woche.

Tag	1.	2.	3.	4.	5.	6.	7.	8.	9.	10.	11.	12.	13.	14.
km	84	76	44	63	88	92	85	86	82	92	80	87	103	86

LVL 7. Conny verdiente von Januar bis Dezember durch Austragen von Zeitungen im Durchschnitt 52,50 Euro monatlich. Die monatlichen Beträge schwankten mit einer Spannweite von 15,00 Euro. Überlegt in Partnerarbeit, welche Beträge Conny in den einzelnen Monaten verdient haben könnte.

LVL 8. Von fünf natürlichen Zahlen ist der Median 31 und der Mittelwert 30. Die Spannweite beträgt 14. Die Summe der beiden kleinsten Zahlen ist 50. Die zweitgrößte Zahl ist nur um 1 größer als der Median. Finde die fünf natürlichen Zahlen und erkläre deine Lösung in der Klasse.

8 Daten und Zufall

Tabellenkalkulation

Löst die folgenden Aufgaben in Partnerarbeit.

Tabellenkalkulationsprogramme verfügen über spezielle Befehle zum Bearbeiten von Daten, zum Beispiel:

=MITTELWERT(…)
=MEDIAN(…)
=ANZAHL(…)
=MAX(…)
=MIN(…)

Je nach Programm kann ein Befehl ein wenig anders lauten oder gar nicht verfügbar sein, in solchen Fällen sollte man in der „Hilfe" des Programms nachschauen.

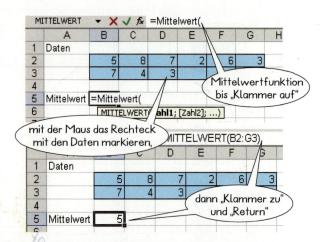

1. (1) Startet am Computer ein Programm zur Tabellenkalkulation und gebt die Daten ein.
   (2) Gebt in den Zellen darunter die oben genannten Befehle ein und untersucht ihre Bedeutung.
   (3) Gebt in einer weiteren Zelle einen neuen Befehl zur Berechnung der Spannweite ein.

2. Kopiert die Daten und Befehle einige Spalten weiter nach rechts, überschreibt sie mit „Daten B" und verändert sie dann. Beobachtet, wie sich die Werte in den Zellen mit den Befehlen ändern.
   (1) Gebt hinter der letzten „3" eine zusätzliche Null ein. Was ändert sich dadurch?
   (2) Löscht die zusätzliche Null wieder und ersetzt stattdessen die letzte „3" durch eine „90". Was ändert sich dadurch, was bleibt gleich?

3. a) In der Tabelle sind die Zensuren zweier Klassenarbeiten angegeben. Gebt die Daten in ein Tabellenkalkulationsprogramm ein und berechnet Mittelwert, Median und Spannweite.
   b) Mit dem Befehl „=ZÄHLENWENN(…;2)" erhält man die Häufigkeit der „2" in den markierten Daten. Erstellt so eine Liste der Häufigkeiten der einzelnen Zensuren und stellt sie grafisch dar. In der oberen Menüleiste findet ihr dafür den abgebildeten Button.

Klasse A									
3	4	3	5	1	3	5	3	2	3	4
5	3	2	3	5	3	4	3	5	2	3
2	3	1	5	4	3					

Klasse B									
4	5	3	2	4	5	3	2	4	3	5
2	4	3	3	4	5	3	3	5	4	2
4	3	5	3	2						

4. a) Gebt die Messwerte (in Grad Celcius, °C) aus der Tabelle in ein Tabellenkalkulationprogramm ein. Berechnet in einer neuen Spalte für jeden Tag die Durchschnittstemperatur.

Zeit	0 Uhr	2 Uhr	4 Uhr	6 Uhr	8 Uhr	10 Uhr	12 Uhr	14 Uhr	16 Uhr	18 Uhr	20 Uhr	22 Uhr
4.7.	8,7	8,2	7,8	8,3	11,1	14,7	19,2	21,4	21,2	20,4	16,5	11,7
5.7.	9,2	8,8	8,6	9,9	14,2	17,5	22,8	23,4	22,9	19,5	17,1	13,5
6.7.	11,4	10,9	10,8	13,2	17,6	21,5	25,3	24,8	23,5	21,2	19,8	16,3
7.7.	14,5	13,9	13,5	16,4	19,2	23,5	26,2	26,1	24,7	22,9	20,5	17,9
8.7.	15,6	15,4	15,1	17,8	19,9	25,6	28,1	28,2	26,8	24,7	22,3	19,8
9.7.	16,9	16,7	15,9	17,9	21,8	26,7	29,6	30,3	28,6	26,2	23,8	21,7

b) Markiert die Tage und die Durchschnittstemperaturen im Programm und stellt sie grafisch dar.

Taschengeld

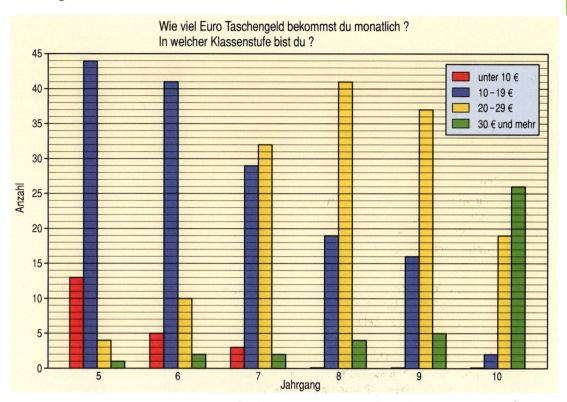

1. Die Grafik zeigt das Ergebnis einer Umfrage in einer Schule.

Euro	Kl. 5	Kl. 6	Kl. 7	Kl. 8	Kl. 9	Kl. 10
unter 10						
10 bis 19						
20 bis 29						
30 und mehr						

   a) Zeichne eine Tabelle und trage die Zahlen ein, die du in der Grafik abliest.
   b) Wie viele Schülerinnen und Schüler wurden in den einzelnen Klassenstufen und insgesamt befragt?
   c) Berechne für alle Klassenstufen die prozentualen Anteile der einzelnen Antworten. Stelle diese Prozentsätze grafisch dar, wähle selbst die Art der Darstellung.

2. Unter der Internetadresse: http://www.jugendamt.nuernberg.de/downloads/taschengeld.pdf gibt das Jugendamt Nürnberg Orientierungswerte für das monatliche Taschengeld an (Stand: 08-2009).

Alter (J.)	10	11	12	13	14	15	16
Euro mtl.	14	16	20	22	25	30	35

   a) Suche im Internet nach anderen Taschengeldempfehlungen, vergleiche.
   b) Aus den Daten der obigen Befragung lässt sich für jede Klassenstufe feststellen, in welchem Euro-Bereich der Median liegt. Stelle dies fest und vergleiche mit den Nürnberger Werten.
   c) Warum lassen sich die Mittelwerte der einzelnen Klassenstufen aus den obigen Daten nicht so zuverlässig schätzen? Wählt dazu spezielle Euro-Beträge zur Klasse 10.

3. Plant eine eigene Untersuchung zur Taschengeldhöhe oder zum „Bekleidungsgeld", das manche Eltern ihren Kindern zusätzlich zum Taschengeld geben, damit sie sich davon Kleidung kaufen können. Ihr könnt aber auch eine ganz andere Frage untersuchen, die ihr euch selbst überlegt.

8 Daten und Zufall

LVL

Befragungen mit dem Computerprogramm GrafStat*

Freizeit und Medien

Hallo, mein Name ist … . Ich bin Schüler/in der … (Schule) in … (Ort). Wir führen im Rahmen des Unterrichts eine Umfrage zum Thema „Freizeit und Medien bei Jugendlichen" durch. Ich möchte dich bitten, an dieser Umfrage teilzunehmen.

1. Wie viel Stunden Freizeit stehen dir an einem normalen Wochentag im Durchschnitt zur Verfügung; ich meine die Zeit, in der Du machen kannst, was Du willst?
   _____ Stunden
2. Verbringst Du Deine Freizeit meist allein mit dem

Es gibt Computerprogramme, die bei der Durchführung von Fragebogenaktionen hilfreich sind.

Für den Unterricht steht allen Schulen das Programm GrafStat* von Uwe Diener zur Verfügung.

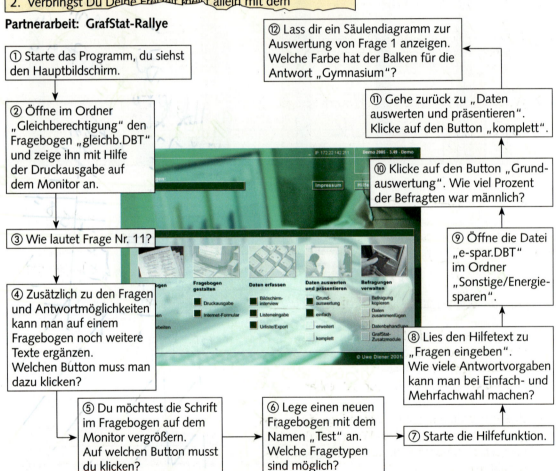

Partnerarbeit: GrafStat-Rallye

① Starte das Programm, du siehst den Hauptbildschirm.

② Öffne im Ordner „Gleichberechtigung" den Fragebogen „gleichb.DBT" und zeige ihn mit Hilfe der Druckausgabe auf dem Monitor an.

③ Wie lautet Frage Nr. 11?

④ Zusätzlich zu den Fragen und Antwortmöglichkeiten kann man auf einem Fragebogen noch weitere Texte ergänzen. Welchen Button muss man dazu klicken?

⑤ Du möchtest die Schrift im Fragebogen auf dem Monitor vergrößern. Auf welchen Button musst du klicken?

⑥ Lege einen neuen Fragebogen mit dem Namen „Test" an. Welche Fragetypen sind möglich?

⑦ Starte die Hilfefunktion.

⑧ Lies den Hilfetext zu „Fragen eingeben". Wie viele Antwortvorgaben kann man bei Einfach- und Mehrfachwahl machen?

⑨ Öffne die Datei „e-spar.DBT" im Ordner „Sonstige/Energiesparen".

⑩ Klicke auf den Button „Grundauswertung". Wie viel Prozent der Befragten war männlich?

⑪ Gehe zurück zu „Daten auswerten und präsentieren". Klicke auf den Button „komplett".

⑫ Lass dir ein Säulendiagramm zur Auswertung von Frage 1 anzeigen. Welche Farbe hat der Balken für die Antwort „Gymnasium"?

Gruppenarbeit: Fragebogenaktion in deiner Klasse
- Überlegt euch ein interessantes Thema für eure Befragung.
- Sammelt Fragen (ungefähr 10) zum Thema und legt die Antwortmöglichkeiten fest.
- Erstellt den Fragebogen mit GrafStat.
- Führt eine schriftliche Befragung durch.
- Gebt alle Daten in die Listen ein.
- Druckt Tabellen und Diagramme zur Auswertung eurer Befragung aus.
- Diskutiert das Ergebnis eurer Befragung in der Gruppe.
- Präsentiert das Ergebnis der Befragung vor der Klasse.

*Download unter www.grafstat.de

BLEIB FIT!

Die Ergebnisse der Aufgaben ergeben die Namen leckerer Speisen aus Süddeutschland.

1. a) Wie viele Minuten brauchst du, um eine 1 Mio. Millimeter lange Strecke zu gehen?
      ■ 1   ■ 10   ■ 60
   b) Wie viele Personen können auf einem Quadrat mit 1 Mio. mm² Flächeninhalt stehen?
      ■ 3   ■ 30   ■ 300
   c) Wie viele Tennisbälle haben Platz in einer Schachtel mit 1 Mio. mm³ Rauminhalt?
      ■ 1   ■ 10   ■ 20

2. Welche Figur entstand aus (11) durch Spiegelung?

   (11)   (22)   (33)   (44)   (55)

3. Berechne die fehlende Zahl.
   a) 12 · ■ = 1044   b) ■ · 18 = 2790

4. Berechne den Winkel, notiere die Gradzahl.

   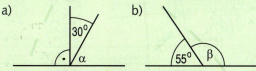

5. Ergänze die fehlende Ziffer.
   a) 5758■ ist durch 5 teilbar.
   b) 3467■ ist durch 9 teilbar.
   c) 5762■ ist durch 2 und durch 3 teilbar.

6. Eine Pyramide mit quadratischer Grundfläche passt genau auf eine Fläche eines Würfels und wird dort festgeklebt. Bestimme für den neuen Körper die Anzahl der
   a) Ecken,   b) Kanten,   c) Flächen.

7. Wie viele kreisrunde Scheiben von 2 cm Radius kann man aus einem quadratischen Stück Pappe von 20 cm Kantenlänge höchstens ausschneiden?

8. Rechne ohne Taschenrechner.
   a) 2 : 500   b) 0,02 · 3
   c) 0,16 : 2   d) 0,25 · 8

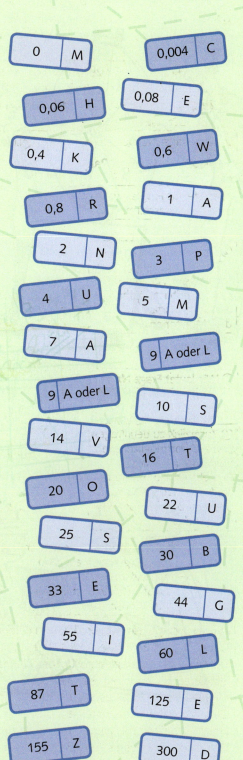

Anna	04894	78165
	45674	12091
	28121	46494
	39237	26409
	44031	11852
	62899	83919
	91173	04467
	09562	69913
	16812	54367
	22138	69276
Beate	19709	93671
	26931	58271
	47319	69887
	64764	32681
	29192	94654
	28738	76199
	65704	18570
	93858	65180
	21614	71214
	43135	94226
Carsten	06460	94813
	49784	40281
	50539	16397
	87515	97569
	80679	79885
	48733	30723
	24048	91413
	88140	55546
	22504	25301
	09969	27511
Daniel	81404	80588
	74193	32203
	41427	16091
	67754	74294
	49900	53159
	62845	20159
	94510	33890
	42380	64570
	24707	85244
	80371	81121
Eva	79147	50318
	70920	78485
	55199	57361
	75151	09946
	12490	38391
	69867	79467
	69438	32447
	35259	55322
	43741	70647
	57352	31314

20

8 Daten und Zufall

LVL

1.

Ziffer	0	1	2	3	4	5	6	7	8	9
geschätzte Häufigkeit										

Mal schätzen, wie oft jede Ziffer bei insgesamt 500 Spielen auftreten müsste.

2.

Einnahmen:	Einsatz mal Anzahl Spiele
Ausgaben:	Hauptpreis mal Anzahl „1"
	Trostpreis mal Anzahl „2, 3, 5, 7"
in der Kasse:	

Und jetzt schätzen, wie viel Geld nach 500 Spielen in der Kasse ist.

Ich habe bei Annas Spielen genau gezählt, macht ihr das mal mit den anderen.

3.

Annas Spiele

Ziffer	Anzahl (IIII) Für jedes Vorkommen der Ziffer ein „I"	Anzahl
0	IIII I	6
1	IIII IIII IIII	15
2	IIII IIII II	12
3	IIII III	8
4	IIII IIII III	13
5	IIII	5
6	IIII IIII II	12
7	IIII II	7
8	IIII III	8
9	IIII IIII IIII	14
Summe:		100

Und dann fassen wir die Ergebnisse für alle 500 Spiele zusammen.

4.

	0	1	2	3	4	5	6	7	8	9
Anna	6	15	12	8	13	5	12	7	8	14
Beate										
Carsten										
Daniel										
Eva										
abs. H.										
rel. H.										

$$\frac{\text{absolute Häufigkeit}}{500} = \text{relative Häufigkeit}$$

Und jetzt lässt sich ausrechnen, was nach diesen 500 Spielen in der Klassenkasse ist.

Vergleich mal mit der Schätzung oben.

5.

Einnahmen:	
Ausgaben:	
in der Kasse:	

8 Daten und Zufall

Wahrscheinlichkeit

LVL 1. Beurteile die Vorschläge in den Abbildungen. Welche sind „fair"?

> Bei einem Zufallsversuch mit gleichwahrscheinlichen Ergebnissen gilt für die **Wahrscheinlichkeit p eines Ereignisses** die *Laplace-Regel*:
>
> $$p\,(\text{Ereignis}) = \frac{\text{Anzahl der günstigen Ergebnisse}}{\text{Anzahl aller möglichen Ergebnisse}}$$
>
> Die Wahrscheinlichkeit gibt an, wie groß die relative Häufigkeit für ein Ereignis ungefähr sein wird, wenn man den Zufallsversuch sehr oft wiederholt.

> Würfeln mit einem fairen Würfel: Es sind sechs Ergebnisse (Augenzahlen) möglich. Zwei davon sind günstig für das Ereignis „5 oder 6".
>
> Wahrscheinlichkeit für 5 oder 6:
>
> $p\,(5\text{ oder }6) = \frac{2}{6} = \frac{1}{3} \approx 0{,}33 = 33\,\%$

2. Bestimme für einen fairen Würfel die Wahrscheinlichkeit.
   a) p (1 bis 3)   b) p (gerade Zahl)   c) p (keine 6)   d) p (weder 1 noch 6)

3. Das Glücksrad mit den Ziffern 0 bis 9 wird gedreht. Bestimme die Wahrscheinlichkeit.
   a) p (3 bis 7)   b) p (ungerade Zahl)   c) p (keine 0)   d) p (Teiler von 12)
   e) p (Primzahl)   f) p (keine Primzahl)   g) p (höchstens 3)   h) p (mindestens 3)

4. In einer Klasse mit 24 Kindern gibt jeder einen Zettel mit seinem Namen in eine Kiste. Es wird gemischt und dann ein Zettel gezogen. Mit welcher Wahrscheinlichkeit ist es der Name
   a) von einem der 16 Mädchen,   b) von einem der 6 ausländischen Jungen und Mädchen?

5. Gut mischen und dann eine Kugel ziehen, mit welcher Wahrscheinlichkeit ist es eine weiße?

a)    b)    c)    d)

6. a) Wie viele Flächen eines Würfels sind rot zu färben, damit die Wahrscheinlichkeit für das Ereignis „rot" zwei Drittel ist?
   LVL b) Kann man den Würfel auch so färben, dass die Wahrscheinlichkeit p (rot) = $\frac{1}{4}$ ist?

20
47

8 Daten und Zufall 187

7. a) Eine Münze wird 3 000-mal geworfen. Wie oft ungefähr erwartest du „Wappen"?
b) Ein Würfel wird 3 000-mal geworfen. Wie oft ungefähr erwartest du „1 oder 6"?
c) Ein Glücksrad mit zehn gleichen Feldern für die Ziffern 0 bis 9 wird 3 000-mal gedreht. Wie oft ungefähr erwartest du eine Primzahl?

TIPP
Primzahlen haben genau zwei Teiler.

8. Aus einem gut gemischten Skatspiel (32 Karten) wird eine Karte blind gezogen. Mit welcher Wahrscheinlichkeit ist es

a) eine rote Karte,   b) eine Kreuz-Karte,
c) eine Dame,   d) keine Dame,
e) ein Bube oder König, f) die Pik-Zehn,
g) ein rotes Ass,   h) eine 7, 8, 9 oder 10?

9. In einer Schachtel liegen gut gemischt hundert Zettel mit den Zahlen von 1 bis 100. Ein Zettel wird blind gezogen. Mit welcher Wahrscheinlichkeit ist es

a) eine Zahl mit zwei gleichen Ziffern,   b) eine Zahl mit zwei verschiedenen Ziffern,
c) eine zweistellige Zahl ohne 0 als Ziffer, d) eine Zahl mit zwei ungeraden Ziffern,
e) eine durch 9 teilbare Zahl,   f) eine nicht durch 9 teilbare Zahl,
g) eine Zahl ohne 7 als Ziffer,   h) eine durch 4 teilbare Zahl?

LVL 10. Grün gewinnt und du bist dran. Wäre es dir egal, mit welchem der beiden Würfel oder Glücksräder du spielen müsstest? Begründe deine Meinung.

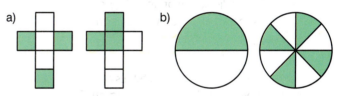

11.

LVL 12. Auf dem Tisch stehen verkehrt herum drei Tassen, außerdem liegt ein 2-€-Stück bereit. Du musst dich umdrehen, und ein Spielleiter versteckt das Geldstück unter einer Tasse. Danach darfst du auf eine Tasse tippen.

a) Mit welcher Wahrscheinlichkeit tippst du auf die Tasse mit dem Geldstück und gewinnst?
b) Der Spielleiter ändert die Regel: Nachdem du auf eine Tasse getippt hast, dreht er eine andere Tasse um, unter der die 2-€-Münze nicht liegt. Danach darfst du entscheiden, ob du bei deiner ursprünglichen Tasse bleibst oder zur dritten Tasse wechselst.
– Wie hoch ist die Gewinnwahrscheinlichkeit, wenn du bei deiner Tasse bleibst?
– Wie hoch ist die Gewinnwahrscheinlichkeit, wenn du zur dritten Tasse wechselst?
– Vergleiche deine Ansicht mit der von Mitschülerinnen und Mitschülern und überprüft eure Meinungen durch eine große Anzahl von Versuchen in Gruppen von je 3 Personen. Stellt die relativen Häufigkeiten des Gewinnens bei „Bleiben" und bei „Wechseln" grafisch dar.

8 Daten und Zufall

Schere – Stein – Papier

Löst die Aufgaben in Partnerarbeit.

1. Jonah und Fanni spielen „Schere – Stein – Papier", indem sie mit einer Hand hinter dem Rücken eine der Figuren formen und dann gleichzeitig ihre Hände vorzeigen. Die Regel lautet: Papier schlägt Stein, Stein schlägt Schere, Schere schlägt Papier, unentschieden, wenn beide die gleiche Figur zeigen*.
   a) Spielt das Spiel 20-mal und notiert jeden Spielausgang (den Sieger oder unentschieden).
   b) Wie viele Kombinationen sind möglich, wenn beide ihre Hände vorzeigen? Jonah untersucht das mit einer Tabelle, Fanni mit einem Baumdiagramm. Führt beides aus. Welcher Weg ist besser?

J \ F	Sc	St	Pa
Sc	Sc/Sc		
St			
Pa			

   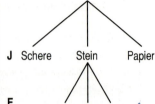

   c) Kennzeichnet in der Tabelle oder im Baumdiagramm mit unterschiedlichen Farben, ob jeweils Jonah oder Fanni gewinnt. Vergleicht mit eurer Spielerfahrung in a).

2. Manchmal wird das Spiel um eine zusätzliche Figur „Brunnen" erweitert. Die Regel dafür lautet: Brunnen schlägt Schere und Stein, wird aber geschlagen von Papier.
   a) Findet eine Merkhilfe für die zusätzliche Regel.
   b) Spielt dieses Spiel 20-mal und notiert jeden Spielausgang.
   c) Stellt in einer Tabelle oder in einem Baumdiagramm alle möglichen Kombinationen dar. Kennzeichnet mit Farben, wer jeweils gewinnt. Vergleicht mit eurer Spielerfahrung.
   d) Im Internet * ist zu lesen: „Dadurch, dass das Spiel um die Figur Brunnen erweitert wurde, verschiebt sich das Gleichgewicht der Gewinnchancen." Was ist damit gemeint?

3. Jonah und Fanni wollen das ursprüngliche Spiel (ohne „Brunnen") jetzt so spielen, dass alle Kombinationen garantiert gleich wahrscheinlich sind, unabhängig von Tricks der einzelnen Spieler. Dazu drehen sie zwei Glücksräder, statt die Figuren mit den Händen zu zeigen.

   a) Überlegt mit der Tabelle oder dem Baumdiagramm aus der 1. Aufgabe: Wie wahrscheinlich ist jede einzelne Kombination?
   b) Bestimmt die Wahrscheinlichkeiten für: (1) unentschieden, (2) J. gewinnt, (3) F. gewinnt.
   c) Wie könnte man an Stelle der beiden Glücksräder auch zwei Würfel verwenden, damit alle Kombinationen gleich wahrscheinlich sind? Spielt auf diese Weise das Spiel 20-mal und notiert jeden Spielausgang. Vergleicht mit den zuvor berechneten Wahrscheinlichkeiten.

4. a) Skizziert Glücksräder, mit denen man das durch „Brunnen" erweiterte Spiel so spielen kann, dass jede Kombination gleich wahrscheinlich ist.
   b) Bestimmt die Wahrscheinlichkeiten der einzelnen Kombinationen und dann auch die Wahrscheinlichkeiten für: (1) unentschieden, (2) J. gewinnt, (3) F. gewinnt.
   c) Wie könnte man das erweiterte Spiel auch mit anderen Hilfsmitteln an Stelle der Glücksräder spielen, so dass man nicht erst basteln muss? Wenn ihr eine Möglichkeit gefunden habt, dann spielt, notiert die Ergebnisse und präsentiert eure Lösung der Klasse.

* Wie man sich diese Regel gut merken kann, findet man im Internet, zum Beispiel: http://de.wikipedia.org/wiki/Schere,_Stein,_Papier

8 Daten und Zufall

1. Kemal hat für die Bundesjugendspiele Schlagballweitwurf trainiert. Hier die Ergebnisse: 46,5 m – 42,0 m – 48,5 m – 39,0 m – 43,0 m. Berechne die durchschnittliche Wurfweite und die Spannweite der Werte.

2. Dirks Würfe hatten folgende Weiten: 43,5 m – 44,0 m – 29,0 m – 44,5 m – 42,5 m – 43,0 m. Berechne den Mittelwert und den Median. Beurteile, welcher von beiden Dirks Leistung besser beschreibt.

3. Das sind die Notenspiegel von zwei Klassenarbeiten in Schulklassen A und B. Berechne den Durchschnitt (auf Zehntel gerundet), den Median und die Spannweite. Vergleiche beide Klassenarbeiten.

Zensur	1	2	3	4	5	6
A: Anzahl	3	5	9	8	4	1
B: Anzahl	0	8	11	6	7	0

4. Das Glücksrad wird gedreht, mit welcher Wahrscheinlichkeit zeigt es
   a) grün b) rot
   c) gelb d) orange?

5. Mit welcher Wahrscheinlichkeit zieht man aus einem Skat-Kartenspiel (32 Karten) eine Karte
   a) mit dem Bild einer Person,
   b) mit einer rot gefärbten Person,
   c) mit einer schwarzen Zahl?

6. Mit einem fairen Würfel wurde 200-mal gewürfelt. Das Diagramm zeigt die Häufigkeiten der Augenzahlen. Vergleiche den erwarteten Wert mit dem tatsächlich erzielten:
   a) durchschnittliche Augenzahl
   b) Häufigkeit einer einzelnen Augenzahl
   c) Häufigkeit einer geraden Augenzahl

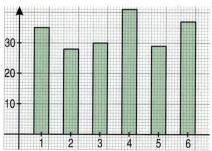

Beispiel:

Zensur	1	2	3	4	5	6
Anzahl	3	7	11	5	3	0

Den **Mittelwert** (Durchschnitt) von Größen berechnet man in zwei Schritten:
① Man addiert alle Größen.
② Man dividiert die Summe durch die Anzahl der Größen.

im Beispiel:
① $3 \cdot 1 + 7 \cdot 2 + 11 \cdot 3 + 5 \cdot 4 + 3 \cdot 5 = 85$
② $3 + 7 + 11 + 5 + 3 = 29$
$85 : 29 = 2{,}93\ldots \approx 2{,}9$

Der **Median** (Zentralwert) teilt die der Größe nach geordneten Daten in zwei Hälften, die eine unterhalb, die andere oberhalb des Medians.

im Beispiel: Median = 3
14 Größen sind ≤ 3 und 14 Größen ≥ 3.

Die **Spannweite** ist die Differenz zwischen größtem und kleinstem Wert.

im Beispiel: $5 - 1 = 4$

Bei einem Zufallsversuch mit gleichwahrscheinlichen Ergebnissen berechnet man die **Wahrscheinlichkeit p** für ein Ereignis so:

$$p\text{ (Ereignis)} = \frac{\text{Anzahl der günstigen Ergebnisse}}{\text{Anzahl der möglichen Ergebnisse}}$$

Dieser Wert gibt an, wie groß die relative Häufigkeit für ein Ereignis ungefähr sein würde, wenn man den Zufallsversuch sehr oft wiederholt.

Beispiel:
Aus einem Skatspiel (je 4 Könige, Damen, Buben, Asse, 10er, 9er, 8er und 7er; davon jeweils 2 rote und 2 schwarze) wird verdeckt eine Karte gezogen. Wie groß ist die Wahrscheinlichkeit für das Ereignis „Auf der Karte ist eine Person abgebildet."?

Anzahl der günstigen Ergebnisse: 12
(4 Könige, 4 Damen, 4 Buben)
Anzahl der möglichen Ergebnisse: 32
(alle Karten des Spiels)

$p = \frac{12}{32} = \frac{3}{8} = 0{,}375 \approx 38\,\%$

Grundaufgaben

1. Berechne den Mittelwert und die Spannweite:

   | 2,6 m | 3,2 m | 2,4 m | 3,8 m | 3,0 m |

2. Bestimme zum Notenspiegel der Klassenarbeit
   a) den Mittelwert,   b) den Median.

Zensur	1	2	3	4	5	6
Anzahl	3	7	7	6	2	0

3. Bestimme Mittelwert und Median zu Annes Hochsprungergebnissen. Welcher Wert beschreibt ihr Leistungsvermögen besser?

übersprungene Höhe in Meter					
1,33	1,33	1,35	1,36	0,94	1,37

4. Zettel mit den Zahlen von 1 bis 20 sind zu gleichartigen Kugeln zusammengerollt. Wie groß ist die Wahrscheinlichkeit, einen Zettel zu ziehen, auf dem mindestens einmal die Ziffer 2 steht?

5. Andrea hat das Glücksrad sehr oft gedreht und die Ergebnisse in einer Strichliste festgehalten. Vergleiche die Wahrscheinlichkeiten der einzelnen Farben mit den relativen Häufigkeiten in Andreas Tabelle.

blau	|||| |||| |||| ||||
gelb	|||| |||| |||| |||| |||| |||| |||| |||| ||
rot	|||| |||| |||| |||| |||| |||| ||||

Erweiterungsaufgaben

1. Am 3. Juni wurde alle zwei Stunden die Temperatur gemessen. Beschreibe die Temperaturen dieses Tages mit Hilfe des Mittelwerts, des Medians und der Spannweite.

Uhrzeit	0:00	2:00	4:00	6:00	8:00	10:00	12:00	14:00	16:00	18:00	20:00	22:00
Temp. (°C)	12,2	11,3	10,9	11,1	12,6	15,1	19,4	22,7	21,9	19,4	17,6	14,5

2. a) Der Mittelwert von Franks sechs Sprüngen ist 4,35 m. Wie weit war der letzte Sprung?

   | 4,20 m | 4,60 m | 3,95 m | 4,55 m | 4,10 m | ? |

   b) Wie wäre die Frage in a) zu beantworten, wenn 4,35 m nicht der Mittelwert, sondern der Median der sechs Sprünge wäre?

3. Der Kreisel wird gedreht, bis er schließlich seitwärts auf einer Kante liegt. Deren Farbe ist das Versuchsergebnis. Mit welcher Wahrscheinlichkeit erhält man das Ergebnis   a) nicht „rot",   b) „rot" oder „gelb"?

4. Wie groß ist die Wahrscheinlichkeit, aus einem Skatspiel ein schwarzes Ass zu ziehen?

5. Sabrina hat das abgebildete Glücksrad 80-mal gedreht und 35-mal eine Primzahl als Ergebnis erhalten.
   a) Wie groß war die relative Häufigkeit für das Ergebnis „Primzahl"? Schreibe als Bruch und als Prozentsatz.
   b) Wie groß ist die Wahrscheinlichkeit für das Ergebnis „Primzahl"? Schreibe als Bruch und als Prozentsatz.

   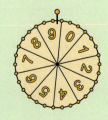

6. An 4 Tagen gab Andreas jeweils mindestens 2,50 € und höchstens 6 € pro Tag aus. Im Durchschnitt hat er 4 € ausgegeben. Gib zwei Möglichkeiten für die Ausgaben an.

Taschenrechner

21. Wie viele Ziffern kann dein Taschenrechner anzeigen? Wo ist die Vorzeichentaste zum Ändern des Vorzeichens einer Zahl? Mit welcher Taste kann man eine Eingabe korrigieren?

2. Prüfe die Ergebnisse mit deinem Taschenrechner.
a) 123 + 789 = 912   b)   45 · 369 = 16 605   c)   852 − 741 = 111   d) 246 246 : 123 = 2 002
   912 − 789 = 123   16 605 : 369 = 45   159 159 : 159 = 1 001   3 003 · 123 = 369 369

3. *Vorsicht,* beim Eintippen keine Ziffern vertauschen! Ursel hat das nicht beachtet und aus Versehen zwei Ziffern vertauscht. Findest du heraus, was Ursel tatsächlich gerechnet hat?
a) 23 · 15 = 480 f
b) 125 + 357 = 572 f
c) 357 − 159 = 216 f
d) 1 623 : 68 = 24 f
e) 42 568 + 14 216 = 56 874 f
f) 5 472 · 49 = 514 368 f

4. Wenn du richtig rechnest, treten in jeder Gleichung alle Ziffern 1, 2, … 9 auf.
a) 4 · 1 963 = ■
b) 198 · 27 = ■
c) 12 · 483 = ■
d) 9 · 3 607 · 3 803 = ■

5. Rechne und teste dein Kopfrechnen-Können und deinen Taschenrechner.
a) − 10 + 20
   10 + (−20)
   10 − (−20)
b) 6 · (−1,2)
   − 6 · 1,2
   − 6 · (−1,2)
c) 7,5 : 1,5
   7,5 : (−1,5)
   − 7,5 : (−1,5)
d) − 2 · (−3) − (−4)
   − 2 · 3 + (−4)
   2 · (−3) + (−4)

Aufgabe	Tastenfolge und Ergebnis (auf Hundertstel gerundet)
5 · 4 + 3 − 2 : 6	5 ⊠ 4 ⊞ 3 ⊟ 2 ⊡ 6 ⊟ 22,66… ≈ 22,67
5 · (4 + 3) − 2 : 6	5 ⊠(4 ⊞ 3) ⊟ 2 ⊡ 6 ⊟ 34,66… ≈ 34,67
(5 + 4) : 3 + 2 : 6	(5 ⊞ 4) ⊡ 3 ⊞ 2 ⊡ 6 = 3,33… ≈ 3,33
$\frac{2+3}{4+5}$ + 6	(2 ⊞ 3) ⊡ (4 ⊞ 5) ⊞ 6 ⊟ 6,555… ≈ 6,56

Hier kann man Klammern setzen; sonst wird „Punktrechnung vor Strichrechnung" gerechnet.

6. Rechne mit deinem Taschenrechner. Kontrolliere durch Kopf- und Überschlagsrechnen.
a) 6 · 7 − 8 + 16
b) 19 · 3,8 − 2,2 + 30
c) 90 : 12 + 7,5 − 15
d) 5,2 : 4 + 3,7 − 5
e) 85,6 : 5 + 2,88 − 10
f) 9,9 · 50 − 95 + 100

7. Runde auf Hundertstel, wenn nötig. Kontrolle mit Überschlagsrechnen.
a) 8 · (17 + 9) − 8
b) 20 − 16 : 3
c) (15 − 3,78) : 3 + 9,8
d) (8 + 17) : 6 − 4
e) 2,3 + (4,5 + 6,7) · 8,9
f) 5,1 · (3,7 − 4,9) + 10,5
g) 2 : 3 + 4 : 5 + 6 : 7
h) (3,7 + 5,1) : 9 − 0,5
i) 0,9 − (1,4 + 4,1) : 7

TIPP
Nächste Ziffer 0, 1, 2, 3 oder 4 abrunden, sonst aufrunden.

Taschenrechner

8. a) $\dfrac{16+18}{0,5}$ b) $\dfrac{5}{1,3+7,7}$ c) $\dfrac{37 \cdot 3}{333+666}$ d) $\dfrac{56}{3 \cdot 333}$ e) $\dfrac{12+13}{1,4+1,5}+16$

LVL 9. In diesem Test durfte mit dem Taschenrechner gerechnet werden.
a) Bei welchen Aufgaben ist durch Überschlagsrechnung zu erkennen, dass falsch gerechnet wurde? Berichtige die Fehler.
b) Manche Fehler hätte man ohne Taschenrechner nicht gemacht. Was wurde falsch gemacht?

a) $13 \cdot 720 = 22320$ f
$131 \cdot 18 = 10611$ f

b) $12,5 + 73 = 198$ f
$17,8 + 128 = 306$ f

c) $(0,7 + 3) \cdot 4,1 = 13$ f
$(0,9 + 3) \cdot 2,1 = 7,2$ f

d) $85 + 34 = 128$ f
$67 + 57 = 133$ f

e) $5100 \cdot 42000 = 21420000$ f
$3600 \cdot 510000 = 1836000000$ f

f) $\dfrac{12}{2 \cdot 5} = 30$ f

$\dfrac{18}{3 \cdot 6} = 36$ f

g) $21,3 \cdot 4,5 = 9,585$ f

10. Zur Probe kannst du die Rechnung wiederholen. Schneller geht es aber mit der Umkehraufgabe.
a) 159 · 63   b) 1245 : 15   c) 17,26 · 3,5   d) 767676 : 76

$17 \times 54 = 918$
$918 \div 54 = 17$

11. Berechne das Zehnfache der Zahlen. Schafft das auch dein Taschenrechner?
a) 123 456 789 012   488,88888888   0,12345678123   321,00044
b) 111 222 333   200 500,06   18 Milliarden   23 Billionen   0,3 Billionen

12. Das kannst du im Kopf rechnen! Wie weit schafft es dein Taschenrechner?
a) 123 · 10 · 10 · 10…
10 · 20 · 30 · 40…
b) 987 : 10 : 10 : 10…
5 412 : 1 000 : 1 000 : 1 000…

13. Bis zu welcher Aufgabe rechnet dein Taschenrechner genau?
8 · 8   88 · 88   888 · 888   8888 · 8888   88 888 · 88 888   888 888 · 888 888

14. Rechnet dein Taschenrechner die Aufgaben richtig? Prüfe durch Kopfrechnen oder schriftlich.
a) 123 450 + 1,23456
456 789 + 11,678901
b) 1 234 567 890 − 0,11
9 876 543 210 − 0,1
c) 1 111 111 111 · 11
1 111 111 111 : 11

LVL 15. Welcher (periodische) Dezimalbruch ist es? Was entdeckst du hier?
a) $\dfrac{1}{9}, \dfrac{2}{9}, \ldots, \dfrac{8}{9}$ b) $\dfrac{1}{99}, \dfrac{23}{99}, \dfrac{40}{99}, \dfrac{98}{99}$ c) $\dfrac{5}{999}, \dfrac{67}{999}, \dfrac{980}{999}, \dfrac{998}{999}$ d) $\dfrac{246}{9999}, \dfrac{406}{9999}, \dfrac{1020}{9999}, \dfrac{9988}{9999}$

LVL 16. Hat dein Taschenrechner eine Speichertaste STO, mit der man Zwischenergebnisse speichern kann? Erkundet in Partnerarbeit, wie man gespeicherte Zahlen wieder in die Anzeige bringt.

LVL 17. Erforsche, was die %-Taste deines Taschenrechners leistet, z. B. mit Aufgaben wie:
① Wie viel % sind 5 von 50?   ② Wie viel sind 50 plus 10 % von 50?
③ Was liefert die Tastenfolge 100 [+] 10 [%], was liefert 100 [+] 10 [%] [−] 10 [%]?

Taschenrechner

Spielen, Staunen und Entdecken mit dem TR

LVL

1. a) Du hast sicher eine „Lieblingsziffer". Multipliziere sie mit 37 und das Ergebnis mit 3. Was stellst du fest?
b) Übertrage die Tabelle in dein Heft und fülle sie aus.

multipliziere die Zahl	2	3	4	5	6	7	8	9
mit 37 und 3				555				
mit 11 und 101								
mit 41 und 271								

2. Wähle eine 2-, 3- bzw. 4-stellige Zahl. Was erkennst du im Ergebnis?

a) (2-stellige Zahl) $\xrightarrow{\cdot 101}$ (??) b) (4-stellige Zahl) $\xrightarrow{\cdot 73}$ ■ $\xrightarrow{\cdot 137}$ (????)

c) (3-stellige Zahl) $\xrightarrow{\cdot 7}$ ■ $\xrightarrow{\cdot 11}$ ■ $\xrightarrow{\cdot 13}$ (???)

3. Wähle eine natürliche Zahl zwischen 3 und 27 (z. B. 13).
Multipliziere sie mit 37 (ergibt im Beispiel 481).
Setze im Ergebnis die erste Ziffer nach hinten (ergibt im Beispiel 814).
Kannst du die neue Zahl ohne Rest durch 37 teilen (ergibt im Beispiel 814 : 37 = ■)?

4. Rechne aus und setze fort. Was fällt dir auf?
a) 1 · 1   11 · 11   111 · 111   …
b) 1 · 8 + 1   12 · 8 + 2   123 · 8 + 3   …
c) 1 · 9 + 2   12 · 9 + 3   123 · 9 + 4   …
d) 9 · 9 + 7   98 · 9 + 6   987 · 9 + 5   …

5. Rechne, genau und nicht gerundet, teilweise im Kopf und teilweise mit dem Taschenrechner wie im Beispiel.
a) 1 200 · 340 · 560 · 890   b) 3 700 · 40 000 · 70
c) 1 000 · 147 000 · 85 200   d) 1 300 · 7 060 · 200
e) 180 · 97 000 · 2 500   f) 1 590 · 1 000 · 35
g) 2 050 · 67 000 · 900   h) 750 · 803 · 2 060

10 · 365 · 24 · 60 · 60
= 365 · 24 · 6 · 6 · 1000
365 ⊠ 24 ⊠ 6 ⊠ 6 =
Ergebnis: 315 360 · 1000
         = 315 360 000

6. Wie weit kommst du mit dem Taschenrechner?
a) 123 · 10 · 10 · 10 · …   b) 987 : 10 : 10 : 10 : …
   2 468 · 100 · 100 · 100 · …   4 318 : 100 : 100 : 100 : …
   100 · 200 · 300 · 400 · …   5 412 : 1 000 : 1 000 : 1 000 : …

Diagnosearbeit

Grundaufgaben

1. Tina ist $9\frac{1}{2}$ Jahre alt, ihr Vater ist dreimal so alt. Wie alt ist Tinas Vater?

2. Ein Krug enthält $1\frac{1}{2}$ Liter Saft. Wie viele $\frac{1}{4}$ l-Gläser lassen sich damit füllen?

3. a) Die Pacht einer Lagerhalle kostet für 7 Monate 3 850 €. Wie viel kostet sie in einem Jahr?
b) 3 m Gartenzaun kosten im Baumarkt 25,50 €. Herr Schemberg zahlt 102,00 €. Wie viel Meter Gartenzaun hat er gekauft?

4. a) Bei 1,20 m Schnittbreite muss der Rasenmäher genau 80 Bahnen fahren, um die rechteckige Rasenfläche zu mähen. Wie viele Bahnen sind es für einen Mäher mit nur 60 cm Schnittbreite?
b) Drei Maschinen erledigen einen Auftrag in 12 Tagen. Wie viele Maschinen muss man einsetzen, wenn der Auftrag in 8 Tagen erledigt werden soll?

5. a) Von den 125 Mitgliedern eines Tennisvereins sind 20 % älter als 50.
Wie viele Mitglieder sind das?
b) Von den 28 Kindern einer Schulklasse haben 21 zusätzlichen Unterricht für ein Musikinstrument. Wie viel Prozent sind das?

6. Ein Rechteck mit a = 4 cm und b = 5 cm ist durch die Mittelsenkrechten der Rechteckseiten in vier gleich große Teilflächen zerlegt.
a) Zeichne das Rechteck mit den Mittelsenkrechten seiner Seiten.
b) Wie groß ist der Flächeninhalt einer der vier Teilflächen des Rechtecks?

7. Berechne den fehlenden Winkel.
a)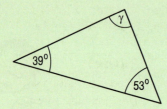
b)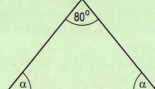

8. Berechne die Größe der Hoffläche.
a)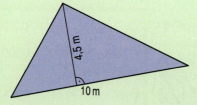
b)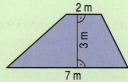

9. Eine quaderförmige Pappschachtel für Reis ist 19 cm hoch, 15 cm breit und 4,5 cm tief.
a) Berechne das Volumen der Schachtel.
b) Berechne die Oberfläche der Schachtel.

10. Löse die Gleichung.
a) 6 · x + 14 = 41   b) (x + 7) : 3 = 6

Diagnosearbeit

Erweiterungsaufgaben

1. Berechne: a) $4\frac{3}{4} + 1\frac{1}{3}$ b) $4\frac{3}{5} - 2\frac{7}{10}$ c) $1\frac{2}{3} \cdot 3$ d) $2\frac{2}{3} : 3$

2. Ein Lkw darf maximal mit 4,5 t beladen werden. Drei Kisten zu jeweils 0,7 t, 830 kg und 2,14 t sind schon auf der Ladefläche. Wie viel Kilogramm dürfen maximal noch zugeladen werden?

3. a) 68 – 73   b) (–7) : (–0,5)   c) $10 - 3 \cdot (4{,}1 - 8{,}1)$ d) $1 - (\frac{1}{2} + \frac{2}{3}) : 7$

4. Bei einer Gruppenarbeit ist eine Schulklasse in 6 Gruppen zu je 4 Schülern eingeteilt.
  a) Wie viele Gruppen wären es, wenn jede aus nur 3 Schülern bestünde?
  b) Welche anderen Einteilungen in gleich große Gruppen wären möglich? Notiere alle in einer Tabelle.

5. Eine 2,5 kg-Packung Hundefutter kostet 4,75 €. Ein anderes Hundefutter wird in einer 6,5 kg-Packung für 11,70 € angeboten. Welches Angebot ist preislich günstiger?

6. Löse die Aufgabe, wenn sie sinnvoll lösbar ist, oder begründe, warum dies unmöglich ist.
  a) Jan kann 5 km in 20 min laufen. Wie lange braucht er für eine Marathonstrecke von 42 km?
  b) Drei Wasserpumpen schaffen 900 l. Wie viel Liter schaffen 6 Pumpen in derselben Zeit?
  c) Jan lässt 3 Frühstückseier 3 Minuten kochen. Wie lange dauert es, wenn er 5 Eier kocht?
  d) Irene fährt auf einem Radweg 18 km in 1 Stunde. Wie weit fährt sie in 15 Minuten?

7. Ein Arbeiter erhält einen festgesetzten Stundenlohn und eine Zulage von 12 € pro Tag. Für einen Tag mit 6 Arbeitsstunden erhält er 69 €. Wie hoch ist sein Lohn pro Arbeitsstunde?

8. Corinna hat in der 7. Klasse zwei Diktate geschrieben. Im ersten Diktat mit 125 Wörtern hatte sie 5 Fehler, im zweiten mit 160 Wörtern hatte sie 8 Fehler. Vergleiche die Ergebnisse.

9. Die Schülerzeitung *i-Punkt* hat vor den großen Ferien eine Umfrage bei den Schülerinnen und Schülern gestartet. Gefragt wurde: „Wohin wirst du in den Sommerferien verreisen?"
  a) Wie viele Antworten wurden gezählt?
  b) Bestimme die prozentualen Anteile der Antworten.

Reiseziel	Anzahl
Verreisen nicht	88
Deutschland	180
europ. Ausland	96
außerhalb Europas	36

10. Das Sechsfache einer Zahl ist um 30 größer als das Vierfache der Zahl.

11. Bei einer vorweihnachtlichen Umfrage an der Kepler-Schule sollten die Schülerinnen und Schüler ihren dringlichsten Weihnachtswunsch nennen. Das Diagramm ist mit 1 mm für 1 % gezeichnet.
  a) Miss die Längen der Säulen und notiere die Prozentsätze der einzelnen Nennungen. Stimmt die Gesamthöhe aller gezeichneten Rechtecke?
  b) 68 Befragte waren ohne Wunsch. Wie viele Personen wurden befragt, und wie viele wünschten sich ein Fahrrad?

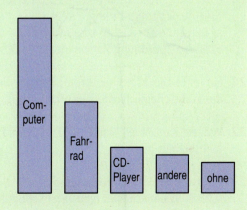

12. Das Diagramm zeigt, wofür Familie Gill ihr Monatseinkommen braucht. Familie Gill zahlt 650 € Monatsmiete.
   a) Wie hoch ist das monatliche Einkommen der Familie?
   b) Stelle die Ausgaben in einem Kreisdiagramm dar.

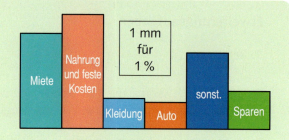

13. Zeichne das Dreieck mit den Eckpunkten A(1|1) B(7|2) C(5|6) in ein Koordinatensystem (1 cm Längeneinheit). Konstruiere den Punkt M, der von allen drei Eckpunkten gleich weit entfernt ist.

14. Berechne den unbekannten Winkel β.
   a)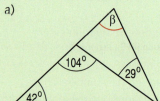
   b)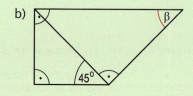

15. a) Zeichne zwei Rechtecke mit einem Flächeninhalt von 24 cm² und notiere die Seitenlängen.
   b) Zeichne zwei Dreiecke mit einem Umfang von 18 cm und notiere jeweils die Seitenlängen.

16. Zeichne das Dreieck mit den Eckpunkten A(2|1) B(10|4) C(2|10) in ein Koordinatensystem (1 cm Längeneinheit). Miss benötigte Längen und berechne
   a) den Flächeninhalt,   b) den Umfang.

17. Zeichne die Punkte A(2|1) B(7|3) C(7|11) D(2|9) in ein Koordinatensystem (1 cm Längeneinheit) und verbinde sie zu einem Viereck ABCD. Miss benötigte Längen und berechne
   a) den Flächeninhalt,   b) den Umfang.

18. Zeichne zwei verschiedene Schrägbilder eines Quaders mit den Kantenlängen 6 cm, 5 cm, 4 cm. Schreibe die Maße an deine Zeichnung.

19. Eine quaderförmige Tischplatte aus Eichenholz ist 2,5 m lang, 1,2 m breit und 3 cm dick. Wie viel Kilogramm wiegt die Tischplatte? 1 cm³ Eichenholz wiegt 0,7 g.

20. Der Eintritt ins Museum kostet pro Person 2,50 €. Dazu kommen für die ganze Gruppe 15,00 € für eine Gruppenführung.
   a) Berechne den Gesamtpreis für 10, 20 und 25 Personen und notiere die Preise in einer Tabelle.
   b) Ist die Zuordnung Personenzahl → Gesamtpreis proportional? Begründe.

21. Ein faires Glücksrad hat 2 rote, 3 grüne und 5 blaue Felder. Wie groß ist bei einmaligem Drehen die Wahrscheinlichkeit   a) für „grün",   b) für „grün oder blau"?

22. Welche Zahl ist es? Von einer Zahl wird 19 subtrahiert; wenn man dann dieses Ergebnis verdreifacht, erhält man 54.

23. Für zwei Tafeln Schokolade und drei Trinkpäckchen bezahlt Tim 2,43 €. Ein Trinkpäckchen kostet 0,29 €. Wie viel kostet eine Tafel Schokolade?

Lösungen der Seiten Wissen – Anwenden – Vernetzen

Seiten 60/61

1. Schulfest
a) Für eine Füllung braucht man $4\frac{2}{3}$ Kartons; im 5. Karton verbleiben 0,5 l.
5,250 l Orangensaft wurden schon verkauft; $1\frac{3}{4}$ l sind noch vorhanden.
7 Trinkbecher á $\frac{1}{4}$ l können noch gefüllt werden.
1 l Orangensaft ist im angebrochenen Karton.
b) $\frac{1}{4}$ l = 250 ml (Sirup) lässt sich direkt abmessen; $\frac{5}{8}$ l = 625 ml (Wasser) muss in 2 Portionen abgemessen werden, z.B. 500 ml + 125 ml, ...
$\frac{1}{4}$ l + $\frac{5}{8}$ l = $\frac{7}{8}$ l = 875 ml; 750 ml < 875 ml < 1000 ml. Der 1 l Krug ist zum Mischen geeignet.
Beide Krüge können so gefüllt werden: Es werden erst 875 ml Himbeersaft in dem großen Krug gemischt. Davon werden 750 ml Saft in den kleinen Krug umgefüllt. In dem großen Krug können zu den verbleibenden 125 ml noch einmal 875 ml Himbeersaft gemischt werden.

2. Schwere Last
a) 2 kg Geschenke pro Haushalt
b) 24 522 Rentiere (rechnerisch genau: 24 522,222) allein für die Geschenke; damit auch Schlitten und Weihnachtsmann gezogen werden können, sollten es mehr Rentiere sein.

3. Im Museumsdorf
a) Gerundet wurde auf ungerade Zehnerzahlen. Am Dienstag waren es laut Diagramm 90 Besucher, d.h. mindestens 80, höchstens 99.
Für den angestrebten Mittelwert müssten am Sonntag 230 Besucher kommen.
b) 60 ml Teig für eine runde Waffel; 120 eckige Waffeln aus 6 l Teig.
c) 2,50 € pro eckige Waffel; 3,00 € pro runde Waffel. (hier ohne Zeichnung)

4. Strom für Helgoland
a) etwa 17 534 l (genau: 17 534,24658 l) Diesel pro Tag; pro Person 4 571 l (genau: 4 571,42851 l) Diesel pro Jahr
b) mindestens 46,250 km lang; 1 m wiegt dann etwa 21,6 kg, ein Erwachsener könnte dies tragen.

Seiten 112/113

1. Schwimmbad
a) nach 400 Sekunden
b) Breite einer Bahn: 2,5 m; für 1 km = 1 000 m: 40 Bahnen; Becken ganz gefüllt: 1 150 m³ = 1 150 000 l Wasser
c) Schaubild C; bei gleichmäßigem Befüllen steigt der Wasserspiegel zunächst schneller, bis der tiefere Bereich gefüllt ist; anschließend steigt er langsamer an, wenn der flache Teil des Beckens noch dazu kommt.

2. Gärtnerei
a) in 20 min
b) 36 000 €
c) 6,5
d)

	Anzahl	Anteil
1–3 Knospen	20	**10 %**
4–5 Knospen	34	**17 %**
6–7 Knospen	104	**52 %**
Mehr als 7 Knospen	42	**21 %**
Summe	200	100 %

3. Bäume
a) Zutreffen können die Aussagen (2) (für Fichten, die älter als 20 Jahre sind) und (4).
b) Eiche (nach 40 Jahren sind etwa 18,30 m Höhe zu erwarten)
c) 1. Balken: Fichte; 2. Balken: Kiefer
d) Durchschn. Längenwachstum zwischen dem 21. und 40 Jahr

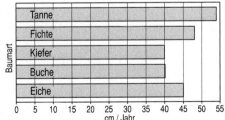

4. Rote Grütze
a) 40 g Zucker für 100 g Früchte; 140 g Zucker für 350 g Früchte.
b) Luca hat nur 70 % der benötigten Früchte (350 g von 500 g), also braucht er auch nur 70 % der übrigen Zutaten.
c) 350 ml Flüssigkeit, davon 70 ml Wasser (und 280 ml Saft).
d) auch 3 Stunden
e) –

Lösungen der Seiten Wissen – Anwenden – Vernetzen

Seiten 158 / 159

1. Outfit
a) 20 % Preisnachlass; alter Preis für gelbes Shirt: 15 €, für blaues Shirt: 16 €.
b) 204,80 € für 16 blaue Shirts; es wurden 12 gelbe Shirts (und 28 Basecaps) bestellt. Zwischensumme (D7): 572,80 €; Anteil Förderverein (D8): 229,12 €.
c) D7 = D4 + D5 + D6; D8 = D7*40/100; D9 = D7 – D8 oder D9 = D7*60/100; D10 = D9 : 28.

2. Konstruieren und Begründen
a) (I) und (III) treffen zu, das Protokoll beschreibt die Konstruktion der Mittelsenkrechten.
Weitere richtige Aussagen: z.B.
Die Gerade m ist die Mittelsenkrechte der Strecke $\overline{AB}$.
Die Gerade m und die Strecke $\overline{AB}$ stehen senkrecht aufeinander.
Die gesamte Figur ist achsensymmetrisch; die Gerade PQ ist Symmetrieachse.
b) Paul hat Recht:
– bei einem Winkel von 100° und einem weiteren von 90° wäre die Winkelsumme schon 190°, also mehr, als die Winkelsumme in jedem Dreieck, 180°.
– bei einem gleichseitigen Dreieck sind alle Winkel 60°.
Nur (I) trifft zu.
Zwei Möglichkeiten: 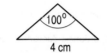 oder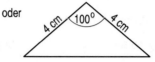

3. Wann treffen sie sich?
a) durchschnittlich 12 $\frac{km}{h}$
b) nach 45 min: 9 km; voraussichtlich um 10:20 Uhr
c) Um 11:00 Uhr fährt er los; um 12:00 Uhr kann er frühestens wieder in Olsberg sein.
d) Nach 40 min ($\frac{2}{3}$ h Fahrzeit für den Vater) treffen sie sich. Paul hat dann 32 km zurückgelegt.
e) Ja, er hätte den Rundkurs entgegengesetzt fahren müssen, dann hätten sie sich um 11:24 Uhr getroffen.

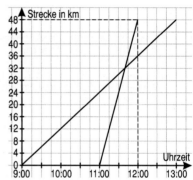

4. Spielgeräte
a) insgesamt 200 Würfe;
relative Häufigkeit für „rot": 0,17; Wahrscheinlichkeit: 10 %;
Die Anzahl der Versuche ist zu gering.
b) 40 % (acht Primzahlen bis 20: 2, 3, 5, 7, 11, 13, 17, 19)
Für Gewinnwahrscheinlichkeit 30 % müssen 6 Flächen des Ikosaeders „Gewinn" anzeigen; z.B. „Man gewinnt, wenn ein Vielfaches von 3 gewürfelt wird."
c) 5 % (B)
insgesamt 800 Lose, davon 40 Gewinnlose.
Durch Würfeln möglich, wenn eine einzeln markierte Seite eines Ikosaeders „Gewinn" bedeutet; z.B. beim 20er-Würfel mit Zahlen die 1 (oder eine andere Zahl).

Lösungen der TÜV-Seiten

Seite 21

1. a) $\frac{4}{5}$ b) $\frac{16}{12} = 1\frac{1}{3}$ c) $\frac{8}{10}$ d) $\frac{1}{4}$ e) $\frac{1}{6}$ f) $\frac{3}{5}$ 2. a) $1\frac{1}{6}$ b) $1\frac{7}{20}$ c) $\frac{34}{35}$ d) $\frac{4}{15}$ e) $\frac{7}{12}$ f) $\frac{1}{10}$

3. a) $6\frac{9}{10}$ b) $2\frac{7}{20}$ c) $4\frac{13}{21}$ 4. a) 1,9 b) 3,3 c) 5,4 d) 3,2 e) 0,7 f) 1,8

5. a) 5,45 b) 10,671 c) 20,293 d) 5,38 e) 7,18 f) 5,85   6. a) 434,98 b) 400,09 c) 669,40

7. a) $\frac{3}{20}$ b) $\frac{27}{110}$ c) $\frac{20}{63}$ d) $\frac{1}{7}$ e) $\frac{1}{12}$ f) $\frac{1}{12}$

8. a) $1\frac{1}{6}$ b) $3\frac{1}{2}$ c) $2\frac{11}{12}$ d) $3\frac{1}{2}$ e) 2 f) $\frac{1}{2}$

9. a) 8 b) 12 c) 9 d) $1\frac{3}{7}$ e) $2\frac{1}{4}$ f) $1\frac{1}{2}$

10. a) 4 513,2 b) 83,2 c) 0,0915 d) 0,6304 e) 0,01783 f) 0,0419

11. a) 9,581 b) 43,2696 c) 1 341,681 d) 420,4872 e) 3,83112 f) 0,357035

12. a) 26,7 b) 1,082 c) 0,056 d) 0,054   13. A = 601,55 m²   14. 14 Tage

Lösungen der TÜV-Seiten

Seite 47

1. a) 62 (kg) b) 65 (km) c) 11 (g) d) 13 (€) e) 2 (kg) f) 36 (g)

2.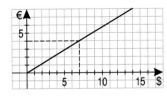
   a) 8,57 € (2,14 €; 5,71 €)
   b) 28 $ (18,20 $; 8,40 $)

3.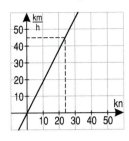
   a) ungefähr 65 $\frac{km}{h}$ (exakt: 65,625 $\frac{km}{h}$)
   b) ungefähr 21 kn (exakt: 21,3 kn)

4. a) proportionale Zuordnung; 6 € für 12 Brötchen. b) proportionale Zuordnung: 8 Flaschen kosten 20,00 €.

5. a) 22 (cm) b) 9 (h) c) 63 (g) d) 750 (l) e) 4 f) 5 (Tage)

6. antiproportionale Zuordnung; 64 Seiten mit je 40 Zeilen.   7. antiproportionale Zuordnung; 2000 Scheine zu je 20 €.

8. a) antiproportionale Zuordnung; 50 6er-Beutel.   b) proportionale Zuordnung; 5 Karten kosten 32,50 €.

Seite 73

1. a) b) Hier keine Zeichnung, sondern Konstruktionsbeschreibung: Kreise mit gleichem Radius um A und B schlagen. Gerade durch die Schnittpunkte zeichnen.

2. a) Hier keine Zeichnung, sondern Konstruktionsbeschreibung: Kreis um den Scheitelpunkt des Winkels zeichnen, gleich große Kreise um die Schnittpunkte mit den Schenkeln zeichnen. Strahl vom Scheitelpunkt durch die entstehenden Schnittpunkte ziehen.

3. a) SSS   b) WSW   c) SWS   d) SsW

4. a) 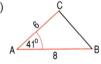 b)   c)   d)

5. a) 48°   b) 53°   c) 39°   d) 26°   e) 48°

6. a) gleichseitig   b) rechtwinklig   c) gleichschenklig   d) gleichseitig   e) gleichschenklig   f) gleichseitig
   g) spitzwinklig   h) gleichschenklig

7. Ohne Zeichnung, hier Kontrollwerte:
   a) alle Winkel 60°
   b) α = β = 69°; c = 5 cm
   c) γ = 80°; a = b = 5,4 cm
   d) c = 5 cm; β = 53°; γ = 37°
   e) b = 10,2 cm; α = 26,5°; γ = 38,5°

Seite 97

1. a) $\frac{4}{100}$ b) $\frac{12}{100}$ c) $\frac{86}{100}$ d) $\frac{10}{100}$ 2. a) 14 %   b) 3 %   c) 50 %   d) 23 %   e) 50 %   f) 75 %   g) 40 %   h) 35 %

3. a) 15 €   b) 30 €   c) 13,5 kg   d) 10 kg   e) 7 m   f) 36,4 m   g) 18 €   h) 12 €

4. 75 Mitarbeiterinnen

5. a) 9 %   b) 42 %   c) 21 %   d) 16 %   e) 20 %   f) 30 %   g) 25 %   h) 50 %   6. 20 %

7. a) 900 €   b) 900 €   c) 300 kg   d) 700 kg   e) 1400 kg   f) 2500 €   g) 3600 m   h) 1200 €

8. 20 m   9. 36,00 €   10. 1190 €

11. Unterkunft: 63,5 % (229°), Verpflegung: 18,8 % (68°), Ausflüge: 14,2 % (51°), Sonstiges: 90 €, entspricht 3,5 % (12°)

Lösungen der TÜV-Seiten

Seite 127

1.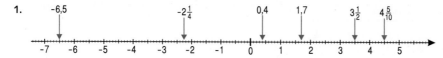

2. a → –2,7; b → 1,5; c → 3; d → –0,7; e → –1,5; f → 0,4; g → 2,2; h → –2; i → 0,7; k → –0,1

3. |–7| = 7; Gegenzahl 7; |5$\frac{1}{4}$| = 5$\frac{1}{4}$; Gegenzahl –5$\frac{1}{4}$; |0,6| = 0,6; Gegenzahl –0,6; |–2,54| = 2,54; Gegenzahl 2,54; |–6$\frac{5}{10}$| = 6$\frac{5}{10}$; Gegenzahl 6$\frac{5}{10}$

4. 8,5 und –8,5

5. a) –3 b) 5 c) –3,5 d) –15 e) 14 f) 7,7

6. a) –20; –25; –30; … b) –2; –6; –10; … c) –1; –4,5; –8; … d) –4; 3; 10; …

7.
Zahl	18	–24	–4,2	–0,6
a) Doppeltes	36	–48	–8,4	–1,2
b) Hälfte	9	–12	–2,1	–0,3
c) Drittel	6	–8	–1,4	–0,2

8. a) –2; –60; 59 b) 87; –124; –28

9. a) –31,7; 3$\frac{7}{8}$ b) 51,5; –4$\frac{13}{20}$

10. a) –25; 70; 11 b) –21,8; 34,1; 28,8

11. a) –33; –36 b) –17; 7

12. a) –52 b) –72 c) –135 d) 136 e) –72 f) 57 g) 75 h) 132 i) –240

13. a) 25 b) –24 c) 1,2 d) –7 e) –9 f) –5

14. a) –742 b) 14 c) –105 d) 100 e) –500 f) –70

Seite 149

1. a) A = 980 cm²; u = 126 cm b) A = 88 cm²; u = 43 cm c) A = 38,5 cm²; u = 25,4 cm

2. a) A = 144 cm²; u = 48 cm b) A = 3 025 mm²; u = 220 mm c) A = 31,36 dm²; u = 22,4 dm
   d) A = 0,64 m²; u = 3,2 m e) A = 0,5929 m²; u = 3,08 m f) A = $\frac{1}{4}$ m², u = 2 m

3. a) a = 2 cm b) a = 8 cm c) a = 30 m d) a = 13 cm e) a = 80 m f) a = $\frac{1}{2}$ km

4. a) A = 14 cm² b) A = 20 cm²

5. A = 30 cm²; u = 30 cm (Das Dreieck ist rechtwinklig.)

6. a) V = 126 cm³ b) V = 45 cm³ c) V = 85 cm³

7. V = 166,375 cm³

8. a = 50 cm

9. a) O = 797 cm² b) O = 537 cm² c) O = 247,6 dm²

10. O = 1 014 cm²

Seite 171

1. a) 9; 13 b) 12; 20 c) 0; 8

2. a) Kosten y, y = 90 + 20 · x (in €)
   b) für 6 Monate: 210 €; 10 Monate: 290 €; 15 Monate: 390 €.

3. a) 4 b) 2 c) 4 d) 12 e) 4 f) 9 g) 10 h) –18

4. a)
   a) a ⎯·17→ 51 ; 3 ←:17⎯ 51 ; a = 3
   b) x ⎯–19→ 35 ; 54 ←+19⎯ 35 ; x = 54
   c) z ⎯·8→ ■ ⎯+14→ 86 ; 9 ←:8⎯ 72 ←–14⎯ 86 ; z = 9
   d) b ⎯:4→ ■ ⎯+13→ 20 ; 28 ←·4⎯ 7 ←–13⎯ 20 ; b = 28

5. a) 4y + 11 b) 28x – 18 c) 5y + 37

6. a) 2 · x – 8 = 2; x = 5 b) 6 · x + 18 = 60; x = 7

7. a) 2x + 5 = 7; x = 1 b) 4y + 8 = –8; y = –4 c) 16z – 49 = –1; z = 3

8. a) y = 8 b) x = 10 c) z = 5 d) z = –5 e) x = –6 f) y = 10

9. –

10. a) x = –1 b) y = $\frac{1}{2}$ c) z = 10

11. 14 · x + 35 = 623; x = 42 €

Seite 189

1. Durchschnitt: 43,8 m; Spannweite: 9,5 m

2. Mittelwert: 41,08 m; Median: 43,25 m; Der Wurf mit 29,0 m war ein „Ausreißer", der Median beschreibt die Leistung besser.

3.

	Durchschnitt	Median	Spannweite
A	3,3	3	5
B	3,4	3	3

Bei Durchschnitt und Median sind beide Klassenarbeiten ähnlich bzw. gleich ausgefallen. Die geringere Spannweite bei B zeigt, dass hier die Leistungen enger beisammen liegen.

4. a) $\frac{3}{8}$ b) $\frac{1}{4}$ c) $\frac{1}{4}$ d) $\frac{1}{8}$ 5. a) $\frac{12}{32} = \frac{3}{8}$ b) $\frac{6}{32} = \frac{3}{16}$ c) $\frac{8}{32} = \frac{1}{4}$

6. a) Mittelwert: 3,56   Erwartungswert: 3,5   b) jede ca. 33-mal   c) zu erwarten: 100-mal; aufgetreten: 106-mal

Lösungen der Diagnosetests

Seite 22

Grundaufgaben

1. a) $\frac{4}{9}$ b) $1\frac{1}{40}$ c) 9,63   d) 7,22   2. a) $\frac{7}{15}$ b) $\frac{5}{18}$ c) $\frac{1}{6}$ d) $1\frac{7}{8}$

3. a) 0,6259   b) 6,2   c) 0,16037   d) 0,391   4. a) 2083,1   b) 0,81   c) 2,5   d) 0,25   5. 13,20 €

Erweiterungsaufgaben

1. a) $7\frac{5}{6}$ b) $4\frac{19}{30}$ c) $\frac{19}{16} = 1\frac{3}{16}$ d) $\frac{1}{4}$ e) $1\frac{1}{2}$ 2. $\frac{5}{12}$

3. a) 290,35 €   b) 141,65 €   4. $\frac{1}{4}$ 5. a) 4 Stücke; Rest: 50 cm   b) 7 Stücke; Rest: 25 cm

6. a) 3 537,3   b) 32 724   c) 44 165   d) 90 576
   3,5373   327,24   44,165   0,90576
   3,5373   0,32724   0,44165   905,76
   3,5373   327,24   4,4165   0,090576

7. a) 15 Fahrten   b) 39,818 km   8. nach 28 h   9. A = 25,2 m², Kosten 932,40 € bzw. 955,08 €

Seite 48

Grundaufgaben

1. a) 5640 €
   b) 6 Stunden

2. a)
Strecke (km)	7	4	21
Zeit (min)	28	16	84

   b) Wie lange braucht man für 4 km?
   Wie weit kommt man in 84 min?

3. Je 14 Fahrten

4. 70 €

5.
Personen	Gewinn in €
2	90 000
3	60 000
4	45 000
6	30 000

Erweiterungsaufgaben

1.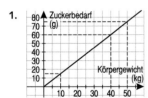

Zuckerbedarf bei
40 kg Körpergewicht: 60 g
50 kg Körpergewicht: 75 g

2. a) proportionale Zuordnung
   b) sonstige Zuordnung
   c) antiproportionale Zuordnung
   d) sonstige Zuordnung

3. a) 63 l
   b) 30 min

4.
Länge (cm)	120	30	5	0,5
Anzahl	2	8	48	480

5. a) über 7 Tage (7,38)
   b) 1,5 Stunden pro Tag

6. 27 Bretter

7. a) Paketgebühren sind keine proportionale Zuordnung. Alle Pakete, die weniger als 10 kg wiegen, kosten 6,90 €. (Stand 1.1.2010)
   b) 20,70 €, falls die Fracht auf 3 Pakete aufgeteilt werden soll. (Wenn die Fracht in *eine* Kiste mit zulässigen Maßen passt, kann auch alles bis 31,5 kg als ein Paket zu 13,90 € verschickt werden)

Seite 74

Grundaufgaben

1. a) Konstruktionsbeschreibung: Zwei gleich große Kreise um A und um B zeichnen. Eine Gerade durch die Schnittpunkte der Kreise legen.
   b) Konstruktionsbeschreibung: Kreis um den Scheitelpunkt zeichnen. Zwei gleich große Kreise um die Schnittpunkte des ersten Kreises mit den Schenkeln schlagen. Strahl vom Scheitelpunkt durch die entstehenden Schnittpunkte ziehen.

2.   **3.**   **4.** a) 53° b) 26° **5.** a) rechtwinklig und gleichschenklig
b) rechtwinklig

Erweiterungsaufgaben

1.   **2.** a) α + β > 180°. b) a + b = 8 cm < c **7.**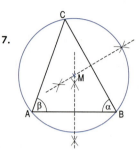

3. ca. 5,8 km **4.** ca. 50 m

5. a) 77° b) 38°

6. 30°, 60° und 90° **8.** ca. 25 km

Seite 98

Grundaufgaben

1. a) $\frac{1}{5}$ b) 75 %   2. a) 70 l b) 18 €   3. a) 5 % b) 15 %

4. A 35 %, B 20 %, C 20 %, D 25 %   5. a) Ermäßigung um 5,40 €   b) Ermäßigter Preis 30,60 €

Erweiterungsaufgaben

1. 30 % – Diagramm A; 45 % – C;   2. a) 49 % ≈ $\frac{1}{2}$; $\frac{1}{2}$ von 3 000 € = 1 500 €   3. a) 17 %   4. 207,20 €
52 % – F; 94 % – D   b) 11 % ≈ $\frac{1}{10}$; $\frac{1}{10}$ von 1 kg = 100 g   b) 83 %

5.

| zu Fuß | Fahrrad | Bus |

oder

Zeichnung von Lehrer/Lehrerin kontrollieren lassen.

6. a) 40 km b) 26 km   7. a) 260 € b) 1400 kg   8. 842,80 €   9. a) 166 g b) 2,49 kg

10. a) Marion (16 Stimmen) wird Klassensprecherin, Markus (15 Stimmen) kam auf Platz 2. Nina: 10 Stimmen; Tobias: 6 Stimmen
b) 3 ungültige Stimmen

Seite 128

Grundaufgaben

1. a) 10° – 15° = –5°   b) –2° – 15° = –17°   **5.**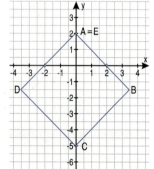
c) –12° + 5° = –7°   d) 24° – 39° = –15°

2. a) 1   b) –162   c) –64   d) –19

3. a) –76   b) –6,4; 6,4   4. a) –48   b) –7   c) –104   d) –8

Erweiterungsaufgaben

1. –135 (€); –795 (€); 257 (€); 257 (€)

2. –31; –1,5; –1,3; –$\frac{1}{2}$; –0,31; 0,13; $\frac{1}{2}$; 13   3. A'(–5|–3); B'(–1|–4,5); C'(–2|–1)

4. a) 40 – 52 = –12   b) –3 + 2,5 = –0,5   c) 0,7 · (–6) = –4,2   d) –63 : 3 = –21

5. 12 · (–6) – 48 = –120   6. a) gewonnen: 1 750 €; verloren: 2 300 €   b) 2 150 €   7. 20 Möglichkeiten

Lösungen der Diagnosetests

Seite 150

Grundaufgaben

1. a) 13 500 mm² b) 23,5 m² c) 12,5 cm² d) 255 *l* 2. A = 90 cm², u = 46 cm 3. A = 72,6 cm²
4. V = 84 cm³   O = 118 cm²   5. Man muss 54-mal den Messbecher füllen und umgießen.

Erweiterungsaufgaben

1. a) 8 m   b) A = 3 m², Bedarf 54 kg
2. a) $A = \frac{5,5 \cdot 6}{2}$ cm² = 16,5 cm²   b) $A = \frac{4,5 \cdot 4}{2}$ cm² = 9 cm²   3. h = 3 cm; Markus hat Recht.   4. A = 15,96 cm²
5. a) a = 5 cm; V = 125 cm³   6. 48 *l*   7. h = 8 cm   8. 1 004,5 ml, also fast genau 1 *l*.

Seite 172

Grundaufgaben

1. 1 · x + 4 · y   2. a) x = 4 → 21; x = 16 → 9   b) x = 4 → 29; x = 16 → 65

3. a) x + 4   b)

Thomas	2	4	9	12
Till	6	8	13	16

4. a) 6x + 16   b) 18y + 10   5. a) x = 6   b) y = 8

Erweiterungsaufgaben

1. a) u = x + x + y + y = 2 · x + 2 · y   b) A = x · y   2. u = x + x + 5 + x + x + 5 = 4 · x + 10
3. a) 85   b) 116   4. Pralinengewicht: 6 · x + 35

20	24	30	36
155 g	179 g	215 g	251 g

5. a) y = 2   b) z = 8   6. Terme ② und ④
7. a) 3 · x + 9 = 30; x = 7   8. 3 · 1,20 + 2 · x = 6,40   x = 1,40 €   9. a) 2 · x + 2 · y + 14   b) 2 · z + 26
   b) (5 · x + 17) · 3 = 81; x = 2

Seite 190

Grundaufgaben

1. Mittelwert: 3 m; Spannweite: 1,4 m
2. a) 2,88 ≈ 2,9   b) 3,0
3. Mittelwert: 1,28 m; Median: 1,34 m.   4. $\frac{3}{20}$
   Median beschreibt die Leistung besser; „0,94 m" war Ausreißer.

5.

	blau	gelb	rot
Wahrscheinlichkeit	$\frac{1}{6}$ = 16,7 %	$\frac{1}{2}$ = 50 %	$\frac{1}{3}$ = 33,3 %
rel. Häufigkeit	19 %	47 %	34 %

Erweiterungsaufgaben

1. Mittelwert: 15,725 °C; Spannweite: 11,8°; Median: 14,8 °C   2. a) 4,70 m   b) 4,50 m   3. a) $\frac{5}{8}$ b) $\frac{1}{2}$ 4. $\frac{1}{16}$
5. a) $\frac{35}{80}$ = 43,75 %   b) $\frac{4}{10}$ = 40 % = 0,4   6. z. B. 3 € + 3 € + 5 € + 5 €   oder   2,50 € + 6,00 € + 3,50 € + 4,00 €

Lösungen der Diagnosearbeit

Seite 194

Grundaufgaben

1. Rechnung: $3 \cdot 9\frac{1}{2} = 28\frac{1}{2}$ Antwort: Tinas Vater ist 28,5 Jahre alt.
2. Rechnung: $1\frac{1}{2} : \frac{1}{4} = \frac{3}{2} : \frac{1}{4} = 6$ Antwort: 6 Gläser.   3. a) 6 600 €   b) 12 m
4. a) 160 Bahnen   b) 5 Maschinen   5. a) 25 Mitglieder   b) 75 %

6. a) [Skizze: Rechteck mit a = 4 cm, b = 5 cm]   b) 5 cm²

7. a) γ = 88°   b) α = 50°

8. a) A = 22,5 m²   b) A = 13,5 m²

9. a) V = 1 282,5 cm³   b) O = 876 cm² = 8,76 dm²

10. a) x = 4,5   b) x = 11

Seite 195

Erweiterungsaufgaben

1. a) $6\frac{1}{12}$ b) $1\frac{9}{10}$ c) 5   d) $\frac{8}{9}$

2. Rechnung: 4,5 – 0,7 – 0,83 – 2,14 = 0,83   Antwort: Es dürfen noch 0,83 t = 830 kg zugeladen werden.

3. a) –5   b) 14   c) 22   d) $\frac{5}{6}$

4. a) 8 Gruppen zu je 3 Schülern.   b)

Anzahl Gruppen	1	2	3	4	6	8	12	24
Anzahl Schüler pro Gruppe	24	12	8	6	4	3	2	1

5. Rechnung: $\frac{4,75}{2,5} \cdot 6,5 = 12,35$.   Antwort: Die 6,5 kg-Packung zu 11,70 € ist günstiger.

6. a) Nicht sinnvoll lösbar; Jan könnte die Durchschnittsgeschwindigkeit nicht halten.
b) 1 800 l (proportionale Zuordnung)
c) 5 Eier müssen auch 3 Minuten lang kochen.
d) 4,5 km in 15 Min. (proportionale Zuordnung). Vorausgesetzt, Irene fährt gleichmäßig.

7. Rechnung: Stundenlohn: (69 – 12) : 6 = 9,5, also 9,50 € pro Stunde

8. 1. Diktat: $\frac{5}{125}$ = 4 % Fehler;   2. Diktat: $\frac{8}{160}$ = 5 % Fehler.
Im 1. Diktat hatte Corinna auch relativ weniger Fehler.

9. a) 400 Antworten

b)

Reiseziel	Anzahl	p %
verreisen nicht	88	22 %
Deutschland	180	45 %
Europa	96	24 %
außerhalb Europas	36	9 %
insgesamt	400	

10. Die Zahl ist 15.

11. a) Computer 46 %, Fahrrad 24 %, CD-Player 12 %, andere 10 %, ohne 8 %
b) ohne Wunsch: 68 Schüler (8 %)
  insgesamt befragt: 850 Schüler (100 %)
  Fahrradwunsch: 204 Schüler (24 %)

Seite 196

12. a) Miete 25 %, Nahrung etc. 30 %, Kleidung 8 %, Auto 7 %,
Sonstiges 20 %, Sparen 10 %
25 % = 650 €, 100 % = 2 600 €; das Gesamteinkommen ist 2 600 €.

b)

13. Zeichnung kontrollieren lassen!

A(1|1)   B(7|2)   C(5|6)

14. a) β = 75°   b) β = 45°

15. a) z. B. a = 4 cm, b = 6 cm oder
  a = 1,5 cm, b = 16 cm
b) z. B. a = 8 cm, b = 6 cm, c = 4 cm.

16.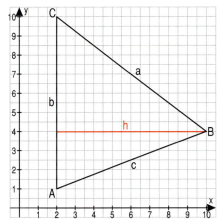

Seitenlängen: a = 10 cm
b = 9 cm
c = 8,5 cm
Höhe: h = 8 cm

a) $A = \frac{1}{2} \cdot 9 \cdot 8 \text{ cm}^2 = 36 \text{ cm}^2$
b) u = 27,5 cm

17.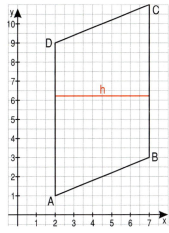

a) $A = 8 \cdot 5 = 40 \text{ cm}^2$
b) u = 26,8 cm

Zeichnung kontrollieren lassen!

18. Es gibt 6 verschiedene Schrägbilder, je nachdem, welche Quaderseite man als Vorderseite wählt und je nachdem, wie man sie dreht.

19. Volumen $V = 250 \cdot 120 \cdot 3 \text{ cm}^3 = 90\,000 \text{ cm}^3$
Gewicht $m = 90\,000 \cdot 0,7 \text{ g} = 63\,000 \text{ g} = 63 \text{ kg}$

20. a)

Personen	10	20	25
Kosten	40 €	65 €	77,50 €

b) Nicht proportional, da z. B. der Eintritt für 20 Personen nicht doppelt so groß ist wie für 10 Personen.

21. a) $0,3 = \frac{3}{10} = 30\,\%$ b) $0,8 = \frac{8}{10} = 80\,\%$

22. Die Zahl ist 37.

23. $2 \cdot x + 3 \cdot 0,29 = 2,43 \quad x = 0,78$
Eine Tafel Schokolade kostet 0,78 €.

Bildquellenverzeichnis

Dieter Rixe, Braunschweig: S. 10, 11 (3, Geld), 14, 16, 34, 35 (Schüler), 63, 78 (2), 83, 90, 99, 121 (2), 128, 130, 136 (6), 137, 138 (2), 139, 145 (8), 147 (Erntewagen, Schwimmbecken), 165 (4), 166, 187, 191 (3); Michael Fabian, Hannover: S. 18; Peter Ploczynski: S. 20; picture-alliance, Frankfurt: S. 23, 25 (Rennwagen), 26 (Athen), 105 (Caesar, Augustus); Hockenheim-Ring GmbH, Hockenheim: S. 24 (Streckenplan), 24/25 (Hintergrund); B. Wenske/mauritius images, Mittenwald: S. 27; Max Schröder, Koblenz: S. 28 (Daumen, Adenauer); akg-images/picture-alliance, Frankfurt: S. 28 (Proportionsstudie, da Vinci); Klaus Leidorf/Corbis, Düsseldorf: S. 35 (Luftbild); www.andreas-werth.de: S. 38; Horizon/F1 Online, Frankfurt: S. 40; Astrofoto Bildagentur GmbH, Sörth: S. 41; PresseBild von Graefe, Helmstedt: S. 49, 57, 147 (Schubkarre), 159; Tom Schulze/transit, Leipzig: S. 61 (Museumsdorf); © PhotoSpin, Inc/Alamy: S. 61 (Waffeleisen eckig); © Yvonne Duffe/Alamy: S. 61 (Waffeleisen rund); Piet Mondrian (Komposition: Damebrett), © Mondrian/Holtzmann Trust, c/o Beeldrecht, Amsterdam, Holland/VG Bild-Kunst, Bonn, 2010: S. 72; Tierbildarchiv Angermayer, Holzkirchen: S. 85; Deutscher Wetterdienst, Offenbach: S. 101; Otto/mauritius images, Mittenwald: S. 105 (Arminius); Super Stock Inc./mauritius images, Mittenwald: S. 105 (Sokrates); ZB/picture-alliance, Frankfurt: S. 112, 176 (Riesenstiefel); Peter Güttler, Berlin: 129 (Karte), 142 (Karte); Hartmut Schwarzbach/Argus, Hamburg: S. 129 (Containerschiff); Monika Mattern, Kobern-Gondorf: S. 140; Heiko Höhn, Steinhude am Meer: 142/143 (Luftbild); DB AG, Berlin: S. 174/175; Gamma Studio X, Paris – Guy Charneau: S. 176 (Riesen-Puzzle); Holiday Park GmbH, Hassloch : S. 176 (Achterbahn); UpperCut Images A/F1 Online, Frankfurt: S. 177 (3er-Sessellift); Ewald Böhler/Doppelmayr, Wolfurt/Österreich: S. 177 (6er-Sessellift); Reinhard Eisele/project photos: S. 178; grafstat.de, Ratingen: S. 182

Trotz entsprechender Bemühungen ist es nicht in allen Fällen gelungen, den Rechteinhaber ausfindig zu machen. Gegen Nachweis der Rechte zahlt der Verlag für die Abdruckerlaubnis die gesetzlich geschuldete Vergütung.

Bruchrechenlexikon

Regeln	Beispiele
Addition und Subtraktion von Brüchen mit gleichen Nennern Die Zähler addieren (subtrahieren), den gemeinsamen Nenner beibehalten.	$\frac{3}{8} + \frac{2}{8} = \frac{5}{8}$ $\frac{6}{7} - \frac{4}{7} = \frac{2}{7}$
Erweitern und Kürzen Zähler und Nenner mit derselben Zahl multiplizieren (durch dieselbe Zahl dividieren). Der Wert des Bruches ändert sich dabei nicht.	$\frac{2}{5} = \frac{2 \cdot 3}{5 \cdot 3} = \frac{6}{15}$ $\frac{21}{49} = \frac{21:7}{49:7} = \frac{3}{7}$
Addition und Subtraktion von Brüchen mit verschiedenen Nennern Die Brüche vor dem Addieren (Subtrahieren) zuerst so erweitern, dass sie denselben Nenner haben.	$\frac{1}{4} + \frac{2}{5} = \frac{5}{20} + \frac{8}{20} = \frac{13}{20}$ $\frac{7}{12} - \frac{3}{8} = \frac{14}{24} - \frac{9}{24} = \frac{5}{24}$
Multiplikation von Brüchen Zähler mit Zähler und Nenner mit Nenner multiplizieren.	$\frac{4}{7} \cdot \frac{5}{12} = \frac{{}^1\!\!\!\!\!4 \cdot 5}{7 \cdot \!\!\!\!12_3} = \frac{5}{21}$
Division durch einen Bruch Mit dem Kehrbruch (Zähler und Nenner vertauschen) multiplizieren.	$\frac{2}{5} : \frac{8}{25} = \frac{{}^1\!\!\!2 \cdot 25^5}{{}_1\!5 \cdot 8_4} = \frac{5}{4} = 1\frac{1}{4}$
Addition und Subtraktion von Dezimalbrüchen Stellengerecht (Komma unter Komma) untereinander schreiben, wie natürliche Zahlen addieren (subtrahieren), Komma setzen.	$\begin{array}{r} 235{,}74 \\ +86{,}3 \\ \hline 322{,}04 \end{array}$
Multiplikation von Dezimalbrüchen Man rechnet zunächst, ohne Kommas zu beachten. Anschließend setzt man das Komma so, dass das Ergebnis so viele Stellen hinter dem Komma hat wie beide Faktoren zusammen.	$\begin{array}{r} 126{,}42 \cdot 2{,}5 \\ \hline 25284 \\ +63210 \\ \hline 316{,}050 \end{array}$
Dezimalbruch durch natürliche Zahl Man rechnet wie mit natürlichen Zahlen. Bevor man die Zehntel dividiert, überträgt man das Komma ins Ergebnis.	$\begin{array}{l} 22{,}8 : 19 = 1{,}2 \\ \underline{19} \\ 38 \\ \underline{38} \\ 0 \end{array}$
Division durch einen Dezimalbruch Man multipliziert zunächst beide Zahlen so mit 10, 100, 1000 ..., dass bei der zweiten Zahl kein Komma mehr steht.	$\begin{array}{l} 0{,}468 : 0{,}12 = 46{,}8 : 12 = 3{,}9 \\ \underline{36} \\ 108 \\ \underline{108} \\ 0 \end{array}$

Formeln

Rechnen mit negativen Zahlen	Beispiele
Der **Betrag** einer Zahl gibt den Abstand zu Null an.	$|-2,5| = 2,5$; $|2,5| = 2,5$
Addition von Zahlen *– mit gleichen Vorzeichen:* Die Beträge addieren; das Ergebnis erhält das gemeinsame Vorzeichen. *– mit verschiedenen Vorzeichen:* Den kleineren Betrag vom größeren subtrahieren; das Ergebnis erhält das Vorzeichen der Zahl mit dem größeren Betrag.	$-5 + (-2) = -7$; $5 + 2 = 7$ $-5 + 2 = -3$; $5 + (-2) = 3$
Subtraktion von Zahlen Gegenzahl addieren	$-5 - (-2) = -5 + 2 = -3$ $-5 - 2 = -5 + (-2) = -7$
Multiplikation bzw. Division von Zahlen *– mit gleichen Vorzeichen:* Beträge multiplizieren bzw. dividieren; das Ergebnis ist positiv *– mit verschiedenen Vorzeichen:* Beträge multiplizieren bzw. dividieren; das Ergebnis ist negativ.	$(-5) \cdot (-2) = 10$; $50 : 2 = 25$ $-5 \cdot 2 = -10$; $50 : (-2) = -25$

Geometrie

In jedem Dreieck ist die Winkelsumme 180°.

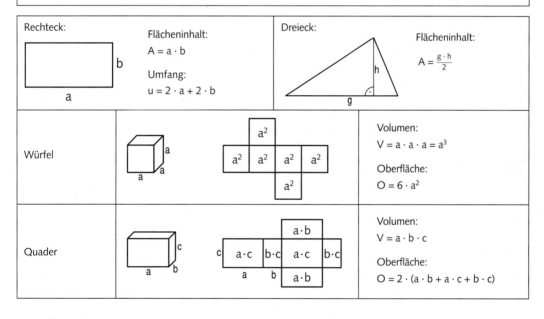

Stochastik

Bei einem Zufallsversuch mit gleichwahrscheinlichen Ergebnissen gilt für die Wahrscheinlichkeit p eines Ereignisses

$$p\,(\text{Ereignis}) = \frac{\text{Anzahl der günstigen Ergebnisse}}{\text{Anzahl aller möglichen Ergebnisse}}$$

Beispiel:
Die Wahrscheinlichkeit, mit einem fairen 6er-Würfel eine 1 oder eine 6 zu würfeln, ist:

$p\,(1 \text{ oder } 6) = \frac{2}{6} = \frac{1}{3} \approx 33\,\%$

Stichwortverzeichnis

antiproportional 32, 34, 38, 47

Betrag 109, 127
Bruchteil 8
Brüche
– Addition und Subtraktion 10, 21
– Multiplikation 12, 13, 21
– Division 12, 14, 21
Brutto 90

Darstellung, grafische 26, 31, 47
deckungsgleiche Figuren 55
Dezimalbrüche
– Addition und Subtraktion 11, 21
– Multiplikation 16, 17, 18, 21
– Division 16, 17, 19, 21
Diagramm 82
– Kreis- 92, 97
– Säulen- 82
– Streifen- 91
Distributivgesetz 124
Dreieckskonstruktionen
– mit dem Computer 68
– WSW 64, 73
– SWS 65, 73
– SSS 66, 73
– SsW 67, 73
Dreieckstypen 69, 73
Dreisatz 33, 34, 47, 81, 83, 84, 97
Durchschnitt 178, 189
dynamische Geometriesoftware 51, 62, 68, 135

Ereignis 186, 189
Ergebnis 186, 189

Flächeninhalt 130
– des Dreiecks 133, 134, 149
– des Quadrats 130, 149
– des Rechtecks 130, 149

ganze Zahl 103, 127
Gegenzahl 109, 116, 118, 127
grafische Darstellung 26, 31, 47
gleichschenklig 69, 73
gleichseitig 69, 73
Gleichung 160, 167, 171
– Lösen 160, 161, 162, 164, 167, 168, 171
– Umformen 168, 171
– Variable auf beiden Seiten 167
– Vereinfachen 171
Grad Celcius 102
Grundkonstruktion 62
Grundwert 80, 84, 97

Häufigkeit, relative 186, 189
Hochachse 26, 50

Kehrbruch 14, 21, 84
Klammern 118, 124, 191
Klimadiagramm 107
Kombinationen 177
kongruente Figuren 55
Konstruktionen 52, 53, 62
Koordinaten 50
Koordinatensystem 50, 103, 110, 123
Kreisdiagramm 92, 97

Laplace-Regel 186
Lösen von Gleichungen 160, 161, 162, 164, 167, 168, 171

Maßstab 29, 132
Median 178, 189
Milligramm 17
minus 102
Mittelsenkrechte 52, 73
Mittelwert 178, 189

Nebenwinkel 56
negative Zahl 127
Netto 90
Null 102, 103, 127

Oberfläche des Quaders 146, 149
Operatorschreibweise 81, 83, 84, 97, 102, 104, 105, 162, 171
Ordnen von Termen 163, 164, 171

Parkett 72
positive Zahl 127
Preiserhöhung 87
Preisnachlass 87, 89
Produktgleichheit 38
proportional 30, 34, 37, 47
Prozentsatz 76, 78, 80, 83, 97
Prozentwert 80, 81, 97

Quader 142, 146
Quotientengleichheit 37

rationale Zahlen 103, 127
– Addition und Subtraktion 104, 114, 115, 116, 118, 127
– Betrag 109, 127
– Multiplikation und Division 120, 121, 124, 127
– Ordnen 108, 127
– Vergleichen 108, 127
– Vervielfachen und Teilen 106, 127
Rechtsachse 26, 50
rechtwinklig 69, 73
relative Häufigkeit 186, 189

Säulendiagramm 82
Scheitelwinkel 56

Skonto 88
Spannweite 179, 189
spitzwinklig 69, 73
Streifendiagramm 91
Stückpreis 36
Stufenwinkel 56
stumpfwinklig 69, 73
Stundenlohn 36
Summen multiplizieren 124

Tabelle 26
Tabellenkalkulation 29, 89, 161, 180
Taschenrechner 191, 192, 193
Temperatur 101, 102
Term 155, 163, 171
– vereinfachen 163, 171

Umfang 130, 149
umgekehrt proportional 32
Umkehroperator 162

Variable 155, 171
vollständiges Koordinatensystem 103
Volumen
– des Quaders 142, 149
– des Würfels 142, 149
Vorzeichen 103, 115, 120, 121, 127

Wahrscheinlichkeit 186, 189
Wechselwinkel 56
Winkelhalbierende 53, 73
Winkelpaare 56
Winkelsumme 57, 58, 62, 73

x-Achse 50, 103
x-Koordinate 50

y-Achse 50, 103
y-Koordinate 50

Zahl
– ganze 103, 127
– negative 127
– positive 127
– rationale 103, 127
Zahlengerade 103, 109, 127
Zentralwert 178, 189
Zufallsversuch 186, 189
Zuordnung
– antiproportionale 32, 34, 38, 47
– grafische Darstellung 26, 47
– proportionale 30, 34, 37, 47
Zusammenfassen von Variablen 164, 171
zusammengesetzte Flächen 137
zusammengesetzte Körper 148

Maßeinheiten

Maßeinheiten

Kilometer	Meter	Dezimeter	Zentimeter	Millimeter
1 km =	1000 m			
	1 m =	10 dm =	100 cm =	1000 mm
		1 dm =	10 cm =	100 mm
			1 cm =	10 mm

Quadratkilometer	Hektar	Ar	Quadratmeter
1 km² =	100 ha =	10 000 a	
	1 ha =	100 a =	10 000 m²
		1 a =	100 m²

Quadratmeter	Quadratdezimeter	Quadratzentimeter	Quadratmillimeter
1 m² =	100 dm² =	10 000 cm²	
	1 dm² =	100 cm² =	10 000 mm²
		1 cm² =	100 mm²

Kubikmeter	Kubikdezimeter	Kubikzentimeter	Kubikmillimeter
1 m³ =	1000 dm³		
	1 dm³ =	1000 cm³	
		1 cm³ =	1000 mm³

1 dm³ = 1 l

Hektoliter	Liter	Zentiliter	Milliliter
1 hl =	100 l		
	1 l =	100 cl =	1000 ml
		1 cl =	10 ml

Tonne	Kilogramm	Gramm	Milligramm
1 t =	1000 kg		
	1 kg =	1000 g	
		1 g =	1000 mg

Tag	Stunde	Minute	Sekunde
1 d =	24 h		
	1 h =	60 min	
		1 min =	60 s

Vorsilben für Maßeinheiten

Vorsilbe	Zeichen	Vielfaches der Maßeinheit	Vorsilbe	Zeichen	Vielfaches der Maßeinheit
Deka	da	10	Dezi	d	0,1
Hekto	h	100	Zenti	c	0,01
Kilo	k	1000	Milli	m	0,001
Mega	M	1 000 000	Mikro	µ	0,000 001
Giga	G	1 000 000 000	Nano	n	0,000 000 001
Tera	T	1 000 000 000 000	Pico	p	0,000 000 000 001